工程施工定量计划与控制方法：

工程施工生产能力及资源价格约束的平衡

布青雄 著

化学工业出版社

·北京·

本书力图介绍一套全新的工程施工计划与控制方法，以系统解决工程施工管理中的资源配置、多目标平衡、进度控制、成本控制、质量控制等基本问题。本书的第1~8章对有关基本概念、原理、相关知识进行了细致论述，第9～14章对这套方法进行了详细阐述，并以一系列可实施操作的图表全面演示了本方法的基本内容，展示了采用该方法进行施工管理所需的主要活动过程和活动成果。为了方便读者阅读和检索，书末以附录方式汇编了部分辅助阅读内容。

本书适合从事工程施工管理工作并试图改进管理方法的广大工程技术和管理人员使用，可作为这些人员的管理创新尝试用书，也可供从事与工程施工相关的其他实践、理论研究人员参考。

图书在版编目（CIP）数据

工程施工定量计划与控制方法：工程施工生产能力及资源价格约束的平衡/布青雄著. —北京：化学工业出版社，2018.4（2023.1重印）

ISBN 978-7-122-31525-0

Ⅰ. ①工… Ⅱ. ①布… Ⅲ. ①建筑工程－施工管理 Ⅳ. ①TU71

中国版本图书馆CIP数据核字（2018）第028010号

责任编辑：彭明兰
责任校对：王素芹　　装帧设计：刘丽华

出版发行：化学工业出版社(北京市东城区青年湖南街13号 邮政编码100011)
印　　刷：北京云浩印刷有限责任公司
装　　订：三河市振勇印装有限公司
787mm×1092mm 1/16　印张17½　字数457千字　2023年1月北京第1版第2次印刷

购书咨询：010-64518888　　售后服务：010-64518899
网　　址：http://www.cip.com.cn
凡购买本书，如有缺损质量问题，本社销售中心负责调换。

定　　价：94.00元

前言
FOREWORD

长期以来，有一种观点认为，工程施工行业（尤其建筑业）是劳动密集型产业，不需要更多的技术和更科学的管理方法，只要资金到位、时间足够、劳动力充足就能很好地完成工程项目施工。这一观念在很多人的潜意识中产生着深刻的影响，以至于从事工程施工的广大工作者（尤其是管理人员）未能正确地面对工作实际，往往顺应这种观点而简单行事，从而丧失了很多争优创好的机会，其结果不仅造成一定程度的社会财富的隐性损失，也成为阻碍施工行业正常发展的一个根源性问题。这种观念是错误的，也是极其有害的。

首先，工程项目是一个非常复杂而庞大的系统，工程施工是实现工程项目目的的重要环节，是消耗资源最多、最集中的环节，其过程漫长而艰巨。在施工过程中，既有很多需要解决的技术问题，也面临诸多管理决策问题，这些技术问题、管理问题的解决办法的优劣在一定程度上决定了工程项目的实施结果。

其次，在我国，从事工程管理（尤其是施工管理）理论研究的科技人员没有或很少有深入实际的工程施工管理经历，研究人员未能系统、全面、准确地感受并掌握工程施工到底需要解决哪些管理和技术问题，导致人们错误地认为工程施工所面临的问题都是简单问题，工程项目的复杂问题只存在于投资策划和工程设计中，对于施工无需做更多研究。诚然，从项目全局来说，投资策划和工程设计非常重要，对项目实施结果甚至有更为重要的影响（越在前的工作影响越大），这些工作所用科技理论体系更为成熟而明确，专业性、知识性、复杂性众人皆知，但是，有施工管理经历的人们可以试想一下曾经经历过的一些工程项目，面临过的一些管理问题，例如，资源配置问题、进度控制问题、多目标平衡问题，是简单问题吗？您是怎么解决的？解决得好吗？结果令您自己满意吗？毋庸置疑，多数人的回答是一致的——不简单、凭经验解决、解决得不怎么样、结果不十分满意。

第三，人们之所以会形成上述观念，还有一个重要原因是，在现实中，工程项目施工技术和管理的相关理论确实存在一定局限性，致使工程施工管理人员没有更多的手段和方法来解决实际面临的问题，往往凭经验、靠估计、依传统简单解决本来复杂的问题。这种简单粗放的决策和解决问题的方式是否科学合理没有评价标准和依据，尽管如此，由于绝大多数存在的问题（有的项目可能因为决策失误、方法不当而几经周折，费尽心机）最终都能得到解决，所以一般均认同解决办法是有效合理的而不再深究其科学性。

第四，工程项目施工周期较长，前一阶段的工作失误导致的不利局面可以在下一阶段采取补救措施予以改变，由于经验不足、估计错误、传统失效产生的不良后果一般还不至于会导致项目管理的失败，所以，这种凭经验、靠估计、依传统的管理方式能够长期存在并得到人们广泛的认同。

为什么要讨论上述观念问题呢？因为任何新事物的产生及发展首先需要观念的转变。只有在转变观念的基础上，人们才能以全新的思维方式、全新的视野和角度去发现问题、认识问题、分析问题、解决问题，进而形成新的理念，产生新的解决问题的方法，也只有通过转变观念，人们才能更好地接受新事物。目前施工行业的上述观念问题是一个比较严重的问题，需要改变。人们（尤其是广大从事工程实践的管理人员及相关的科研、教学人员）应该放弃上述错误观念，打破传统思维定式，坚定树立新思想。工程项目施工行业是社会发展、国民经济建设最重要的行业之一，伴随社会发展和技术进步，行业不仅已经取得许多可喜的成绩，拥有数以千计的先进工艺和技术，同时，行业发展也需要更多科学的管理方法和技术手段来不断充实和完善行业的科技体系，以迎接社会变化带来的新挑战。

在工程开工之前，人们习惯性地会完成一种技术性文件，叫施工组织设计。为什么只称这种技术文件为“组织”设计？而不称其为施工管理设计，或者其他什么名称呢?就工程施工面对的实际问题来说，是多方面的，需要的应该是一个包含全部管理职能的技术文件而不仅仅只是解决组织问题，组织只是管理的一个重要职能，还有计划、控制等职能呢？难道不需要解决？而目前的施工组织设计一般还都包含各种计划与控制及更多内容。看来原因只有一个，就是：目前的这个技术文件只能可靠地解决施工中的组织问题。从这点来看，最早给这个技术性文件取名为施工组织设计的人看问题之深刻令人敬佩。本书试图介绍一种有效实现工程项目施工定量计划与控制的方法，以解决工程施工管理中的一些计划与控制问题。

在工程施工需要解决的诸多管理问题中，较为重要、比较集中突出、目前相关理论未能彻底解决的主要问题是：工程施工资源配置问题、多目标整合平衡问题、进度控制问题。本书所述工程施工计划与控制是指以工程施工生产能力计算、资源价格平衡计算为基础，根据资源配置原理、多目标整合平衡原理、进度控制原理、成本控制原理等基本原理，针对工程施工中的资源、进度、成本、质量展开的一系列计划与控制活动。所述工程施工计划与控制方法是这一系列活动所采用的方法的总称。准确地说，该方法不是一个单一的具体方法，而是由一系列具体方法构成的方法体系。采用此方法能在一定程度上实现工程施工的定量化管理。

该方法的产生，最初并非基于需要解决工程管理中的一类问题——计划与控制问题而凭空产生，其产生过程并非是从理论走向实践，最初内容更多来自于长期的工程实践。其产生过程是：先使用了这一方法（最初是零散、局部的使用）解决问题，再从理论上去寻找依据——为什么要这样做？从实践走向理论，再把从理论中寻找到的答案（一定的结论）返回实践中进行验证，如此不断循环往复而产生。

写书既是一种传播分享知识的方式，更是作者学习知识的一个过程。写书能促进思考、充实生活、丰富文化、增进文明。写书能帮助人们成长，带给人们快乐。写书既是在完成一项个人事业，更是在尽一份社会责任。希望书中内容能真正成为一点有用的知识而帮助到需要的人，也希望此书能成为一份合格的答卷，献给社会，献给所有教育我、帮助我、支持我的人们。以此感谢国家多年的栽培，感谢我所有的老师、亲人和朋友。在本书出版过程中，得到化学工业出版社的全力支持与帮助，在此深表感谢。由于书中很多内容为尝试性观点，不足或不妥之处还望读者批评指正。

著　者

2017 年 10 月

目录

CONTENTS

第1章　工程施工计划与控制概述 / 1

第2章　工程施工生产能力概念及其在施工管理中的作用 / 27

第3章　工程施工生产能力与成本、质量的函数关系 / 37

第4章　工程施工生产能计算模型 / 64

第1章

工程施工计划与控制概述

1.1 基本概念

1.1.1 工程和工程项目

1.1.1.1 工程和工程项目的基本概念

本书所述工程和工程项目是狭义理解的概念。从严格意义上讲，这两个概念的含义有着很大的差别，尤其工程概念，它是一个外延和内涵都十分宽广的常用词，在不同场合、不同领域，其含义差别会很大。在较狭义理解（更确切地说是约定理解）的前提下，工程概念的使用有泛指和特指两种情况。作为泛指概念，工程是工程项目、工程子项目、单项工程、单位工程、分部工程、分项工程的统称。作为特指概念，工程是工程项目的简称。

工程项目指在时间、空间、资源等多种限制条件下，为实现一系列特定目标，基于多方面的理论和实践知识，采用多种方法和手段，经过多阶段多系列活动，以创（制）造出具有一定形态的多（一）个实物构成体为最终成果的一次性任务的总称。

工程子项目是指任务不少于一个单位工程的工程项目的一部分。工程子项目有多种可能：一个单位工程、多个单位工程、一个单项工程、多个单项工程、一个单位工程与一个单项工程、一个单位工程与多个单项工程……就工程施工而言，最常见的工程子项目是：工程项目的所有单项工程中专业相同的全部或部分单位工程。即把工程项目按单位工程的专业进行划分，完全抛开单项工程。

1.1.1.2 工程项目特征

工程项目是项目的一个大类，是最常见的一种项目类别，具有项目的全部基本特征，即一次性或独特性、目标明确性、有限性、系统性。此外，工程项目还有复杂性、多样性、长期性、固定性、成果明确性、投资主体明确性等特征。

（1）一次性 一次性指现实中没有完全相同的两个工程项目，每个工程项目都有其独特的能够明显区别于其他项目的属性。

（2）目标明确性 目标明确性指工程项目总是基于一定的目的而产生，在每个工作阶段都有明确的目标。投资策划阶段的目标：项目成果需要满足人们的哪些需求，投资人能实现什么样的投资价值（回报）。设计阶段的目标：项目成果能实现的功能要求、项目投资额、设计成果完成时间。施工阶段的目标：工期目标、质量目标、成本目标。

（3）有限性　有限性指工程项目的完成时间是有限的，所处的空间范围是限制的，所能利用的资源是有限的。

（4）系统性　系统性主要包括两方面含义。一方面是工程项目的自然系统，即实物构成体系统，这个系统由多（一）个单项工程构成，每个单项工程包含多个单位工程，每个单位工程又包含多个分部工程，每个分部工程还包含若干分项工程。另一方面是工程项目的社会系统，即工程项目存在于一个复杂的社会系统中，这个系统涉及很多关系人，可能涉及社会政治、经济、文化及国计民生的多个方面。

（5）复杂性　复杂性指工程项目构成复杂、工程项目建设需要的理论和实践知识复杂、采用的方法手段复杂、策划和实施过程复杂。

（6）多样性　多样性指工程项目的限制条件多样、目标多样、需要的知识多样、方法手段多样、经历的阶段和活动多样。

（7）长期性　长期性指工程项目一般具有一个较长的建设周期。

（8）固定性　固定性指工程项目所处的空间位置是固定的，总是存在于特定的自然环境和社会环境之中。

（9）成果明确性　成果明确性指工程项目最终成果是多（一）个具有一定实物形态的构成体，即通常所说的建筑物或构筑物。

（10）投资主体明确性　投资主体明确性指工程项目都有一个明确的、专属的投资人。

1.1.2　工程施工

1.1.2.1　工程施工的基本概念

工程施工指对工程实施的生产建造活动。形象地说，工程施工指把确定的工程设计转变为实物所进行的各项作业和活动。更具体地说，工程施工指在完成工程设计后，建设单位（或有关单位）按照一定的工作程序确定建造单位并与之签订承包合同，建造单位根据确定的设计图纸、合同、有关法律法规、技术标准、规范，经过一系列准备工作，通过投入一定的人力、物力，把一个个具体资源转化为人们最终需要的实物构成体所进行的各项作业和活动。工程施工包含两部分基本内容：各项具体的劳动作业和围绕作业展开的各项管理活动。

1.1.2.2　工程施工的基本特点

工程施工有许多特点，较为突出的特点是：实践性、劳动密集性、任务繁杂性、管理复杂性、资源集中消耗、户外作业、长期性、分部分项工程一定程度的施工重复性。

（1）实践性　不论是管理活动还是劳动作业，都是实践性很强的工作。管理活动不仅需要一定的专业理论和技术知识，还需要一定的工程实践经验。工人的操作技能和熟练程度对作业结果具有决定性影响。

（2）劳动密集性　工程施工需要投入大量劳动力资源，构成工程项目最终成果的任何一项分部分项工程都需要人的参与才能完成，而且在大多数分部分项工程的作业中，劳动力占有主导地位，发挥主导作用。所以，工程施工过程是一个劳动力十分密集的生产过程，这一特点决定了施工行业的产业特性。随着科技进步，人们不断发现并感觉到机械化施工所带来的高效低耗影响及诸多益处，工程施工的劳动密集特性正在不断地被弱化，机械化施工也许会成为施工行业实现转型升级的一种重要突破方式。

（3）任务繁杂性　从工程项目自然系统的工作分解结构（WBS）可以看出，通常工程项目中的一个单位工程所包含的分项工程数量少则几十项，多则成百上千项，如果统计整个工程项目，分项工程的项数将是一个很大的数字，而且一般的 WBS 还没有考虑在不同时间点分项工程的重复性（用于网络计划的 WBS 在一定程度上考虑了这一情况），如果再把时间点加以区别，则分项工程的项数将会大得惊人。工程施工总是按分项工程一项一项逐步完成，每个分项工程还是一个小的系统性工作，需要多类工种的人工、多种机械或工器具、多种建筑材料，不同分项工程其工艺、施工方法截然不同。所以，工程施工作业任务十分繁杂，充满形形色色的各种细节。

（4）管理复杂性　管理本身就不是一件简单的事情，工程施工管理尤其如此。工程施工管理的复杂性集中表现在以下几个方面。

① 工程项目的复杂性决定了工程施工管理的复杂性。施工阶段是整个工程项目构成体系中最复杂、最庞大的一个阶段。施工阶段的社会系统也并不简单，仅以项目关系人一个方面而言，存在施工单位（总包和可能的多个分包）、建设单位、监理单位、设计勘察单位、咨询单位、若干供货单位、质量安全监督机构、政府若干相关部门、建设区域临近的单位、社区、居民等等若干关系人，几乎每个关系人的存在都将带来一定的管理工作事务。因此，施工管理是复杂的。

② 工程施工管理需要全方位、多层次进行。管理对象越多、管理层次越多，需要解决的问题越多，问题多了自然就变得复杂。

工程施工管理不仅需要围绕三大目标（质量、进度、成本）的实现来进行，而且在诸如职业健康与安全管理、风险管理等方面也不能有丝毫的松懈和忽视，合同管理、财务管理、人力资源及行政事务管理、机械设备管理、材料与采购管理、信息管理、沟通管理等各个方面也是施工管理必不可少的内容，这些管理工作都与目标的实现息息相关。

工程施工管理的多层次包含两方面：一是指施工企业内部的施工管理是多层次的；二是指施工过程中，存在多个管理主体，多个不同的管理系统，施工单位的施工管理系统需要与其他管理系统进行有机结合。

施工企业内部的施工管理通常会形成一个管理链：集团公司→总公司→子公司→项目部/项目公司→项目部职能部门→劳务公司（分包商）→作业队组→作业班组→作业小组→工人。这个管理链还只反映纵向组织关系，如果加入横向关系，则管理层次和管理点还将增加许多。

在施工中，除施工单位外，还有建设单位、监理单位、设计单位、咨询单位、供货单位等多个管理主体，各个管理主体有各自的管理系统，施工企业作为最主要的管理主体，其施工管理不仅需要有自己相对独立的管理系统，也需要将自身管理系统与其他管理系统进行融合，这种融合必然导致施工管理系统更加复杂。

③ 管理需要多种职能，工程成果（工程施工结果）是多种职能共同作用的结果。虽然不同职能解决问题的出发点和最终目的是一致的，都希望能够更好地实现项目目标，但是不同职能在解决问题时所选择的角度，所采用的方式、方法、手段可能不同，由于这种差异往往导致一些冲突和矛盾，使管理决策变得困难，管理的复杂性增加。当然这种复杂性并非只存在于工程施工管理中，其他管理也同样存在，只不过，对于复杂而长期的施工过程来说，这种复杂性显得更为突出。

④ 工程施工的诸多不确定性以及一次性和长期性，不仅导致工程施工面临一系列风险，也使管理的复杂性剧增。

对于确定性问题，人们总是有办法甚至是好的办法去解决，但对于不确定性问题人们只能靠预测、估计，这是管理的一大难点，也是管理复杂性的一个重要方面。

在工程开工之前，人们通常会设定一些明确的目标，比如常见的三大目标：工期目标、质量目标、成本目标。这些目标只是人们的一种预测值、期望值或者是期望出现的结果。从目前施工相关的管理理论来说以及从施工实际采用的各种方法手段来看，人们只知道目标的实现与施工过程有关，要保证目标实现，必须要有一系列的保证措施，解决一系列管理和技术问题，但是在目标和施工过程之间并没有真正建立一种必然的联系，措施往往只是必要条件而非充分条件，没有任何措施必然不能实现目标，有了措施并不必然能实现目标，唯一可以确定的是措施的存在可以增大目标实现的概率。因此，可以说，所有目标都具有不确定性。本书的主要任务就是试图采用一系列的方法有效建立目标与施工过程之间的一些必然联系，把全部目标的不确定性问题变为一定程度的可确定或部分可确定性问题。

与其他很多管理工作相比，工程施工所面临的不确定性可能要更多一些，比如气候气象条件、水文条件、地质条件、户外作业、特殊环境作业（地下、水中、水下、高空等）、大型机械作业、某些自然灾害和不可抗力事件等等是工程施工特有的不确定性事件。作为一个相对完善的工程施工管理体系，对这一系列的不确定性，不仅需要面对，也需要考虑，还需要有一个实施解决方案。

（5）集中消耗资源　工程施工阶段是消耗资源最多、最集中的一个阶段。投资策划阶段主要消耗资金和人力，通常还会消耗一定的土地资源。设计阶段主要消耗人力和资金，没有太多实物源消耗（地质勘查会少量涉及）。施工过程是资金向具体资源转化，具体资源再进一步转化为工程产品的一个集合加工转化过程，这个过程不仅需要消耗一定的管理力量（各建设参与方），更多地需要消耗大量的劳动力和大量的建筑材料、机械设备以及一些生产工具用具等实物资源。

如何合理利用资源，有效控制资源消耗是工程项目在施工阶段的突出性问题，是关系工程项目建设的一个全局性问题，这个问题的解决是反映工程项目整个建设活动管理有效性的一个重要方面。资源利用和消耗对工程施工成本具有很大影响，不仅直接影响施工企业的根本利益，施工成本目标能否顺利实现，还将关系到投资人的建设成本控制甚至投资目的的实现。确保工程施工成本处于一个合理范围是工程建设各参与方共同追求的目标，资源利用和消耗问题不仅是施工单位降低成本需要重点解决的问题，也成为工程建设各管理主体共同的关注问题。

（6）户外作业　户外作业是工程施工区别于工厂生产的一个显著特点。这个特点使工程施工面临比工厂生产更多的实际问题，需要面对变化多样的天气情况、各种特殊作业环境、复杂多变的水文地质，可能遭受更多的自然灾害、不可抗力和突发事件的影响。这一系列问题的存在决定了工程施工的许多特点：劳动强度高、作业活动辛苦、安全隐患多、风险高。

（7）长期性　由于人们对工程项目产品的功能需求是多方面的，所以通常的工程项目是一个由多种实体组成且具有一定规模体量、多功能复合型产品。完成这个产品需要一定的时间，施工是一个长期的过程。

（8）分部分项工程一定程度的施工重复性　工程项目是特殊的、一次性的，但施工过程中很多分部分项工程，在不区分作业时间、作业部位、不严格区分材料类别（比如 C20 和 C30 混凝土，Ⅱ级钢筋和Ⅲ级钢筋）甚至某些工艺的情况下，具有一定程度的施工重复性。这个特点并不明显，也容易被人们忽视，但这个特点对本书内容来说，甚至对整个施工管理工作来说是一个至关重要的特点。抓住这个特点，能够解决施工管理中的很多问题。正是由于这个特点的存在，工程项目施工生产能力（后述）的计算才具有现实意义，才有现实实施的可能，工程项目施工生产能力才能真正成为一个重要参数在现实中应用并发挥作用。

分部分项工程的施工重复性特点广泛存在于不同行业、不同专业的各类工程项目，工程项目施工生产能力的意义、作用及管理应用具有普遍性。不同行业、不同专业的工程项目，重复程度会有所不同，不同单项工程、单位工程、分部分项工程的重复程度也会有差异，重复程度越高，利用工程项目施工生产能力进行管理的收效越显著，越能体现其应用价值。

1.1.2.3　工程施工的主体与客体

（1）工程施工的主体与客体　工程施工的主体（有时也简称工程施工主体或施工主体）是施工单位。更确切地说，是与建设方签订工程施工合同、具有独立法人资格、具有一定工程施工资质等级、其承包的施工任务不少于一个完整的单位工程的施工企业。由于分包商与建设方没有直接的合同关系，因此工程施工中的任何分包商不能称为工程施工的主体，只是施工主体中的一部分。

工程施工的客体指特定工程施工主体的施工对象，进一步讲，是指特定工程施工主体所签订的施工合同中明确约定其承包范围的全部施工任务。工程施工的客体可能是一个完整的工程项目，这种情况下的施工主体是通常所说的工程施工总承包单位，工程施工总承包单位是工程项目唯一的施工主体。工程施工的客体还可能是一个工程子项目，此时，工程项目一定存在多个施工主体。

（2）工程施工的管理主体与客体　工程施工的管理主体（有时也简称施工管理主体）与工程施工的主体是完全不同的两个概念，工程施工的管理主体指工程建设的多个关系人（参与方）基于自身利益的需要，在工程项目施工阶段对工程项目施工实施不同程度的管理的全部关系人的统称。施工企业是最主要的管理主体，此外，一般还会包括建设单位、监理单位、设计单位、供货单位等其他管理主体。

工程施工的各参与方的管理客体是指各管理主体的管理对象，管理对象可能是整个工程项目，也可能是一个工程子项目。

讨论以上概念的目的是为了明确一个重要的事项：本书所述计划与控制一定是针对某个特定的工程施工主体而言，其一切工作是为了满足某个特定的工程施工主体的需要而进行。计划与控制工作需要有一个明确的主体、明确的任务范围。本书所述计划与控制不针对分包商，更不针对工程施工过程的其他管理主体。分包商可以采用本书所述方法，但分包商的问题不是本书讨论的对象。

1.2　工程施工计划

1.2.1　工程施工计划的基本概念

1.2.1.1　基本概念

工程施工计划指工程施工企业根据工程施工实际情况，对未来施工的各项作业和活动作出的部署和安排。这是一个笼统的定义，为能更进一步理解工程施工计划的含义，需要更具体的说明。

工程施工计划指工程施工企业根据工程施工实际情况，对未来确定和可确定性工作和活动做出明确的安排，对未来不确定性工作和活动，在预测分析的基础上，做出多种选择的实施方案，在行动方向、活动过程和工作程序、采用的方法、手段、措施、施工可能发生的情况、可能的结果等多个方面做出一定的指引、提示、指导、约束、指令和部署。

从严格意义来说，未来的东西都是不确定的，这里所说的“确定和可确定”是一个具有相对意义的说法，“确定和可确定”主要指固定不变的、必然的、显而易见的、确信不疑的、有确定变化规律的、已经程序化的、短期的、重复的等等。当然这一系列“可确定”是否属实与计划编制人的判断有一定关系。基于这种相对性理解，确定和不确定的含义可做进一步推广，确定和可确定指计划人对计划的事情有充分的把握，部分可确定指计划人对计划的事情虽然没有十足把握，但也不是完全没有把握，不确定就是计划人对计划的事情完全没有把握。

1.2.1.2 工程施工中的未来事件

未来事件一般划分为两类：确定性事件和不确定性事件或概率事件，就工程施工甚至更多工作来说，未来事件需要划分为四类：确定性事件、可确定性事件、部分可确定性事件、不确定性事件。

（1）确定性事件　确定性事件指不需要人们做出思考，更不需要采取任何行动，可以直接判定的必然事件。比如，建筑材料价格普遍上涨会导致施工成本上升。

（2）可确定性事件　可确定性事件指不能直接判定事件的必然性，需要人们做出分析思考甚至采取更多行动才能判定、证实其客观必然性的必然事件。比如，用 100t 42.5 水泥配制 $300m^3$C30 混凝土，通过对所采用的砂、石原材料检测，混凝土配合比设计、试配、检测等系列活动可确定其必然性。

（3）部分可确定性事件　部分可确定性事件指人们不能完全预知未来的情况，但可以在一定程度上、在某些方面明确预知未来的发展变化的事件，即事件的部分内容是可确定的。比如，资源配置能实现的施工生产能力为 $200m^3$/天混凝土的施工，用 3 个月完成 $16000m^3$ 混凝土的施工。因为时间为 3 个月，人们无法完全预知 3 个月内的天气情况、原材料供应情况及设备状况，但若一切情况正常，用 3 个月完成 $16000m^3$ 混凝土的施工基本没有问题。这一事件若改为 3 天完成 $600m^3$ 混凝土的施工，则该事件基本为确定性事件。

（4）不确定性事件　不确定性事件指人们完全不能预知未来的情况，对事件发生的可能性、事件的变化情况、结果等完全无法预知的事件。比如，地震。

以上内容，人们都十分熟悉，是风险管理的基本常识，风险管理只是工程施工管理的一个局部。人们可能会认为，用确定或不确定的理念来影响和决定整个施工计划是不是会以偏概全、以点代面。其实这种担心是不必要的，工程施工计划就是需要以这种理念作为核心观念进行引导并付诸实际。确定和不确定性问题不仅仅只是风险管理的问题，而且是计划的一个本质性问题。其理由如下。首先，工程施工计划的对象是未来的作业和活动，是未来事件，工程施工计划应针对未来事件是计划的一个基本要求。其次，未来事件以确定和不确定两种基本形式存在，用确定和不确定来界定未来事件，是目前对未来事件进一步认知的基本方式。用确定和不确定来影响和决定计划不仅不会错，也是计划的客观需要。第三，计划的基础是预测，对工程施工来说，仅有预测是远远不够的，施工计划更需要的是反映出某种决策的实施方案。确定和不确定是决策面临的两种基本态势，是对待和处理决策问题的一道分水岭。对于确定性事件，人们能轻松决策、毫不犹豫地决策，对于不确定性事件，人们往往感觉面临困难、面临压力（虽然难以决策，但又必须决策，否则工作无法推进）。确定和不确定性问题是决策的普遍性问题。第四，确定和不确定性问题是施工中的很多工作需要首先解决的问题，是判定问题能否解决、能以何种程度解决的标准，是寻求进一步解决办法的前提和基础。

第五，工程施工中的很多事件，简单地或不做分析地看是不确定性事件，但仔细分析后发现其实是确定性事件，也有一些事件，人们曾经已确认是确定性事件，但结合眼前工程分析发现它不是确定性事件。在计划工作中引入确定和不确定的理念，不仅有利于人们更好地认识未来事件，也将是提高和改善计划质量的重要方式。

1.2.2　工程施工计划的主要分类

计划的分类方式很多，就工程施工而言，主要需从时间期限、管理方位、约束力、与生产的密切程度等方面进行分类。

（1）按时间期限分　按时间期限，工程施工计划分为开工前计划、年度计划、季度计划、月计划、周计划和临时性或不定期计划等多种。

（2）按工程施工管理方位分　按工程施工管理方位，工程施工计划分为总体施工计划和局部施工计划，局部施工计划分为资源配置计划、进度计划、质量计划、成本计划、安全计划、合同管理计划、风险管理计划、财务管理计划、人力资源管理计划、劳资管理计划、行政及日常事务管理计划、材料及采购管理计划、设备及工器具管理计划、信息管理计划、沟通管理计划、后勤及保卫计划等多种类型。

（3）按约束力分　按约束力，计划分为指导性计划和指令性计划。

（4）按计划与生产的密切程度分　按计划与生产的密切程度、计划通用程度，工程施工计划分为生产性计划和非生产性计划。

生产性计划指与工程施工关系十分密切，计划的主要内容会因工程项目的不同而发生较大实质性改变，不具有通用性的各种局部计划，包括资源配置计划、进度计划、质量计划、成本计划、安全计划、合同管理计划、风险管理计划、材料及采购管理计划、设备及工器具管理计划9类计划。

非生产性计划指计划的主要内容不因工程项目的不同而发生较多改变，计划内容以政策、制度、流程、方法为主，具有一定通用性的各种局部计划，包括财务管理计划、人力资源管理计划、劳资管理计划、行政及日常事务管理计划、信息管理计划、沟通管理计划、后勤及保卫计划7类计划。

施工计划的划分方式与企业组织形式、工程项目（工程子项目）规模、施工采用的组织模式、管理模式有一定关系，这些方面的变化均有可能需要有更多的划分方式的产生，从而增加更多的计划类型，关于这些内容本书不再展开讨论。

1.2.3　工程施工计划体系

根据上述方式划分的各种计划类型，通过纵横排列，可得到一个计划体系矩阵，见表1-1。这个体系反映了施工各个管理局部在不同时期的编制需求和使用情况。

表1-1　施工计划编制需求和使用情况矩阵

计划类型 \ 时间计划	开工前计划	年度计划	季度计划	月计划	周计划	临时性或不定期计划
进度计划	●	△	△	○	●	△
资源配置计划	●			△		○
质量计划	●	△	△	○	●	△

续表

计划类型＼时间计划	开工前计划	年度计划	季度计划	月计划	周计划	临时性或不定期计划
成本计划	●	△	△	○	●	△
安全计划	●	△	△	○	●	△
合同管理计划	●	△	△	△		△
风险管理计划	●	△	△	○		△
财务管理计划	○	○	△	●		△
人力资源管理计划	○	○	△	△		△
劳资管理计划	○	△	△	△		△
行政及日常事务管理计划	○	△	△	△		△
材料及采购管理计划	○	△	△	○	●	●
设备及工器具管理计划	○	●	●	○		△
信息管理计划	○	△	△	○		○
沟通管理计划	○	△	△	○		○
后勤及保卫计划	○	△	△	○		△
竣工计划						●

注：●表示必须的；○表示一般情况需要；△表示很少需要；空格表示不存在或不需要。

该矩阵需要说明几点：①表 1-1 中所列管理局部并非一定能涵盖所有工程施工的所有局部，也并非所有工程都一定包涵这些局部；②“一般情况需要”和“很少需要”并不代表这个局部不重要或者说没有“必须的”的重要，“一般情况需要”更多地指企业对这些局部已经具有成熟的、通用的、相对固定的管理方式方法，在某些特定时间点不需要进行重复性工作；③年度计划、季度计划、月计划、周计划、临时性或不定期计划的需要情况和使用情况取决于项目施工采用的管理模式和工程具体情况，表 1-1 中给出的示意是基于某种特定的管理模式下的情况，目的重在举例，不具普遍性。

1.2.4 工程施工计划的基本原则

（1）全面性原则　工程施工管理需要全方位、全过程进行，计划作为管理的重要职能也需要具有全面性和全局观。任何一个方面工作的严重失误或者任何阶段、过程甚至细节的重大和较大过错都可能会影响施工全局，影响目标实现。

（2）突出重点原则　由于施工管理的复杂性以及每个人时间精力的有限性，想要把施工管理方方面面的工作都做得非常好，各个过程和细节都完全掌控好，是不现实的，也几乎是不可能甚至是得不偿失的，因此，计划需要突出重点，这是实现有效管理的必要手段。计划的重点应该放在那些诸如对目标影响重大、与目标关系密切、如果失控会导致严重不良后果、通过计划活动能带来显著效益的关键作业和活动。

（3）弹性原则　计划需要具有一定弹性是计划能够得以执行的必要条件，也是计划具有一定灵活性的重要表现。在实际施工中，由于工程项目会受到多方面因素的影响，而这些影响都在不断变化，为保持施工生产能有较好的稳定性，减少甚至杜绝大的全局性的计划调整，在编制计划时应充分考虑计划的弹性问题。

（4）深度原则　工程施工中的很多问题是复杂问题，并不是那么简单易决定，而这些问题往往异常重要，对施工影响很大，解决得好，整个施工过程可能就会顺利许多，解决不好，施工过程可能会障碍重重，路途曲折。工程施工需要对这些关键而复杂的问题进行有效解决，而且应该更多地在计划中解决。复杂问题解决办法的有效性在很大程度上取决于深度，因此，对解决关键问题的计划需要有足够的深度。

（5）积极和消极原则　这个原则也可称为明确和含糊原则。对于确定和可确定的事件，可以做出明确甚至具体安排，对于完全不确定的工作尽量不做明确具体安排（因为各种具体安排都有可能是错的），而是采取一定消极方式（常言说的顺其自然）来对待它，情况反而会更好，这样做并不是回避矛盾，逃避责任，而是客观的需要。当必须做出明确安排时，需考虑多种方案和应急预案。对于部分可确定的工作（这可能是工程施工中最多的一类），需要采取积极与消极相结合的原则，该安排、可以安排的应当积极安排，但不应做过多太具体的安排。不该安排、不需要安排的尽量不做安排。当必须做出明确安排时，最好考虑多种方案，让单方面决策更多地变为选择。

1.2.5　工程施工计划的主要作用

工程施工计划有许多作用，归纳起来，主要有以下几个方面。

（1）帮助人们更好地向目标迈进　目标是人们对未来结果的一种期望，能否实现取决于过程。由于工程项目的复杂性和长期性，工程施工是一个长期而复杂的过程。这个过程好比一次行程，出发（地）是开工，目的（地）是竣工。如果没有计划，站在出发地也许根本就看不见目的地（距离太远），也许根本就不知道距离究竟是多少，也许根本就不知道出发地和目的地之间究竟有哪些交通方式和途径，途中会遭遇哪些阻碍，也许人们根本就不知道所采取的行动，时间够不够，费用会不会超支，是否能真正到达目的地。出发之初，人们唯一知道的是出发地与目的地之间有着遥远的距离，需要经历数不胜数的各种细节，需要花费很长一段时间，路需要一步一步地走。目标也只能告诉人们，目的地的基本状况如何，这次行程时间是多少，费用开支是多少。施工计划不能解决人们所面临的各种困难和问题，但是能帮助人们一步一步地向目标迈进。

（2）帮助人们预先发现问题，并预先解决问题　从解决问题的时间节点分，解决问题有三种基本方式：事前解决、事中解决和事后解决。这三种解决方式的代价一般是：事后解决＞事中解决＞事前解决。及早发现并及早解决问题付出的代价较小。

计划能帮助人们预先发现问题，并预先解决问题，不仅可以减少施工过程中的一些障碍，也将避免许多不必要的付出。这是计划发挥作用的一个主要方面。

（3）确保施工生产能够更加安全、有序、稳定地进行　“安全生产，文明施工”是对工程施工的一个基本要求，“安全第一，预防为主，综合治理”是安全管理的基本方针。如何满足基本要求，如何落实基本方针，安全计划发生着至关重要的作用。安全问题涉及施工生产的各个方面，不同工程项目有不同的安全管控要点，系统、全面、有针对性的安全计划是真正产生预控收效的必要条件。

人们常言：计划能使人做事有条不紊，井然有序。对于工程施工来说，计划的这方面作用尤为明显。施工计划能帮助人们从繁杂的作业事务中理出头绪、分清主次、明确顺序。

施工生产的稳定性主要来自科学合理的计划，人们只有通过系统的资源需求分析才可能做出合理的、适宜的、可靠的资源配置，有了科学合理的资源配置才能确保施工生产能有足够的动力，才能保证整个作业系统正常运转，才能保证各施工工序的正常搭接，这一切离开了计划将无从谈起。

（4）为施工控制提供评价标准和依据　明确的控制对象和评价标准是控制的前提，人们可能会说，设计图纸、施工合同、施工规范、法律法规、技术标准就是评价标准和依据，这话一点没错，控制的主要依据就是这些，但是，以上各种依据范围宽广、内容繁多，要每个人都按照这些依据去寻找所需要的内容，那简直就是要人们去从事大海里捞针的工作。计划能锁定控制需要的具体目标，让人们能够快速及时地开展工作。

1.2.6　工程施工计划编制的基本要求和主要依据

在表 1-1 中，开工前的总体施工计划具有普遍性。任何项目、任何施工管理团队或多或少、或粗或细会进行该项工作，目前只针对这个计划展开讨论。

1.2.6.1　工程施工计划编制的基本要求

施工计划需要根据施工实际，考虑多方面因素进行编制，并达到一定基本要求，基本要求主要包括：

① 符合企业整体战略发展需要；
② 符合企业对项目的管理要求；
③ 满足施工目标的要求；
④ 符合安全生产、文明施工的要求；
⑤ 适应工程项目其他管理主体的管理需要；
⑥ 适应项目所在地的自然环境和社会环境。

1.2.6.2　工程施工计划编制的主要依据

（1）生产性计划的主要编制依据
① 企业战略发展计划及企业对项目的指导性计划；
② 企业对项目的管理政策、制度、流程、方法；
③ 工程项目施工情况分析；
④ 企业内、外部情况分析；
⑤ 设计图纸；
⑥ 施工合同（投标文件）；
⑦ 施工规范及其他相关规范；
⑧ 工作涉及的相关法律法规；
⑨ 相关技术标准；
⑩ 类似工程及行业经验。
（2）非生产性计划的主要编制依据
① 企业战略发展计划及企业对项目的指导性计划；
② 企业对项目的管理政策、制度、流程、方法；
③ 施工合同（投标文件）；
④ 工作涉及的相关法律法规；
⑤ 类似工程及行业经验。

1.2.7　施工计划的基本内容

本部分只针对开工前的总体施工计划展开讨论。

1.2.7.1　总体施工计划的基本内容

总体施工计划一般应当包括编制依据、综合概述、生产性计划和非生产性计划四部分基本内容。

（1）编制依据　列出计划所采用的各种编制依据，以本书 1.2.6.2 列举类别为例进一步具体化，例如：文件名称和编号、企业管理制度名称和编号、使用的管理应用程序和版本、规范、相关法律法规、技术标准名称及代号等。

（2）综合概述　简要介绍计划编制的总体基本情况，对如何满足本书 1.2.6.1 提出的基本要求做一定程度介绍和阐述，简单概述生产性计划和非生产性计划的基本情况。

（3）生产性计划　详细阐述生产性计划各部分内容，进一步内容见本书 1.2.7.2 相关内容。

根据工程项目规模和管理实际需要，可采用综合编制和分别编制的方法。

（4）非生产性计划　详细阐述非生产性计划各部分内容。非生产性计划一般只需采用综合编制即可。本书后述应用部分的内容与非生产性计划基本无关，非生产性计划内容不再展开讨论。

1.2.7.2　生产性计划的基本内容

生产性计划是总体施工计划的一部分，其内容由其所包含的各个局部的计划内容组成。

（1）进度计划的基本内容

① 进度目标；

② 网络图（横道图或其他目标分解方式）；

③ 计划能够满足工期（进度）目标的基本理由和依据；

④ 进度控制的基本方法和要点；

⑤ 进度计控中的关键问题及处理；

⑥ 如何协调进度与其他目标的关系。

（2）资源配置计划的基本内容

① 劳动力资源配置；

② 主要施工机械设备配置；

③ 主要材料配置；

④ 主要资源的品质特性；

⑤ 如何安排资源进场（时间、空间、生活）及退场；

⑥ 资源的计划数量、品质及各种安排的理由和依据。

（3）质量计划的基本内容

① 质量目标；

② 质量目标的分解方式；

③ 计划能够满足质量目标的基本理由和依据；

④ 质量控制的基本方法和要点；

⑤ 质量预控与防范；

⑥ 质量计控中的关键问题及处理；

⑦ 如何协调质量与其他目标的关系。

（4）成本计划的基本内容

① 工程量清单；

② 工程造价；

③ 成本目标；

④ 成本目标的分解方式；

⑤ 计划能够满足成本目标的基本理由和依据；

⑥ 成本控制的基本方法和要点；

⑦ 成本计控中的关键问题及处理；

⑧ 如何协调成本与其他目标的关系。

（5）安全计划的基本内容

① 安全目标；

② 安全专项费用的计提与使用；

③ 针对基本安全管理制度的明确落实和安排；

④ 安全防范与预控制的基本方法与要点；

⑤ 危险源及安全隐患的处理；

⑥ 主要的安全措施和必要的安全交底；

⑦ 安全应急救援预案；

⑧ 现场文明施工和环境保护的明确安排。

（6）合同管理计划的基本内容　在企业所采用的合同管理制度、流程和方法的基础上，结合施工实际进行一定的补充和调整。补充的主要内容是：

① 由目前工程项目的特殊性导致的必要的合同管理变化和调整；

② 由目前工程项目施工管理主体的特殊性导致的必要的合同管理变化和调整；

③ 由目前工程项目所处自然和社会环境的特殊性导致的必要的合同管理变化和调整。

（7）风险管理计划的基本内容　在企业所采用的风险管理方法、流程的基础上，针对工程项目实际情况，进一步明确化、具体化。需要明确的基本内容是：

① 计划中识别的风险种类、名称及简单定义；

② 风险评估；

③ 风险对策及处理。

（8）材料及采购管理计划　材料及采购不仅是工程施工管理的一个重要环节，也是各施工管理主体对工程施工实施有效控制、维护自身利益（质量和建设成本控制）能够取得明显成效的一个主要方面。一方面，由于企业的高度重视，企业的材料及采购管理一般有较为完善的管理系统；另一方面，由于各管理主体的不同程度的参与会导致材料及采购管理系统的多元化，这种多元化使材料及采购管理工作存在很多种情况，不同情况下计划内容将会差别很大。在此不可能一一列举，仅列举两种极端情况。

① 企业独立采购或其他管理主体较少参与时，一般按照企业材料及采购管理制度、流程和方法即可满足有效管理的需要。此时，只需针对施工实际做少量的补充。

② 其他管理主体起完全主导作用时，主要考虑自身系统与建设方管理系统的融合问题，计划及其内容没有太多现实意义。

（9）设备及工器具管理计划

在按照企业所采用的相关管理制度、流程和方法的基础上，设备及工器具管理需要计划以下基本内容：

① 从规范规定的众多操作规程或设备产品说明书中找出目前施工所采用的主要机械设备的操作规程；

② 落实主要设备的操作人员和日常保管人员；

③ 拟订主要设备定期维护保养的时间和实施方案。

1.3　工程施工控制

1.3.1　工程施工控制的基本概念

1.3.1.1　基本概念

施工控制指对施工作业和活动所进行的预先设防、监视、监督、监测、检测和纠偏（错）的一系列行为活动。更具体地说，施工控制是指为保证整个施工作业和活动尽可能地按照预期需要正常进行，对预估可能出现不利情况的方面，采取措施加以防范，对即将执行、正在实施、已经完成的作业和活动，进行核实、监督、检测，当发现偏差和错误时，采取措施予以纠正和处理所进行的一系列活动。施工控制活动包含两个基本方面：一方面是围绕降低风险的预先设防所进行的一系列活动，即通常所说预防性控制；另一方面是围绕检查和纠偏展开的一系列活动，即更正性控制。这个定义明确了作业和活动的三种时态情况：事前、事中、事后，明确区分预防性控制和更正性控制。其目的是：①强调事前、事中、事后这三种控制方式在控制过程中存在的必然性；②区分事前控制、预防性控制与计划工作中考虑控制问题所进行的工作这三者之间的差别。后者属计划工作中的计划内容，而非控制工作，因为在计划中所做的这一切工作没有实质性控制活动。事前控制有实质性控制活动，比如对实施条件的核实、检查等。预防性控制是两类基本控制之一，它不仅有明确的控制活动，而且通常还需要消耗多种实物资源。预防性控制针对对施工可能造成不利影响的方面，强调预先设防，主要目的在于降低各种风险，比如安全问题设防、质量问题设防、风险问题设防等。事前控制的理解需要较为狭义，它是更正性控制的一种特殊形式，是更正性控制过程不可缺少的一个环节，控制仅针对某个特定的施工过程。这两点对理解控制概念以及控制工作的开展可能会有一定帮助。本书着重讨论更正性施工控制。

施工控制需要有明确的控制主体。控制主体决定了控制实施范围、控制面、控制关注点、控制需要的精准度。控制主体层级越高，需要控制的范围越大，控制关注点越集中。一般情况，高层级控制需要的控制精准度相对不是很高。控制主体层级越低，控制范围越小，控制点越分散，需要的控制精准度越高。对于一个有效的施工控制来说，各个层级的控制都是需要的，都各自发挥着不同的、不可或缺的作用。本书所述施工控制主要指施工项目部（管理团队）针对其所负责的施工任务进行的各种控制。

施工控制还需要有相对明确的控制对象。施工控制的最终目的是整体施工目标的实现，整体施工目标的实现依赖各个管理局部目标的实现，各个管理局部的目标实现依赖各分部分项工程的有效控制，各分部分项工程的有效控制取决于各个工序及若干细节的有效控制。形象地说，施工控制像一张面积很大的密布的网，有数不清的细节。如果没有相对明确的控制对象，控制将无从着手，更谈不上有效控制。施工管理团队的控制对象应该侧重于各个管理局部的目标实现和各分部分项工程的有效控制，当然，对于一些关键工序和重要细节的控制也是必不可少的。

施工控制通常的基本过程见图 1-1，这是人们熟悉的 PDCA 循环控制过程，这种控制方法适用于所有各类施工控制。

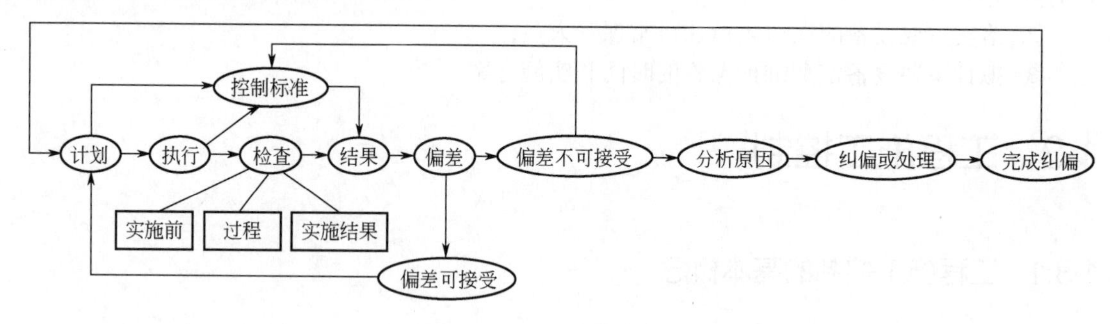

图 1-1 施工控制的基本过程

1.3.1.2 施工控制与施工计划的关系

施工计划与施工控制是相互依赖的关系，可以说，二者密不可分。没有计划，控制缺乏标准和依据；没有控制，就不能及时掌握计划的执行情况和执行结果，计划目标的实现就没有保障。在制订施工计划时需要充分考虑控制问题，比如控制对象、控制方法和手段、控制标准等。在施工控制中，需要适时结合施工计划，计划是最主要的控制依据，如果结果偏差是由于计划过错造成的，还需要对计划做出调整和修改。

施工计划与施工控制是相互区别的关系，是施工管理完全不同的两种职能需要。就出发点和根本目的来说，施工计划和施工控制有共同之处，都是为了更好地实现施工目标。就二者的作用、活动过程、采用的方法手段、开展工作需要的条件等多个方面来说，是完全不同的，需要有各自完整的工作系统。控制标准是计划与控制之间联系最为密切的一个方面，有些控制标准在计划阶段可以明确，但很多控制标准需要在实施过程中或局部过程结束后才能明确，因为控制需求（需要控制什么、如何控制）需要根据施工实际情况才能作出明确的决断。控制标准的制订既是计划工作的一部分，也是控制工作的一部分。

由于计划与控制的这种既依赖又区别的关系，会导致项目施工可能存在多种组织结构需求，比如计划与控制分设、计划与控制不作区分、计划与控制在一定程度上区分等。不同模式有不同的优缺点，具体哪种组织结构更有利于施工，需根据项目的具体情况而定。

计划与控制之间还存在着一种相互影响的关系。一方面，计划质量越高，控制工作越轻松，控制任务越少，反之，计划工作不充分，低质量的计划将加大控制工作难度、增加控制任务。另一方面，控制系统越完善、要求越严格，对计划工作、计划质量的要求就越高。控制系统不完善、控制要求低往往是低质量计划的主要诱因。

1.3.2 施工控制的主要分类

（1）按控制实施的时间节点分　按控制实施的时间节点，施工控制分为事前施工控制、事中施工控制、事后施工控制。

（2）按控制的性质分　按控制的性质，施工控制分为更正性施工控制和预防性施工控制。

（3）按控制范围和对象分　按控制范围和对象，施工控制分为整体施工控制、局部施工控制和施工细节控制。整体施工控制可分为工程项目施工控制或工程子项目施工控制、单项工程施工控制、单位工程施工控制。局部施工控制指两种情况，一种情况指分部分项工程施工控制，另一种情况指各个管理局部的施工控制，主要包括进度控制、成本控制、质量控制、安全控制、资源控制、风险控制、合同控制等几个方面。细节控制指施工工序和施工作业细节的控制。

（4）按信息属性分　按信息属性，施工控制分为反馈性施工控制和前馈性施工控制。

反馈性施工控制是指用已经发生的情况同现在及将要进行的情况做对比开展控制活动。前馈性施工控制是指采用对未来情况预测的结果来对比现在及将要进行的情况开展的控制活动。

（5）按控制采用的手段分　按控制采用的手段，施工控制分为直接型施工控制和间接型施工控制。直接型施工控制指直接针对控制目标（需求）的施工控制，间接型施工控制指不直接针对目标（需求），而针对与目标（需求）密切相关的其他事物进行的施工控制。

（6）按控制是否采用计量方法分　按控制是否采用计量方法，施工控制分为定性施工控制与定量施工控制。

定性施工控制指不对控制对象进行定量分析计算，只做定性分析和评价的施工控制，定量施工控制指对控制对象进行定量分析计算和评价的施工控制。

1.3.3　工程施工主要控制系统及控制体系

施工控制是一项复杂的系统工作，控制系统和控制体系需要从多方面阐述。

1.3.3.1　基本控制过程的控制系统

从完成一个基本的控制过程看，要保证控制系统正常完整运行，施工控制需要包括检查、偏差分析、信息反馈、纠偏及处理 4 个子系统，如图 1-2 所示。这个系统是项目部（公司）的自控系统，不包括上级公司、其他施工管理主体及地方行政主管的施工控制。

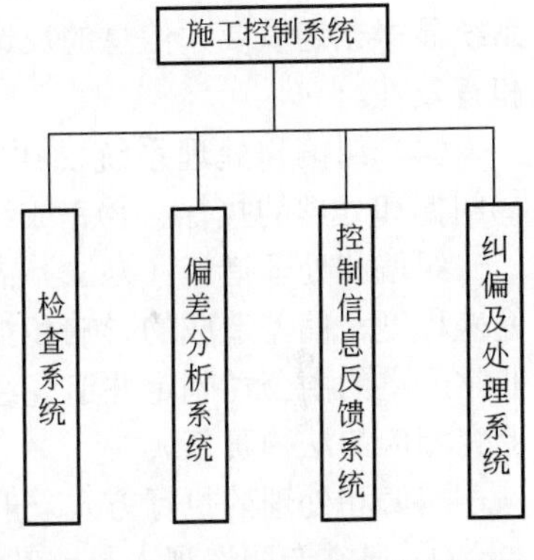

图 1-2　基本控制过程的控制系统

（1）检查系统　检查系统由施工控制所需的一系列人的检查活动及与检查相关的各种制度、流程、方法、规范、标准构成。在这个系统中，人的活动发挥了重要作用。施工检查包括定期检查、不定期检查、日常巡视检查等几类。检查方式、检查方法、周期频率根据企业管理政策、制度、流程和施工实际情况确定。

① 定期检查　定期检查指项目部（公司）根据施工实际和上级公司相关规定，对施工现场作业和相关活动进行定期的各种控制性检查。定期检查一般应包含：

a．开工前资源配置核实检查；

b．年度全面检查；

c．季度全面检查；

d．月安全、质量检查；

e．周进度、安全、质量检查；

f．竣工前质量检查。

② 不定期检查　不定期检查指项目部（公司）根据施工实际需要，对施工现场作业和相关活动进行不定期或临时性的各种检查。不定期检查可以是全面、局部检查，甚至可以是某个细部、细节的检查。

③ 日常巡视检查　日常巡视检查指由项目部委派并指定专职人员对施工现场作业和相

关活动进行日常性的各种检查，包括旁站、巡视、跟踪、督促、指导、测量、检测、计量、统计、记录等多种形式的活动。

（2）偏差分析系统　偏差分析系统主要由评价标准、检查结果、偏差分析等内容构成。在这个系统中，标准、规范、方法、计划发挥了主导性作用。

评价标准的制订，从时间方面，可能来自于计划，可能在检查前制订，还可能在检查之后制订。从制订依据方面，有多种可能：①施工计划；②企业标准；③设计规定；④合同约定；⑤相关标准；⑥相关规范；⑦相关法律法规，从标准执行需要来说，可以考虑①～⑦的顺序，从标准的法律地位来说，顺序是①～⑦依次增强。这两类顺序在实际工作中应充分考虑。

检查结果即对检查情况的记录。检查结果可能有多种形式：原始记录、经整理的记录、汇总后的记录等。

偏差分析主要包括：①检查结果与标准的比较；②偏差情况（偏差值、偏差程度等）；③偏差原因分析。

（3）控制信息反馈系统　施工控制信息系统只是整个施工管理信息系统的一个方面，是一个局部的子系统。施工控制信息系统包括控制信息反馈系统和控制信息前馈系统，前馈系统在此不作讨论。仅讨论通常的施工控制这个基本过程中的信息反馈。

控制信息反馈系统主要包括：信息内容、信息源、信息获得方式、信息传递对象、信息传递方式、信息接收方式等。

控制信息反馈系统的建立依赖整个施工管理信息系统的建立，在施工控制中，信息反馈系统显得尤为重要，信息的反馈速率在很大程度上决定了时滞程度，从而决定控制的及时性和有效性。

（4）纠偏和处理系统　纠偏和处理系统主要包括：①纠偏和处理措施（办法）制订；②纠偏和处理的执行；③完成纠偏和处理。

纠偏和处理措施（办法）需根据实际情况及企业管理制度、项目部管理办法制定。根据偏差程度、偏差造成的影响和损失，一般由主管人员制定，情节严重的由项目部制定，情节非常严重的由公司制定并追究经济责任，情节极其严重、构成犯罪的需要移交司法部门处理，追究相应的法律责任。

纠偏和处理的执行方式一般有以下几种：

① 日常专职巡视人员或其他管理人员口头纠错（偏）；

② 日常专职巡视人员或主管人员书面指令纠偏；

③ 项目部书面指令纠偏。

完成纠偏和处理需要一个过程，需要明确责任人、明确时间期限、明确标准要求。通常还需要对过程进行监督，对处理结果进行检查验收。

1.3.3.2　以主要管理局部反映的施工控制系统

从施工全方位管理看，施工控制系统需要包括进度、成本、质量、安全、材料、设备、劳动力、风险 8 个主要控制子系统，见图 1-3。这些子系统既相互关联，又自成体系，可以在一定程度上独立运行。

1.3.3.3　以任务结构形式反映的施工控制体系

工程项目或工程子项目施工控制依赖其包含的各个单项工程的施工控制，每个单项工程施工控制依赖其包含的各个单位工程施工控制，每个单位工程施工控制由其所包含的所有分部分项工程的施工控制所决定，施工控制形成一个以任务结构反映的控制体系。任务结构按单项工程、单位工程、分部分项工程逐级展开的控制体系见图 1-4。

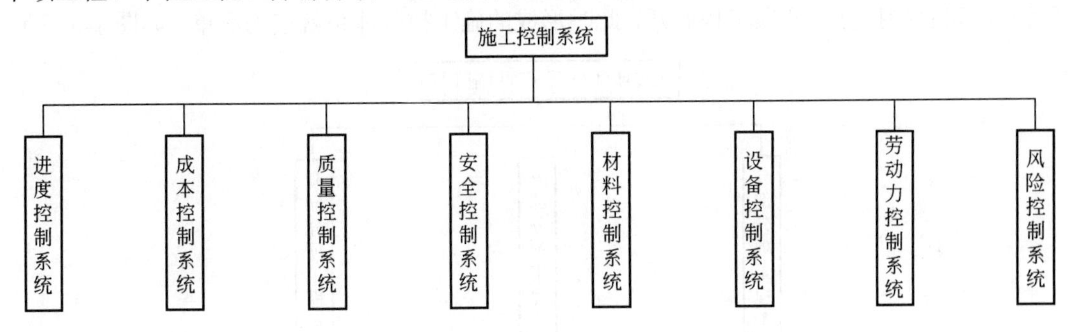

图 1-3　以主要管理局部反映的施工控制系统

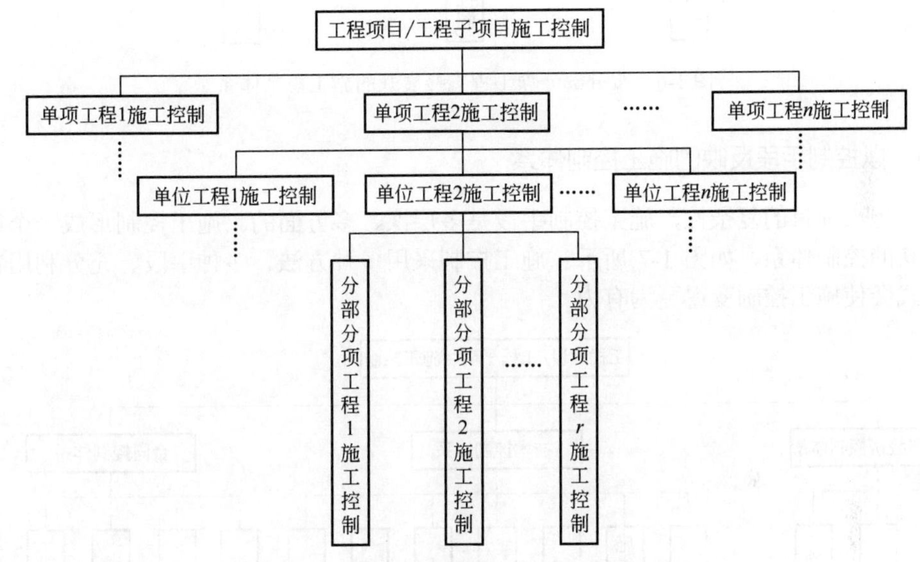

图 1-4　按单项工程展开的施工控制体系

很多情况下，为便于开展工作和满足施工管理需要，任务分解需抛开单项工程，直接按单位工程展开，这种情况下的施工控制体系如图 1-5 所示。

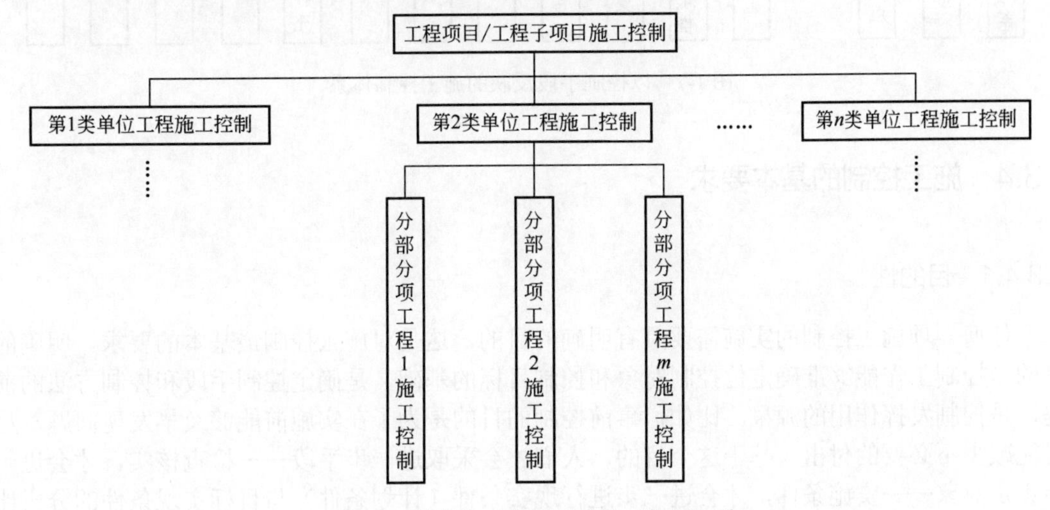

图 1-5　按单位工程展开的施工控制体系

有些情况下，为降低施工管理复杂程度，对于一些不太复杂的工程项目或工程子项目，任务结构可直接按分部分项工程展开，此时形成的施工控制体系就较为简单，如图 1-6 所示。

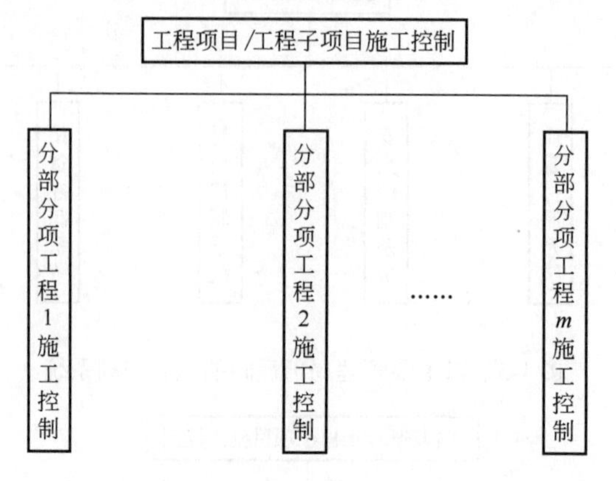

图 1-6 按分部分项工程直接展开的施工控制体系

1.3.3.4 以控制手段反映的施工控制体系

由于施工项目的复杂性，施工控制手段是多层次、多方面的。施工控制形成一个以控制手段反映的控制体系，如图 1-7 所示。施工控制采用多种方法、多种手段、充分利用各层次控制方式会使施工控制变得更为有力。

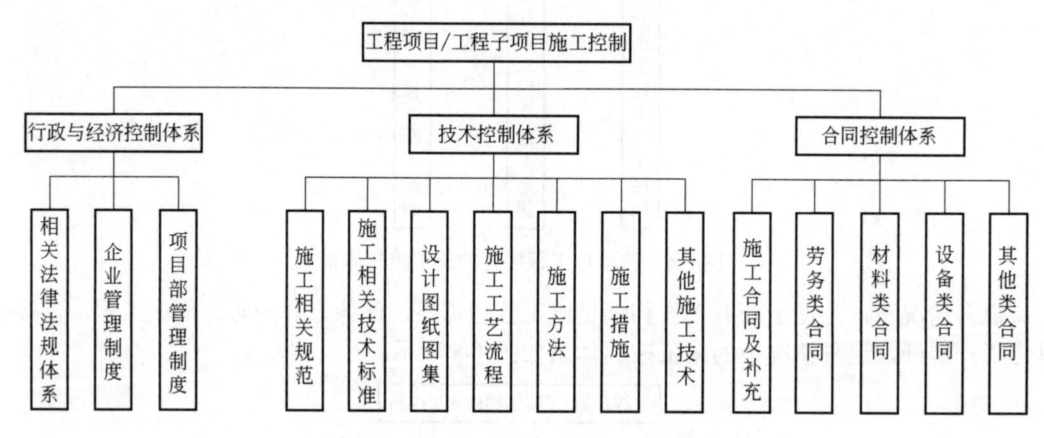

图 1-7 以控制手段反映的施工控制体系

1.3.4 施工控制的基本要求

1.3.4.1 目的性

任何一项施工控制的实施需要具有明确的目的，这是对施工控制最基本的要求。明确的目的是控制工作能够准确定位控制对象和控制目标的基础，是确定控制手段和控制方法的前提，是控制发挥作用的源泉。比如，事前控制的目的是为了在实施前能够及早发现问题，尽可能减少不必要的付出。基于这个目的，人们才会采取进一步手段——检查核实，才会进一步锁定对象——实施条件，才会进一步进行现实条件（计划条件）与目标实现条件的分析比较，进而判定问题存在与否，最终发挥出控制的作用。

1.3.4.2　及时性

施工控制的及时性问题是整个施工管理中的一个重要问题，施工控制的有效性在很大程度上取决于施工控制的及时性，如果某项施工控制不能及时解决施工中的问题，那可以说这个控制是不成功的，甚至可以说是无效的。一方面，施工存在问题解决得及时与否决定了解决问题需要付出的代价大小；另一方面，施工是一个连续的过程，在绝大多数情况下，下道工序工作的开始容不得上道工序过多的停滞和拖延，若不能及时解决上道工序中存在的问题，将导致一系列新的问题产生，此时可能作出的决策是，要么影响下道工序的开始，面对一系列更多问题：进度、生产稳定、工人情绪、经济损失等，要么积累问题，形成隐患，今后面临更大的问题。当然，在现实中，其一，不存在绝对完美的计划与控制；其二，在很多时候，处理并解决问题的实际时间耗费往往总是超过人们的期望值，所以，一般性施工控制或多或少会存在及时性问题，及时性只是一种相对的说法。当施工控制的及时性问题产生时，还是需要客观、冷静地对待。

1.3.4.3　经济性

一项控制活动的实施必然需要一定的投入，通常也会产生一定的收益（效），施工控制需要充分考虑投入与收益问题，当收益大于（一般需要远远大于）投入时，则该项控制活动就有充分的实施价值，当收益小于（或等于）投入时，则该项控制活动就没经济价值，除非另有需要（比如，不采取控制会导致严重不良后果，可能会导致比投入还多的损失），否则，不宜实施。

1.3.4.4　注重方法和程序

施工控制方法和工作程序对施工控制的有效性具有很大影响，不同控制对象、不同控制局部、不同控制要点需要采用的控制方法和程序可能不同，实施控制时应充分考虑控制方法和程序对不同控制对象的适宜性，选择恰当的、可靠的、合理的、经济的控制方法和程序是实施有效控制的基本要求。

1.3.4.5　突出重点

施工作业活动繁杂，在同一时间可能有多种作业在同时进行，施工管理局部太多，进度、质量、成本、安全等哪一方面都不容忽视，而人的精力和时间是有限的，因此，任何时候的施工控制都需要对控制重点有清醒的认识，需要以确保目标实现为重点，以防范安全问题、质量问题为大局，需要有选择地、突出重点地、行之有效地实施控制。

1.3.5　施工控制的基本原理

除人们已经熟知并广泛应用的系统原理、反馈原理、动态控制原理、PDCA 循环控制原理外，施工控制还可采用整体与局部控制原理、施工作业系统自动调节原理和问题存在的客观性原理等基本原理开展控制工作。

1.3.5.1　整体与局部控制原理

整体与局部控制原理基于工程项目施工控制充分性判定准则：工程项目或工程子项目进

度、质量、成本目标实现的充分条件是其所包含的分部分项工程进度、质量、成本目标的实现。控制了分部分项工程就控制了单位工程，控制了单位工程就控制了单项工程，控制了单项工程就控制了工程项目。

这个原理很简单，但却非常实用，也十分重要，具有广泛意义。它是判定一种控制方法或一个控制方案是否可行、可靠、有效的基本准则，它是建立施工过程与施工目标之间必然联系的基本依据。对于复杂工程项目来说，虽然原理简单，但要能很好地应用这一原理并非易事。

1.3.5.2 施工作业系统的自动调节原理

任何一项工程施工均存在一种理想的资源配置状态，当施工实现了这种理想配置时，整个作业系统将能够长期稳定地保持高效运转，系统具有一定程度的自动识别、适应、调节能力。系统运转正常与否、效率如何不取决于人们的主观安排，而取决于源配置状况。用网络图或甘特图进行人为直接安排和控制，先做什么、再做什么、最后做什么，每项工作花多少时间去完成等一系列人为约束不仅可能导致各种计划落空，而且在很大程度上会破坏系统的自动适应和调节功能，从而导致系统运转效率降低。因此，要想实现作业系统的高效率运转，最重要的工作是寻找理想的资源配置模式。要想实现施工作业的有效控制不能仅仅依赖诸如网络图或甘特图等直接的控制方式。

1.3.5.3 问题存在的客观性原理

问题具有主观与客观的二重性。首先，问题是人们的一种主观赋予，是人们意识行为下对事物某方面特性和状态的一种定义和描述，从这方面来说，问题具有主观性。但从另一方面看，任何事物不可能独立存在，总是与其他事物之间发生着各种各样的联系，而这种联系往往是人们主观无法割断的。不仅如此，由于人们对事物认识和认知的差异，需要有一种相对统一的、公认的认知标准，才能更好地认识事物这方面的特性和状态，从这几点来说，问题具有客观性，不以个人或局部的意识行为为标准。

管理问题也不例外，具有主观与客观的二重性。管理问题的产生源于人们的需求，而由于人类存在一个共同弱点，就是需求往往会不断扩大，于是就产生了人们的需求与现实条件之间的矛盾，这是管理最基本的问题。如果矛盾程度、需求程度、约束程度、需求的实现条件、现实提供的条件都可以进行量化，则可以用以下方式来表述管理问题。

由于实现条件存在多种情况：①条件数量可为单个或多个；②条件可为数值形式和区间形式；③实现方式有多种，对数值来说有<、=、>、≤、≥5 种，对于区间来说，有∈和∉，问题存在性判断也将出现很多种情况，不论何种情况，其基本方法是一致的，对于不同情况，只需作简单的数学变换即可得出相似于下述特定条件下的问题存在性判断方法。

在条件为单个，全部变量均为正数数值形式，实现方式为≥或≤两种情况下下（这是工程施工面临的绝大多数情况，唯一不同的是一般为多个条件，多一个条件就多一次判断），问题存在性判定方法如下。

（1）实现条件为正向（≥）时的变量间的相互关系

问题=矛盾，问题严重程度=矛盾程度

矛盾程度=需求程度×约束程度=需求的实现条件÷现实提供的条件

需求程度=需求的实现条件÷评价标准

约束程度=评价标准÷现实提供的条件

（2）实现条件为反向（≤）时的变量间的相互关系

问题=矛盾，问题严重程度=矛盾程度

矛盾程度=需求程度×约束程度=现实提供的条件÷需求的实现条件

需求程度=评价标准÷需求的实现条件

约束程度=现实提供的条件÷评价标准

问题存在性及严重性可做如下判定。

① 当矛盾程度>1 时，表明存在问题，矛盾程度越大，问题越严重；

② 当矛盾程度≤1 时，表明不存在问题；

③ 当矛盾程度=1 时，表明不仅不存在问题，而且处于一种最佳理想状态；

④ 当矛盾程度→0 时，表明几乎没有需求或需求实现不存在丝毫障碍；

⑤ 当矛盾程度→∞时，表明需求无法实现。

若一项作业和活动存在某种问题，当完成这项作业和活动的需（要）求和现实提供的条件没有任何改变时，存在的这个问题是不会自行消失的，它始终会存在于这项作业活动中。要解决这个问题，有三种基本途径：①需求不变，改变实施条件；②实施条件不变，改变需求；③需求和实施条件都变。

施工控制的主要任务就是及时发现问题，及早解决问题。利用问题存在的这种客观性可以帮助人们在实际控制中正确地对待工作，正确地对待问题。

1.3.6 施工控制的主要方法

施工管理最基本的方法是目标管理。由于工程项目多目标特性，因此施工控制有多方面的控制需要，不同目标需要有不同的控制方法，同一目标还存在多个不同侧重的控制方向。随着施工行业的迅速发展，各领域、各行业发展取得的成功管理经验和技术方法被广泛应用于施工行业，这极大地丰富了施工行业的管理方法体系。就施工控制而言，采用的方法可以分为 5 类：基础类、进度控制类、质量控制类、成本控制类、综合类。

基础类主要包括：工作分解结构（WBS）法（分层控制法）、偏差分析法、调查分析法、统计分析法等。

进度控制类主要包括：网络计划技术（关键路径控制、实际进度前锋线分析、切割线分析）、甘特图控制、垂直图控制、里程碑控制、流水作业法、形象进度模拟仿真控制等。

质量控制类主要包括：直方图、排列图、因果分析图、控制图、相关图等。

成本控制类主要包括：成本分析表法、施工图预算控制法等。

综合类主要包括：挣值法、S 形曲线等。

以上方法中，本书选取工作分解结构 WBS、偏差分析法、流水作业法、排列图、成本分析表等方法进行简单介绍。

1.3.6.1 工作分解结构 WBS

工程项目或工程子项目的施工任务可视为一个集合 Ω，集合 Ω 包含若干子集 $\Omega=\{A_1,A_2,\cdots,A_i,\cdots,A_n\}$，每个子集 A_i 包含若干元素（还可以是更小子集继续细分）$A_i=\{a_{i1},a_{i2},\cdots,a_{ij},\cdots,a_{im}\}$，$i=1,2,\cdots,n$，$j=1,2,\cdots,m$。每个子集 A_i 代表一定的施工任务，每个元素 a_{ij} 代表某项工作或工作包。工作分解结构 WBS 就是根据某种需要，按照一定的方法把全部 $A_1,A_2,\cdots,A_n$ 和全部 a_{ij}（$i=1,2,\cdots,n$，$j=1,2,\cdots,m$）以图形或表格的形式排列出来以供使用。

由于存在多种需要，工作分解结构 WBS 可以有多种划分方式，比如 $\Omega=\{B_1,B_2,\cdots,B_k,\cdots,B_{n1}\}$，$B_k=\{b_{k1},b_{k2},\cdots,b_{kr},\cdots b_{km1}\}$，$k=1,2,\cdots,n_1$；$r=1,2,\cdots,m_1$ $\Omega=\{C_1,C_2,\cdots,C_s,\cdots,C_{n2}\}$，$C_s=\{c_{s1},c_{s2},\cdots,$

$c_{st},\cdots,c_{sm2}\}$，$s=1,2,\cdots,n_2$，$t=1,2,\cdots,m_2$。不论何种子集合，何种元素都可进行集合的基本运算，即在 $\Omega=\{A_1,A_2,\cdots,A_i,\cdots,A_n\}=\{B_1,B_2,\cdots,B_k,\cdots,B_{n1}\}=\{C_1,C_2,\cdots,C_s,\cdots,C_{n2}\}$的前提下进行内部的多种拆分和合并，实现需要的内部重组。

WBS 是很多管理工作的基础，施工网络计划是以 WBS 为基础进行的，它的划分基于作业流程和逻辑关系的需要。施工图预算也以 WBS 为基础，划分方式基于计算工程造价的需要，工程预算定额和工程量清单库的子目构成就是以很多个工程项目的 WBS $\Omega_1,\Omega_2,\cdots,\Omega_n$ 为基础，进行 $\Omega_1\cup\Omega_2\cup\cdots\cup\Omega_n$ 运算得到的。施工质量验收标准中的各种表格也是基于 WBS 制定的。

在进行 WBS 工作时，需要注意一些原则和要求。①100%原则，不论何种划分方式，应包含工程项目或工程子项目施工的全部工作，不能遗漏，也不要重复。这个原则既针对子集划分，也针对子集中的元素划分。②分解粗细适中，以满足需要为原则。③通常需要对工作进行一定程度定义和描述。就像在编制工程量清单时和采用预算定额编制施工图预算时那样，需对工作进行特征描述，需要明确子目的基本工作内容。

1.3.6.2 偏差分析法

偏差分析是基本控制过程中的重要环节。偏差分析法就是为完成控制过程中这个重要环节工作所采取的一系列活动方式、手段和步骤的总称。偏差分析包括三个基本活动：比较、偏差计算、原因分析。比较就是用实际值对比计划值或标准值。偏差计算包括绝对偏差计算和相对偏差计算，根据计算结果，结合评价标准对偏差定性：属于可接受偏差还是不可接受偏差。原因分析就是对不可接受偏差作进一步分析，分析导致偏差过大的各种原因类别、各类别的具体原因，最终确定出偏差产生的主要原因，从而制定改进措施。

偏差分析法是施工控制普遍采用的最基本的方法，可以说，凡是采用定量方法实施控制的都需要以该方法为基础，都会进行偏差分析这项关键工作。比如常用的挣值法、S 形曲线等都是建立在偏差分析法的基础上进行的。偏差分析法的普遍适用性主要表现在：①该方法适用于进度、成本、质量等多方面的控制；②该方法的分析对象可以是具体工作、分部分项工程、单位工程、单项工程、工程子项目、工程项目等几乎所有各种可能的控制对象。

偏差分析法的优点是：①目的明确；②工作过程程序化，方法易于掌握；③方法的可靠性较高；④可以灵活选择控制对象；⑤控制精准度可以灵活把握。但偏差分析法也存在明显的缺点：①需要的工作环节太多，控制的及时性相对较差；②工作成本相对较高，需要进行控制工作的经济性分析。

1.3.6.3 流水作业法

严格来说，流水作业法是一种施工计划方法，但由于本书未单独对计划方法进行讨论，鉴于计划与控制的密切关系以及该方法的重要性，在此需要对流水作业法作一些介绍。

（1）流水作业法的基本概念　流水作业法指，针对工程项目或工程子项目施工中的流水对象（比如房屋建筑工程施工中的一个标准层或多栋房屋的几个楼层），针对流水对象中对施工所需的主要劳动力种类或主要施工机械设备种类构成决定性影响的施工过程（或核心任务），以实现各种资源在一定时间范围（通常为整个工期范围）内能够连续稳定地处于正常生产状态（没有窝工，没有闲置）为目的，在充分考虑施工过程所受空间、时间、逻辑关系等多种约束的基础上，经过一系列过程参数计算和确定，对各个施工过程在空间、时间、作业资源、作业顺序等各个方面作出明确安排所采取的全部活动方式、手段和工作步骤的总称。

（2）流水作业法的基本思想　通常的工程项目或工程子项目施工需要多种资源，比如多种类别的劳动力，多种施工机械，各种主要劳动力和主要施工机械需要长期进驻现场（不可能今天进，明天出），而资源的投入使用依赖施工过程（任务）能够得以开展，施工过程的开展除需具备各种所需资源外，还要有开展的空间和时间，还需要满足逻辑顺序的要求。如果不能保证每天或某个时间段，各种主要资源所服务的施工过程（任务）都能够正常开展，则必然存在某些资源在某天或某个时间段处于闲置状态，这将导致资源利用率下降，生产效率下降，施工成本上升。于是，需要有一种方法来解决这个问题，这个方法就是流水作业法。当然，也还可能存在其他方法，比如全能型劳动力和多功能复合型机械，但从实施条件和代价来说，流水作业法是最为现实、最为简单、成本较低的方法。

（3）流水作业法的相关概念和主要参数

① 施工过程（任务）　施工过程（任务）指针对对整个工程项目或工程子项目施工，按某种 WBS 划分方式划分得到的、对施工所需的主要劳动力种类或主要施工机械设备种类构成决定性影响的一系列工作任务。施工过程（任务）通常是分部分项工程或单价措施项目，用 A、B、C、D、…表示。完成某种施工任务的劳动力用 RG_A、RG_B、RG_C、RG_D、…表示，习惯上也称之为作业队，完成某种施工任务的作业机械用 JX_A、JX_B、JX_C、JX_D、…表示。

② 施工流水段及流水段数　施工流水段指，根据需要，对整个工程项目或工程子项目施工在空间上进行划分后所形成的一个个更小的作业区域。整个工程项目或工程子项目施工的作业区域用 R 表示，R_1、R_2、…、R_m 分别表示各个施工流水段，即第 1、第 2、…、第 m 流水段，m 称为流水段数，说明该计划将整个施工划分为 m 个流水段，m 也称为空间参数，$m \geqslant 2$。

③ 施工流水节拍　施工流水节拍指某个作业队（比如 RG_A）或某种作业机械（比如 JX_A）完成某个流水段（R_i）的某种任务（比如 A）所花费的全部时间。施工流水节拍用 t 表示，此例可记为 t_{iA} 或 t_{Ai}。

④ 施工流水步距　施工流水步距指相邻两个施工过程（或相邻两个作业队或相邻两类作业机械）开始作业的最小时间间隔。流水步距用 K 表示，K_{AB} 表示 B 施工过程与 A 施工过程的流水步距，在不至于导致混淆的情况下也可用 K_1、K_2、K_3、…表示。

⑤ 施工流水工期　施工流水工期指按照施工流水工期计算方法计算的工程项目或工程子项目的施工工期。施工流水工期用 TP 表示。

施工流水节拍 t、施工流水步距 K、施工流水工期 TP 称为流水作业法的三个时间参数。

（4）流水作业法的基本计划过程　实施流水作业计划的基础条件是：已完成工程项目和工程子项目在一个基本循环周期的 WBS 工作，得到分解结果 A、B、C、D、…，预估以串行作业方式完成一个基本循环周期的 A、B、C、D、…的作业时间 T_A、T_B、T_C、T_D、…，根据工程量清单，统计一个基本循环周期内 A、B、C、D、…的工程量 U_A、U_B、U_C、U_D、…。现举例说明流水作业法的基本计划过程。例如，某流水对象的基础数据如表 1-2 所示，流水作业法的基本计划过程如下。

表 1-2　某流水对象的基础数据

参数＼任务名称	A	B	C	D
串行方式完成作业的时间 $T_\#$	T_A	T_B	T_C	T_D
流水对象的全部工程量 $U_\#$	U_A	U_B	U_C	U_D

注：串行方式作业指完成全部 A 后，开始 B，完成全部 B 后，开始 C，完成全部 C 后，开始 D，直至 D 全部完成。

① 划分施工流水段，确定 m　施工流水段的划分包括划分方式和流水段数的确定两方面内容，划分方式主要指按区域面积、长度、体积等不同方式在空间上进行明确界限区分，不

论哪种划分方式，应尽可能地使各个流水段的工程量基本相等。流水段数的确定需要考虑流水需要（作业队数目或作业机械类别数目）和工期要求等多方面的因素。流水段数过多可能工期不能满足要求，流水段数过少会影响流水效果（仍然存在窝工或机械闲置）。

② 计算流水节拍　根据确定的流水段及 m，可得到流水节拍如表 1-3 所示。

表 1-3　某流水对象流水节拍计算

任务名称 / 流水段	A	B	C	D
R_1	$t_{1A}(T_A/m)$	$t_{1B}(T_B/m)$	$t_{1C}(T_C/m)$	$t_{1D}(T_D/m)$
R_2	$t_{2A}(T_A/m)$	$t_{2B}(T_B/m)$	$t_{2C}(T_C/m)$	$t_{2D}(T_D/m)$
⋮	⋮	⋮	⋮	⋮
R_m	$t_{mA}(T_A/m)$	$t_{mB}(T_B/m)$	$t_{mC}(T_C/m)$	$t_{mD}(T_D/m)$

注：括号内为异节奏流水。

③ 计算流水步距　计算流水步距通常采用累加数列法计算。

A 过程在各流水段流水节拍的累加数列：t_{1A}，$t_{1A}+t_{2A}$，…，$\sum_{i=1}^{m-1} t_{iA}$，T_A。

B 过程在各流水段流水节拍的累加数列：t_{1B}，$t_{1B}+t_{2B}$，…，$\sum_{i=1}^{m-1} t_{iB}$，T_B。

两个数列错位相减，得

$$
\begin{array}{lllll}
 & t_{1A} & t_{1A}+t_{2A} \cdots & t_{1A}+t_{2A}\cdots+t_{(m-1)A} & T_A \\
-) & & t_{1B} & t_{1B}+t_{2B} \quad \cdots & t_{1B}+t_{2B}\cdots+t_{(m-1)B} \quad T_B \\
\hline
 & t_{1A} & t_{1A}+t_{2A}-t_{1B} & \cdots & T_A-[t_{1B}+t_{2B}\cdots+t_{(m-1)B}]-T_B
\end{array}
$$

$$K_{AB}=\mathrm{Max}\left\{t_{1A},\ t_{1A}+t_{2A}-t_{1B},\ldots,\ T_A-\sum_{i=1}^{m-1} t_{iB}, -T_B\right\},$$

以此类推，可计算 K_{BC} 和 K_{CD}。

$$K_{BC}=\mathrm{Max}\left\{t_{1B},\ t_{1B}+t_{2B}-t_{1C},\cdots,\ T_B-\sum_{i=1}^{m-1} t_{iC}, -T_C\right\}$$

$$K_{CD}=\mathrm{Max}\left\{t_{1C},\ t_{1C}+t_{2C}-t_{1D},\cdots,\ T_C-\sum_{i=1}^{m-1} t_{iD}, -T_D\right\}$$

④ 编制流水作业进度计划　流水作业进度计划可用横道图或网络图反映，一般多用横道图。

表 1-4　某流水对象进度计划

施工过程	施工进度/天或周																	
	a	2a	3a	4a	5a	6a	7a	8a	9a	10a	11a	12a	13a	14a	15a	16a	17a	18a
A					…	…												
B					…	…												
C										…	…							
D													…	…	…			

K_{AB}　K_{BC}　K_{CD}

⑤ 计算流水工期

$$TP=\sum K_i+\sum t_n+\sum G-\sum C$$

式中　$\sum K_i$——各流水步距之和；

$\sum t_n$——最后一个施工过程流水节拍之和；

$\sum G$——间隙时间之和；

$\sum C$——相邻两个过程搭接时间之和。

本例中，$\sum K_i= K_{AB}+ K_{BC}+K_{CD}$；$\sum t_n=T_D$；$\sum G=0$；$\sum C=0$；$TP=K_{AB}+K_{BC}+K_{CD}+T_D$。

（5）流水作业的主要种类　根据流水作业的时间参数特征，流水作业分为无节奏流水、等节奏流水和异节奏流水 3 种基本类型。

① 无节奏流水　无节奏流水指各施工过程流水节拍不全相等，同一施工过程在不同施工流水段的流水节拍也不全相等，相邻施工过程流水步距不全相等的施工流水组织形式。无节奏流水是工程施工通常的流水施工形式，一般情况，作业队数目或作业机械类别数目等于施工过程数目。

② 等节奏流水　等节奏流水指所有施工过程、所有施工段的流水节拍全相等、所有相邻施工过程的流水步距全相等，且流水节拍等于流水步距的施工流水组织形式。等节奏流水是一种理想化的流水施工形式，现实中并不常见。一般情况，作业队数目或作业机械类别数目等于施工过程数目。

③ 异节奏流水　异节奏流水指同一施工过程的全部流水节拍全相等，不同施工过程的流水节拍不全相等的施工流水组织形式。根据流水步距的特征，异节奏流水分为等步距异节奏流水和异步距异节奏流水。等步距异节奏流水指相邻施工过程的流水步距全相等的异节奏流水组织形式，异步距异节奏流水指相邻施工过程的流水步距不全相等的异节奏流水组织形式。等步距异节奏流水的作业队数目或作业机械类别数目大于施工过程数目。异步距异节奏流水作业队数目或作业机械类别数目等于施工过程数目。异节奏流水中还存在一种特殊的流水施工组织形式，即成倍节奏流水，指同一施工过程的全部流水节拍全相等，不同施工过程的流水节拍存在倍数（≥2 倍）关系的施工流水组织形式。

以前述例子，各种流水形式的参数特征如下：

a．无节奏流水：t_{1A}，t_{2A}，…，t_{mA}不全相等；t_{1B}，t_{2B}，…，t_{mB}不全相等；t_{1C}，t_{2C}，…，t_{mC}不全相等；t_{1D}，t_{2D}，…，t_{mD}不全相等；K_{AB}，K_{BC}，K_{CD}不全相等；T_A，T_B，T_C，T_D不全相等。

b．等节奏流水：t_{1A}，$=t_{2A}$，$=\cdots=t_{mA}=t_{1B}$，$=t_{2B}$，$\cdots=t_{mB}=t_{1C}$，$=t_{2C}$，$=\cdots=t_{mC}=t_{1D}=t_{2D}=\cdots=t_{md}=K_{AB}= K_{BC}=K_{CD}=T_A/m=T_B/m=T_C/m=T_D/m=t$。

c．异节奏流水：t_{1A}，$=t_{2A}$，$=\cdots=t_{mA}=T_A/m$；$t_{1B}=t_{2B}$，$=\cdots=t_{mB}=T_B/m$；
t_{1C}，$=t_{2C}=\cdots=t_{mC}=T_C/m$；$t_{1D}=t_{2D}$，$=\cdots=t_{mD}=T_D/m$；
T_A，T_B，T_C，T_D不全相等。

d．等步距异节奏流水：t_{1A}，$=t_{2A}$，$=\cdots=t_{mA}=T_A/m$；$t_{1B}=t_{2B}$，$=\cdots=t_{mB}=T_B/m$；
t_{1C}，$=t_{2C}$，$=\cdots=t_{mC}=T_C/m$；t_{1D}，$=t_{2D}=\cdots=t_{mD}=T_D/m$；
$K_{AB}=K_{BC}=K_{CD}$。

e．异步距异节奏流水：t_{1A}，$=t_{2A}=\cdots=t_{mA}=T_A/m$；$t_{1B}$，$=t_{2B}=\cdots=t_{mB}=T_B/m$；
t_{1C}，$=t_{2C}=\cdots=t_{mC}=T_C/m$；$t_{1D}$，$=t_{2D}=\cdots=t_{mD}=T_D/m$；
K_{AB}，K_{BC}，K_{CD}不全相等，T_A，T_B，T_C，T_D不全相等。

f．成倍节奏流水：$t_{1A}=t_{2A}=\cdots=t_{mA}=T_A/m$；$t_{1B}$，$=t_{2B}=\cdots=t_{mB}= T_B/m$；

$$t_{1C}=t_{2C}=\cdots=t_{mC}=T_C/m;\quad t_{1D},=t_{2D}=\cdots=t_{mD}=T_D/m;$$

虽然 T_A，T_B，T_C，T_D 不全相等，但 T_A，T_B，T_C，T_D 任意两两之间存在不全为 1 的整数倍数关系。

1.3.6.4 排列图法

排列图法是一种直观确定主次问题或主次因素的质量控制方法。如图 1-8 所示，排列图中横坐标表示各种因素按频数从大到小的一个排列，左侧纵坐标表示频数或因素的某种特征值，右侧纵坐标表示累计频率或因素的某种特征值的累计百分数，曲线（折线）是各因素累计频率的对应值，根据累计频率大小，因素划分为三类：累计频率 0%～80%为 A 类，是主要因素，累计频率 80%～90%为 B 类，是次要因素，累计频率 90%～100%为 C 类，是一般因素。由于排列图法的基本思想具有普遍意义，因此，排列图不仅可以解决质量相关的问题，还可以应用于质量以外更多方面的主次问题的分析。

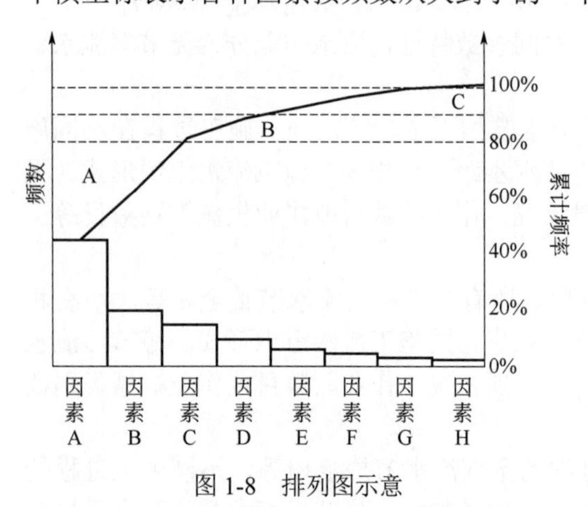

图 1-8 排列图示意

1.3.6.5 成本分析表法

成本分析表法是以 WBS、偏差分析法等为基础，以一定时期实际成本统计数据和计划数据为依据，采用调查、分析、研究等手段，对成本控制对象的多种控制指标实施动态控制，最终以表格形式反映控制活动的成本控制方法。

成本分析表法的控制周期应根据管理实际需要确定，可为日、周、月、季、年等多种形式。成本控制对象可以是分部分项工程、单位工程/单项工程、工程项目/工程子项目等多种类型。控制指标应根据控制对象和管理实际需要确定。

表 1-5 是成本分析表法实施成本控制的基本样表，不同控制对象，需要不同的控制周期，分部分项工程成本控制周期以周为宜，一般不应超过一个月，单位工程/单项工程成本控制周期以月或周为宜，最长不应超过一个季度。不同控制对象，需要不同的控制指标，在满足控制需要的前提下，控制指标项数设置应尽可能地少，这是实现有效控制的重要条件。该表只给出了一个基本样式，实际使用时可根据需要进行必要的扩展、延伸和修改。

表 1-5 成本分析表法实施成本控制的基本样表

成本控制对象							
成本控制时限							
成本控制指标	单位	计划值	实际值	偏差	偏差率	偏差原因	备注
指标 1							
指标 2							
⋮							
指标 n							

第2章 工程施工生产能力概念及其在施工管理中的作用

工程施工管理的基本方法是目标管理，目标实现取决于施工过程。施工过程与目标之间有着怎样的联系？如何描述施工过程？什么样的施工过程能满足目标实现？施工作业系统运转正常与否、效率如何主要取决于源配置状况，如何进行准确的资源配置？要解决施工中的这一系列重要问题，需要从了解工程施工生产能力开始。

工程施工生产能力是项目在施工阶段的一个重要管理参数。它与项目施工生产资源配置、工程进度、成本、质量都有着必然的联系。为项目提供什么样的生产资源配置主要取决于项目需要的工程施工生产能力；当确定了资源配置，项目具有什么样的工程施工生产能力也将被确定。工程施工生产能力是工程进度的源泉，它不仅可作为工程进度控制的基本目标，同时，也是寻求工程施工多目标整合的平衡点。对于整个项目管理全局来说，工程施工生产能力发挥了重要桥梁和纽带作用。

2.1 认识工程施工生产能力

2.1.1 工程施工生产能力概念的由来

2.1.1.1 从工厂生产能力联想到工程施工生产能力

在阅读书籍时，经常会看到“某化工厂生产能力为年产 12 万 t 复合肥”这样的描述，根据这一描述，我们马上可以算出该化工厂每个月的平均产量是 1 万吨，甚至可算出该厂每天的平均产量是 330t（假定没有停产），这样的计算没有太大的问题，因为它与工厂的实际基本吻合。工厂生产能力之所以能得到强有力的保障，主要是因为，在建设前，对工厂进行了系统的资源配置设计（工艺设计），而工艺设计的依据是设计生产能力。即，提出了生产能力，才能进行工艺设计，经过了工艺设计，就能保证投产后的实际生产能力。

由于工程项目产品构成复杂，最终产品形成的周期较长，当给定规定工期内应完成的建设规模（比如 1 年完成建筑面积为 10000m^2 的办公楼，2 年完成 100km 高速公路建设等）时，我们并不能很快清楚我们在一个月或一个星期内要完成多少事情（在前面例子中，我们不可能说我们每个月完成 10000/12m^2 的办公楼建设，每个月完成 100/24km 的高速公路建设，因为它完全不符合实际），即我们不清楚规定工期内需要的工程施工生产能力是什么？不知道工程施工生产能力就难以准确地配置生产资源。

2.1.1.2 用甘特图和网络计划控制工程进度存在的问题

也许人们会说，甘特图或网络计划就是对施工过程在时间和工作内容方面的系统描述，是进度目标与施工过程联系的完整反映。基于甘特图和网络计划这样的描述并据此控制工程进度存在以下问题。

（1）甘特图或网络计划没有真正建立施工过程与目标之间的必然联系 甘特图和网络图的进度计划是“某项工作计划用多长时间去完成”，工作和完成时间之间没有必然的联系，由于这种非必然的联系导致施工过程与目标之间是一种假定关系：假定所有工作都按甘特图或网络图要求的时间完成，则工期目标可以实现，或若要实现工期目标，则各项工作需要按计划中的时间要求去完成。

甘特图和网络图中的各项工作的持续时间是一种估算值（或粗略的计算值），它带有计划编制人很大的主观性，其准确性在很大程度上依赖于编制人对项目的把握。当编制人对项目的各种预测出现偏差时，甘特图计划或网络图计划可能就会偏离实际（在现实中，这种情况很多）而变成无法执行的计划，继而就是，要么被迫花大力气重新调整和编制计划，要么把它放到一边无人再看。

如果人们制订的进度计划是“规定时间内应完成的工作内容及其工作量”，而非“某项工作计划用多长时间去完成”（乍一看，二者似乎是一回事，其实不然），就能够很好地解决计划受制于编制人的主观性问题。因为对于前者来说，工作量=工程施工生产能力×规定时间（规定时间中应考虑干扰因素影响的时间），在等式中，规定时间是确定的，工程施工生产能力是比较可靠的（从某种意义上讲是确定的，因为在工程施工生产能力明确后，就可准确而充分地配置资源，从而保证工程施工生产能力的实现，这一点通过工厂生产实际得到了证实），工作量就应该是一个客观的计划值。

甘特图和网络图中的各项工作的持续时间未反映进度干扰因素的影响及其影响程度，未反映计划的弹性，尽管计划编制人可能已经考虑干扰因素的影响，但对于计划执行人（或查阅人）来说，不清楚持续时间中是否包含或包含了多少干扰因素的影响。当实际偏离计划时，就不好判定是计划本身的问题还是执行的问题。

（2）用甘特图或网络图描述施工过程存在的问题 用甘特图或网络图描述施工过程并据此控制工程进度还存在一个突出的问题：控制对象太多，控制对象的变化频率太快。

用甘特图或网络图描述施工过程存在一个特点：若只进行粗略简单描述，则根本不能指导施工，若详细描述又太复杂。往往能用于指导施工的甘特图或网络图是一个非常复杂的计划系统。

若用甘特图或网络图控制工程进度，则几乎甘特图或网络图中的每项工作都将成为进度控制的对象，尽管人们可只针对关键路径上的关键工作进行重点控制，但是，对于一般的工程项目，关键工作的数量也将远远超出常人能够进行有效控制的能力范围。在这种控制方式前提下，若要进行有效控制，似乎难度很大。

今天做的项目实体工作和明天要做的实体工作完全不同，这在工程项目施工中是常有的事，这种高频率的工作变化将会给管理工作带来很大的麻烦，甚至使人应接不暇，措手不及。如果能够采用客观、科学的方法将控制对象的数量压缩在有限范围，掌握有限控制对象的变化规律，将会使管理工作变得轻松。

基于工厂生产的联想以及进度计划与控制现状两方面的原因，产生了工程施工生产能力概念，继而展开了对这个重要参数的研究。

2.1.2　工程施工生产能力的基本概念

“生产能力”一词是人们非常熟悉的概念，最初只被用于工厂生产性领域，随着各行各业的发展，后来被广泛使用。对于建筑业，一般称为“施工生产能力”。在现有的文献中，施工生产能力是针对施工企业而言的，指施工企业每年或年均完成的全部生产任务的总和，一般用企业全年完成的工程建设总规模、年总产值等指标描述。本书所述的工程施工生产能力是针对工程（而非企业）而言，为便于形成一致理解，需要对工程施工生产能力进行更确切的定义。

（1）工程施工生产能力　工程施工生产能力指单位时间内完成分部分项工程（或单位工程、单项工程、工程子项目、工程项目）的工程量。对于分部分项工程，工程施工生产能力是一个数值，用x表示。对于单位工程、单项工程、工程子项目、工程项目，工程施工生产能力是一个数值集合，用矩阵X或向量X表示，泛指x的集合。

（2）工程施工生产能力初值　工程施工生产能力初值（也可称为均值）指在确定的持续时间（或工期）条件下，不考虑成本目标、质量目标、工期目标（工程进度）之间的相互影响，单位时间内完成的分部分项工程（或单位工程、单项工程、工程子项目、工程项目）的工程量，记为$\overline{x}(\overline{X})$。

（3）多目标平衡条件下的工程施工生产能力　多目标平衡下的工程施工生产能力也称为工程施工生产能力优解（或可行解），指在确定的持续时间（或工期）条件下，综合考虑成本目标、质量目标、工期目标（工程进度）之间的相互影响，经数学模型计算或经验系数修正计算，单位时间内完成的分部分项工程（或单位工程、单项工程、工程子项目、工程项目）的工程量。以$x^*(X^*)$表示。

（4）工程施工生产能力的多种形式　由于工程施工生产能力的应用是多方面的，在不同应用方面，计算条件和计算方法不同，因此工程施工生产能力有多种表现形式。比如，用于资源配置、进度控制，用于成本计算、质量计算等将有不同的表现形式。这些内容在后述相关章节分别介绍。

2.1.3　工程施工生产能力分类

（1）按数据来源分类　数据来源于计划则称为计划施工生产能力，数据来源于实际则称实际施工生产能力。一般未作说明（缺省说明）则指计划施工生产能力。

（2）按工程项目构成（计算对象）分类　按工程项目构成分为工程项目施工生产能力、单项工程施工生产能力、单位工程施工生产能力、分部分项工程施工生产能力。

工程项目施工生产能力=所包含的全部单项工程施工生产能力的集合

单项工程施工生产能力=所包含的全部单位工程施工生产能力的集合

单位工程施工生产能力=所包含的全部分部分项工程施工生产能力的集合

（3）按计算主体分类　计算主体为项目部（公司）称为项目部（公司）施工生产能力，计算主体为项目建设方（业主方）称为建设项目施工生产能力。

建设项目施工生产能力=所有项目部（公司）工程施工生产能力的集合

（4）按时间单位分类　按时间单位的不同可分为年施工生产能力、月施工生产能力、周施工生产能力、天施工生产能力、小时施工生产能力。本书约定：工程施工生产能力的时间单位一律以“天”计。

2.1.4 工程施工生产能力与工厂生产能力的比较

工厂生产能力和工程施工生产能力既有相似之处，又有着很大的不同。

二者最基本的相似之处在于都是指工厂（或项目）在一定时间内完成的全部生产（或施工）任务。进一步讲，前者指拟建工厂在未来生产中，在一定时间内需要达到或实现的产品规模水平，后者指拟施工项目在未来施工中，在一定时间内需要达到或实现的半成品（或过程产品）规模水平。

二者最根本的差异源于工厂与项目之间的差别。工厂是永久性的，产品生产周期在有限范围，产品生产是连续性的，就单一产品来说，生产过程始终是重复性的。而工程项目是一次性的、临时的、单件的，项目最终产品由若干半成品（或过程产品）构成，构成复杂且周期较长。工厂生产能力用工厂全年完成的产品总产量即可直观、简明地描述。而工程施工生产能力需要用若干分部分项工程（单价措施项目工程）的施工生产能力来描述。若用规定项目工期内完成的项目总规模来简单直观地描述，则该种描述对于工程施工管理来说没有太多实际意义。

2.2 工程施工生产能力与相关参数（或工作）的关系

2.2.1 工程施工生产能力与施工生产资源配置的关系

工程施工生产能力取决于施工生产资源配置，反之，当拟定工程施工生产能力，应该为施工提供什么样的资源配置也将被确定。二者关系如图 2-1 所示。

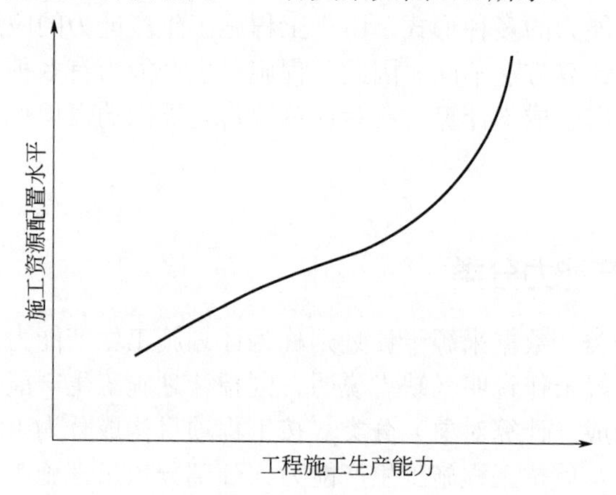

图 2-1 工程施工生产能力与施工生产资源配置关系示意

图 2-1 表明，随着工程施工生产能力的增大，施工生产资源配置水平将随之提高；反之，提高生产源配置水平将增强工程施工生产能力。在施工生产能力较低的范围内，这种增强作用十分明显，当施工生产能力达到较高水平后，这种增强作用将会减弱。现实中的施工生产能力不可能被无限增大，最后将趋近于一个极大值。

2.2.2 工程施工生产能力与施工进度的关系

工程进度管理实质上是范围管理与时间管理的结合，工程施工生产能力实现了二者的有机结合。影响施工进度的因素很多，但工程施工生产能力是最根本的因素，工程施工生产能力是工程进度的源泉。在实际施工中，工程施工生产能力对施工进度的影响主要表现为对施工生产资源的供给，当施工生产资源的供给小于计划需求时，实际施工生产能力将低于计划值，施工进度会滞后；当生产资源的供给正常，且无其他因素干扰时，施工进度将处于正常；当施工生产资源供给大于计划需求且匹配合理时，实际施工生产能力将高于计划值，实际进度将比计划进度还快。

图 2-2 是工程施工生产能力与施工进度关系示意。曲线表明：没有施工生产能力，就没有施工进度；施工进度随着工程施工生产能力的提高而变快；在施工生产能力较低的范围，提高施工施工生产能力对加快施工进度作用显著，随着施工生产能力的提高，这种加快进度的作用将会变小。

2.2.3　工程施工生产能力与工程成本的关系

施工成本是项目各方关系人都十分关注的问题，工程施工生产能力与施工成本的函数关系在本书第 3 章中详细阐述。图 2-3 是一般情况下工程施工生产能力与施工成本的关系示意。

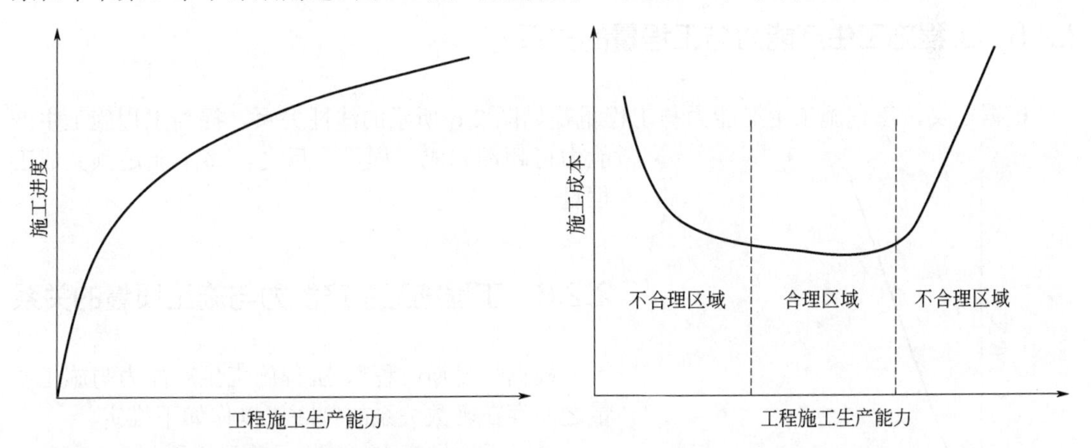

图 2-2　项目施工生产能力与工程进度关系示意　　图 2-3　工程施工生产能力与施工成本关系示意

图 2-3 表明：当工程施工生产能力处于一定范围内，施工成本随工程施工生产能力的提高而降低；当工程施工生产能力大于一定数值，施工成本随工程施工生产能力的增大而上升；当工程施工生产能力超过其约束上限，施工成本将会随工程施工生产能力增大而直线上升。仅从经济的角度考虑，图中虚线内是工程施工生产能力较为合理的区域，而虚线之外两侧均为不合理的区域。进一步讲，当工程施工生产能力较低时，提高工程施工生产能力不仅有利于加快工程进度，同时还是降低施工成本的有效途径。当工程施工生产能力达到一定水平后，若要提高它，则需要付出更高的成本。

在施工过程中，当资源配置确定且不做改变，施工成本与工程施工生产能力是图 2-4 所示反比例函数关系。

2.2.4　工程施工生产能力与工期的关系

根据工程施工生产能力的定义，它与工期的关系是如图 2-5 所示的反比例函数关系。从图 2-5 可知，提高施工施工生产能力可缩短工期，反之，将延长工期。

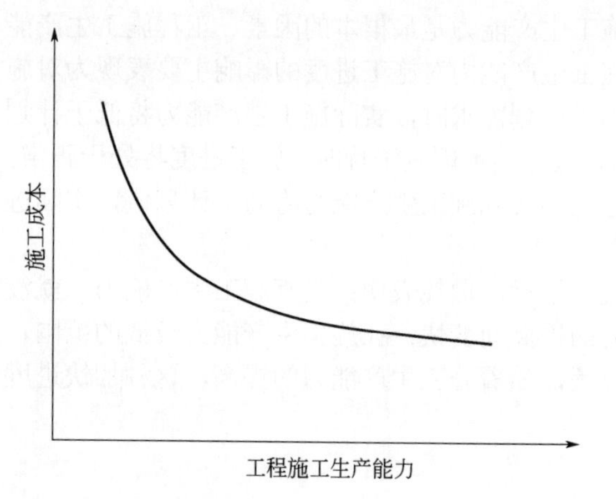

图 2-4 资源配置确定不变的工程施工生产能力与施工成本关系示意

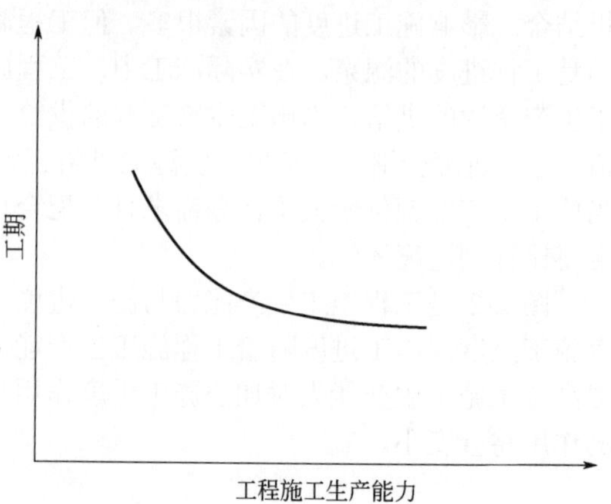

图 2-5 项目施工生产能力与项目工期关系示意

2.2.5 工程施工生产能力与工程量的关系

根据定义，工程施工生产能力与工程量是如图 2-6 所示的线性关系，提高工程施工生产能力可超额完成工程量，反之，将不能足额完成工程量。

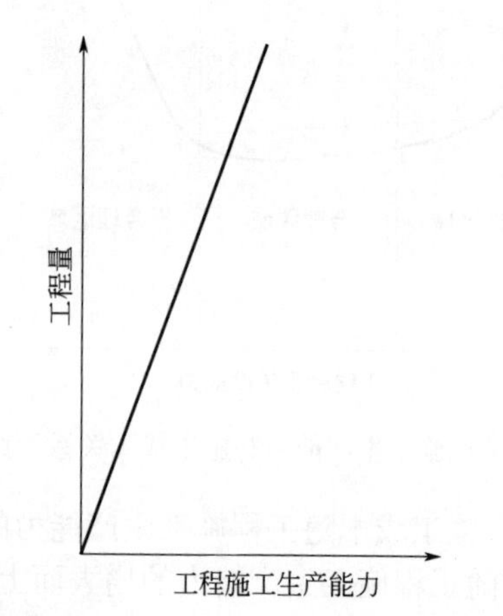

图 2-6 工程施工生产能力与工程量关系示意

2.2.6 工程施工生产能力与施工质量的关系

根据刘易斯方程❶，工程施工生产能力与施工质量之间存在函数关系的判断可以作如下推定。

C 表示项目成本、U 表示项目工程量、T 表示项目工期、Q 表示项目质量、X 表示工程施工生产能力，从前面的分析已知，C、U、T 均是 X 的函数（或者可设定 U 为常数），设：

$$C = F_1(X) \tag{1}$$

$$U = F_2(X) \tag{2}$$

$$T = F_3(X) \tag{3}$$

将式（1）、式（2）、式（3）代入刘易斯方程 $C = F(U,T,Q)$ 得

$$F_1(X) = F\left[F_2(X), F_3(X), Q\right]$$

---

❶［美］詹姆斯·刘易斯著．项目计划进度与控制［M］．第 3 版．赤向东译．北京：清华大学出版社，2002．11 页．

$$C=F(P,T,S)$$

式中 C——项目成本；

P——性能要求，技术与功能方向（就工程施工而言，可以理解为施工质量）；

T——项目要求的时间；

S——项目规模；

该等式中只有两个变量 Q 和 X，说明 Q 必是 X 的函数，即可记为 $Q=G(X)$。

工程施工生产能力与施工质量之间的函数关系将在本书第 3 章中详细讨论。图 2-7 是一般情况下人机组合施工的分部分项工程施工生产能力与施工质量的关系示意图。

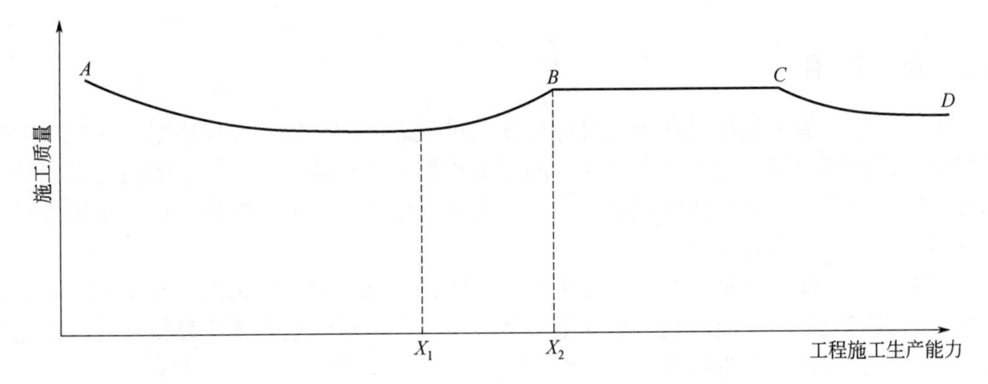

图 2-7　工程施工生产能力与施工质量关系示意（一）

曲线分为三段：AB、BC 和 CD。在 AB 段，当工程施工生产能力小于 x_1，施工质量随工程施工生产能力的增大而递减，工程施工生产能力处于 (x_1,x_2) 内施工质量随工程施工生产能力的增大而递增。在 BC 段，工程施工生产能力的变化对施工质量几乎不造成影响。在 CD 段，施工质量随工程施工生产能力的增大而缓慢递减。

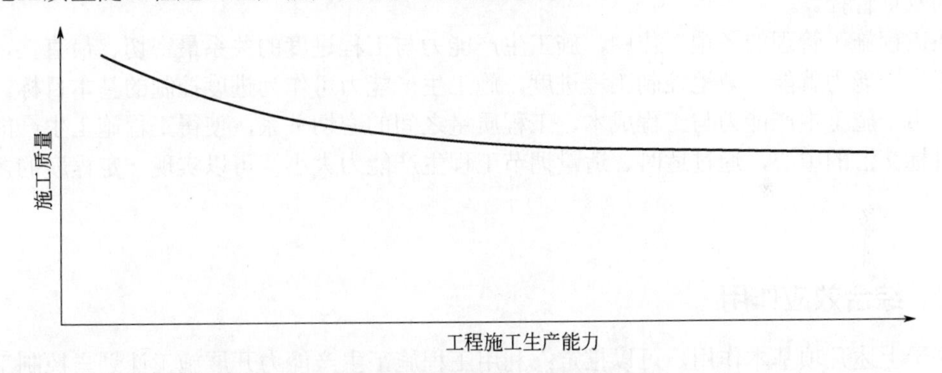

图 2-8　工程施工生产能力与施工质量关系示意（二）

图 2-8 是一般情况下全人工或全机械以及资源配置确定不变的工程施工生产能力与施工质量的关系示意。图 2-8 表明，施工质量随工程施工生产能力的增大而缓慢递减。

2.3　工程施工生产能力的作用

2.3.1　定量描述施工过程

工程施工生产能力是对工程施工生产效率的定量描述，是施工过程生产效率的具体反映。分部分项工程施工生产能力指标描述了一项工作的生产效率状况，工程项目施工生产能力描述了整个工程项目生产效率的综合状况。计划施工生产能力反映施工需要达到的生产效率水平，实际施工生产能力反映施工实际达到的生产效率水平。

由于工程施工生产能力与资源配置、工程进度、工程成本、工程质量有着密切联系，它不仅准确反映施工生产效率状况，同时还可在一定程度上反映施工过程中的资源配置水平以及工程进度、工程成本、工程质量等多方面状况。因此，要了解和掌握工程项目的施工过程，首先需要了解工程施工生产能力。

2.3.2 桥梁作用

工程施工生产能力犹如是在施工目标与施工过程之间建立的一座座桥梁，这些桥梁把施工过程与目标直接而紧密地联系在一起。满足工程施工生产能力计划要求的施工过程是工期目标实现的充分条件，在资源既定配置下，具有适宜施工生产能力的施工过程是质量目标、成本目标得以实现的必要条件。

工程施工生产能力还犹如是在施工生产资源配置道路上建立起来的一座桥梁，有了它，资源配置的道路变得直观而清楚，且安全可靠；没有它，资源配置工作显得盲目，既无充分的可靠性，还容易走弯路犯错误。

2.3.3 纽带和平衡作用

在项目范围管理和时间管理之间，工程施工生产能力像一根纽带，把二者有机地结合在一起，形成一个紧密的整体。管理和控制好工程施工生产能力，将收获项目范围管理和时间管理的双重管控。

在工程施工管理的各项工作中，施工生产能力与工程进度的关系最密切、最直接，控制好施工生产能力就能有效地控制工程进度，施工生产能力可作为进度控制的基本目标。不仅如此，由于施工生产能力与工程成本、工程质量之间的密切关系，使得工程施工生产能力成为多目标交汇的中心，通过适时、适量调节工程生产能力大小，可以实现一定程度的多目标平衡。

2.3.4 综合效应作用

基于上述几项基本作用，可以推定：利用工程施工生产能力开展施工计划与控制工作将产生一系列有利的综合效应：

① 有利于施工计划与控制工作的开展；

② 有利于提高施工劳动生产率；

③ 有利于实现长期的均衡、稳定生产；

④ 有利于降低施工成本。

2.3.5 确定项目工期

通常情况下，工程项目在施工前都会有明确的工期要求，但现实中也会存在这样的工程项目：要求利用施工企业现有生产资源，以尽可能低的成本，满足国家验收标准要求的工程质量水平完成项目施工，工期相对宽松。即既定了资源配置范围但工期不明确的工程项目。对于这类工程，可利用施工生产能力来较为客观地确定项目工期。

已知资源配置，如何确定项目工期可按以下步骤进行。

（1）根据项目设计文件（范围要求），绘制项目施工网络图，该图只反映各工作的先后逻辑关系，没有持续时间。

（2）根据设计文件和项目工程量清单，计算网络图中各项工作的工程量。

（3）根据已经配置的生产资源，分别计算每项工作的施工生产能力指标，确定工程施工生产能力。

（4）根据工程施工生产能力和网络图中各项工作的工程量可确定网络图中各项工作的持续时间，找出关键路径，即可求出项目工期。

以上思路不仅仅限于计算既定生产资源配置的项目工期，还可用这种思路进一步修正通常项目（有明确工期要求的项目）的网络图中的各项工作的持续时间。保证持续时间的客观性，避免工作持续时间依赖于计划编制人的主观性。

2.4　工程施工生产能力在施工管理中的基本应用

2.4.1　应用于资源计划配置

资源配置最根本的问题是解决资源需求与供给之间的矛盾。要能处理好这一矛盾，首先需知道需求是什么？工程项目施工生产能力为解决项目资源需求问题指明了方向，提供了可靠路径。

需要说明的是，尽管工程项目施工生产能力为资源配置指明了方向，提供了思路，但由于资源配置工作本身是一项专业性极强的系统工作，工程项目涵盖的范围广泛，专业众多，生产资源情况复杂、多变，不同领域、不同专业的项目，生产资源状况（资源的名称、类型、品种、特性等）千差百异，因此，想要实现准确、快捷的施工配置资源，仍然不是一件简单的工作，但不论哪个行业、何种专业，利用工程施工生产能力来为项目配置资源，都将是一条可取之路。

2.4.2　应用于工程进度计划与控制

利用工程项目施工生产能力进行工程进度管控是最能体现其应用价值的一个方面，工程施工生产能力从根本上反映进度管理的实质——范围管理和时间管理的结合，项目实际施工生产能力的大小能直接而准确地反映工程进度的快慢，即它可作为进度控制最主要、最基本的控制目标。只要能把这种控制方法系统化、规范化，则它完全可作为一种新的工程进度控制工具应用于现实施工管理。

2.4.3　应用于项目多目标整合管理

目标要求的多样性是工程项目的基本特点，也是项目管理工作的难点和重点。如何在多目标之间寻求整合使之平衡一直是众多项目管理工作成员较为关心的问题。工程项目施工生产能力可为寻求各项目标之间的平衡提供基础数据和决策依据。

表 2-1 是工程施工生产能力在工程项目多目标整合管理方面的一个具体应用样例。通过定期（比如每月一次）统计计算各项目标的计划值、实际值和偏差值，可以判断各目标的平衡状况及目标结构的合理性，同时，可针对存在的问题进一步应用 PDCA 循环方法改进下一阶段的工作，使各项目标能更好地趋于平衡。

表 2-1　××工程项目××年×月施工管理目标情况统计表

序号	核心工作名称	工程量计量单位	工程量			持续时间/天			施工生产能力指标			成本/元			质量合格率/%			备注
			计划	实际	偏差率	计划	实际	偏差率	计划	实际	偏差率	计划	实际	偏差率	计划	实际	偏差率	

2.4.4 应用于工程施工过程的评价

利用工程施工生产能力来评价工程项目实施过程比以往的评价方法会有更好的收效，因为它的评价是定量评价，有更高的准确性和借鉴价值，并且可据此建立工程项目实施过程数据库，每一个工程建立一个工程实施过程数据档案，经过长期积累，该数据库无疑将成为工程项目管理的一笔宝贵财富。

第3章 工程施工生产能力与成本、质量的函数关系

在本书 2.2.3 关于工程施工生产能力与施工成本、质量的关系讨论中，仅给出施工生产能力与工程成本、质量之间的一种示意关系，仅仅证明工程施工生产能力与质量之间存在函数关系。为能更加深入了解并准确计算工程施工生产能力，有必要进行进一步探索——工程施工生产能力与施工成本、质量的函数关系。

确定工程施工生产能力与成本、质量的函数关系是建模精确求解工程施工生产能力的前提。成本函数不仅与工程项目的建设规模有关，还与承建单位的综合实力（资源拥有量）有关。分部分项工程成本与施工采用的作业方式（组合模式）有很大关系。成本函数遵循多个函数法则，成本的形成往往是多个法则共同作用的结果。资源配置确定之前，成本函数主要遵循机利法则和规模经济与不经济法则；资源配置确定之后（施工过程中）遵循反比例递减法则和规模经济与不经济法则。成本函数多为分段函数，主要分段点是：规模经济与不经济的分界点、机利法则失效点以及施工生产能力的约束上限。从质量影响因素与施工生产能力的相关性分析得知，质量与施工生产能力之间存在密切联系，主要表现是：绝大多数质量影响因素的变化都会导致施工生产能力的变化。仅就质量与施工生产能力两个变量而言，质量会随施工生产能力的增大而降低，随施工生产能力的减小而提高。

3.1 相关约定和准备

3.1.1 函数关系的获得途径

目前，工程施工生产能力与成本、质量的函数关系可以由以下两种途径获得：①通过积累足够的工程实践数据求解获得；②通过深入分析工程施工生产能力与成本、质量之间的关系及其相互变化规律，确定对应法则，直接建立函数关系。

显然，就局部范围来说，途径①的准确可靠性会优于途径②，但通过途径①获得的函数关系的普遍适用性和适用范围仍需受到质疑。因此，途径②的研究有更为深远的意义，以下就采用途径②的方式讨论函数关系问题。

3.1.2 分析范围界定

3.1.2.1 工程项目成本分析范围的界定

工程项目建设包含多个阶段，在不同阶段，工程项目成本的含义及内容均有差别。在同一阶段，不同的计算主体，工程项目成本的构成不同；不同计算方法（如财务计算方法和造价计算方法）其成本构成也将会不同。因此，对研究范围做如下界定。

（1）阶段　施工实施阶段，即从招投标开始至工程竣工验收完毕的整个实施过程。

（2）计算主体　施工企业。

（3）计算方法　构成分析按造价方法，数值计算财务统计为准。

3.1.2.2 工程项目质量分析范围的界定

在不同的建设阶段，对工程项目质量的评价（对象、方法、标准）是完全不同的。本书研究的质量仅指工程施工质量，即按国家施工质量验收标准评价和计量的质量。

3.1.3 工程成本与工程造价之间的联系与区别

在施工实施阶段，会形成招标控制价、投标报价、中标价、合同价、结算价等几种形式的工程造价，对项目建设方（业主方）来说，不论哪种形式的工程造价都是成本，而对于施工单位，不论哪种形式的工程造价都是收益。施工企业的工程成本应从工程造价中扣除利润，如果是不计税成本，还应扣除税金。不作特别说明，本书所述工程成本都指含税成本。

3.1.4 成本函数定义域下限设定

3.1.4.1 计量单位约定

（1）所有工程量计量单位均使用法定自然单位（如 m、m^2、m^3、kg、个、套等），不使用法定单位的倍数单位（如 100m、100m^2、10m^3、1000kg、百个、10 套等），更不使用其他非法定单位。

（2）所有时间均使用“天”为计量单位。

（3）所有成本均使用“元”为计量单位。

3.1.4.2 函数定义域下限设定

设定函数定义域下限为 $x \geqslant 1$。

从函数的完整严谨来说，只要求 $x>0$，但 $0<x<1$ 时函数关系表达与 $x \geqslant 1$ 时完全不同，没有 $x \geqslant 1$ 的设定，将会增加成倍的函数表达式，不直观、不易记忆，还会使 x 的计算增加很多工作。在上述约定计量单位使用的前提下，在现实中，$x<1$ 的分部分项工程几乎不存在，即使存在，对于这样的分部分项工程也没有分析研究的必要。因此作此设定不影响计算的准确与可靠性。

3.1.5 工程施工生产能力计算的前提条件

工程施工生产能力计算的前提条件是项目范围和工期是确定的。范围确定指设计图纸资料完整齐全，经过计算可得到各分部分项工程的工程量，即 $U(u_i)$是已知的。工期确定是指预先给定了项目施工工期，即 T 已知。

3.2　工程项目分类及分部分项工程分类

在函数关系分析中，需要对工程项目及分部分项工程按下述方法分类。

3.2.1　工程项目分类

工程项目按规模大小划分为巨大项目、较大项目和一般项目 3 类。

（1）巨大项目　指工程项目规模巨大，它需要的项目施工生产能力巨大，项目对资源的需求影响到项目所在地区的资源市场供求关系，导致项目所在地物价上涨（尤其是项目所需资源价格上涨）的项目。

（2）较大项目　指工程项目规模较大，它需要的项目施工生产能力较大（对项目所在地而言），项目对原材料的需求（这是由施工生产能力决定的）会影响到当地原材料价格，导致项目所需原材料价格上涨的项目。

（3）一般项目　指项目规模不大，项目对资源的需求不影响项目所在地区的资源供需状况，不会导致项目所需资源价格上涨，即资源的市场价格与项目无关的项目。

本章研究对象是一般项目和较大项目，对巨大项目只是提出一些思考性建议。

3.2.2　分部分项工程分类

研究需要将分部分项工程（或单价措施项目工程）按施工作业方式（后述）划分为以下 3 类：

全人工施工的分部分项工程（单价措施项目工程）；

全机械施工的分部分项工程（单价措施项目工程）；

人工和机械组合施工的分部分项工程（单价措施项目工程）。

（1）全人工施工的分部分项工程　指整个施工过程全部由人工完成的分部分项工程，例如，人工挖土方工程。

（2）全机械施工的分部分项工程　指整个施工过程全部由机械完成的分部分项工程，例如，机械挖土方工程。含极少量人工的也视为此类。

（3）人工和机械组合施工的分部分项工程　指整个施工过程由人工和机械组合来完成的分部分项工程。这是最普遍的一类，绝大多数分部分项工程属于此类。这类分部分项工程是研究的重点。

3.3　施工成本与工程施工生产能力的关系分析

3.3.1　二者存在函数关系的推定

判断两个变量之间是否存在函数关系的条件是：

（1）定义域 D_f 为非空集合，$D_f=X$；

（2）值域 R_f 为非空集合 C 的子集，$R_f \subset C$；

（3）映射 f：$x \to c$ 中像 c 是唯一的。

三个条件同时满足，才可断定 x 与 c 之间存在函数关系。

就施工生产能力 x（核心工作施工生产能力）与成本 c（核心工作成本）来说，（1）和（2）没有问题，对于第（3），映射 f：$x \to c$ 中像 c 不是唯一的，即同一施工生产能力指标可能对应多个成本值。因此，可质疑 $c=f(x)$是否存在？

同一施工生产能力指标对应多个成本值，这一现象在现实中是存在的，因此，需要质疑“c 与 x 之间存在函数关系”。

在现实中，影响工程项目成本的因素很多，施工生产能力 X（工程项目施工生产能力）只是其中的一个，成本是由多个因素共同作用形成的，即成本（工程项目成本）是一个多元函数，$C=S(X,Y,Z,\cdots)$。在施工过程中，其他因素 $Y,Z,\cdots$对成本的影响会掩盖 X 对成本影响的真实性，从而导致同一施工生产能力指标对应多个成本值的现象发生。如果撇开其他因素 $Y,Z,\cdots$，仅分析 X 与 C 之间的关系，即令 $Y,Z,\cdots=0$，则 X 对 C 的影响是唯一，即 C 值是唯一的，故 X 与 C 之间的函数关系成立。只不过此时的 C 不等同现实中的工程项目成本，只是现实工程项目成本一部分，即由 X 所决定和影响的那部分成本。为保证研究中工程项目施工成本的完整性，将受 $Y,Z,\cdots$因素影响的那部分成本设定为常数，记为 $C_0(c_0)$。

3.3.2 工程项目成本构成

按我国现行工程造价计价规范，工程项目的成本构成如图 3-1 所示。

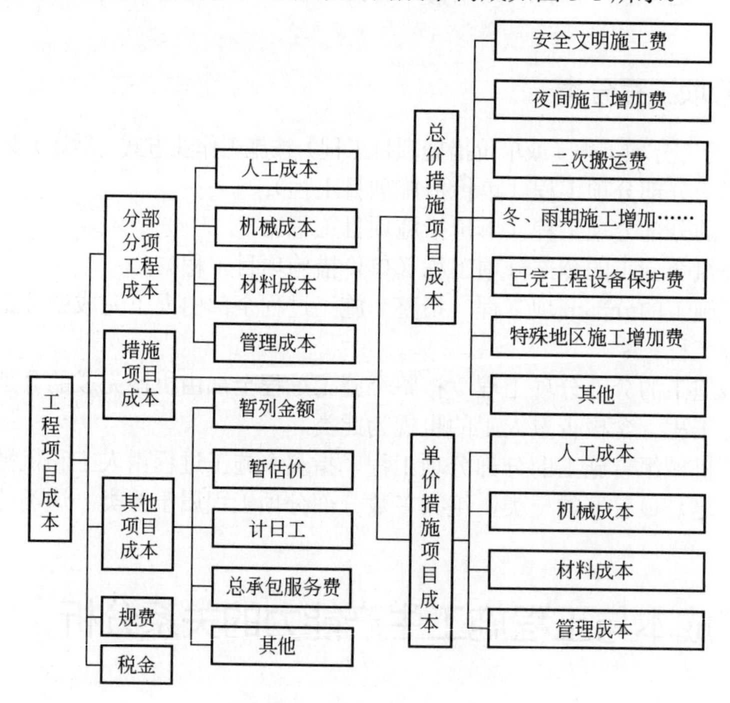

图 3-1 工程项目成本构成

3.3.3 工程施工生产能力与各成本子项的关系

本部分讨论的成本均指单位成本。

3.3.3.1　一般项目

通过对工程项目所有成本子目的细致分析，与 x 发生关联的成本子项主要是分部分项工程（单价措施项目）中的人工成本、机械成本以及单价措施项目中的材料成本。为便于分析 x 与 c 的关系，成本构成做如下设置。

分部分项工程成本可以表示为：

$$c=c_{rg}+c_{jx}+c_{\triangle} \tag{3-1}$$

单价措施项目成本可以表示为：

$$c=c_{rg}+c_{jx}+c_{cl}+c_{\blacktriangle} \tag{3-2}$$

式中　c——分部分项工程（或单价措施项目）成本；

c_{rg}——分部分项工程（或单价措施项目）人工成本；

c_{jx}——分部分项工程（或单价措施项目）机械成本；

c_{cl}——单价措施项目材料成本；

$c_{\triangle}$——人工和机械成本之外的其他成本；

$c_{\blacktriangle}$——人工、机械和材料成本之外的其他成本。

其中，c_{rg}、c_{jx}、c_{cl}与 x 有关，随 x 的变化而变化，$c_{\triangle}$、$c_{\blacktriangle}$与 x 无关，为常数项。分部分项工程的材料成本计入 $c_{\triangle}$中。

相应地，全人工施工的分部分项工程成本可简化表示为：

$$c=c_{rg}+c_{\triangle} \tag{3-3}$$

全机械施工的分部分项工程成本可简化表示为：

$$c=c_{jx}+c_{\triangle} \tag{3-4}$$

全人工施工的单价措施项目成本可简化表示为：

$$c=c_{rg}+c_{cl}+c_{\blacktriangle} \tag{3-5}$$

全机械施工的单价措施项目成本可简化表示为：

$$c=c_{jx}+c_{cl}+c_{\blacktriangle} \tag{3-6}$$

（1）x 与人工（机械）成本的关系　对于全人工和全机械施工的分部分项工程（单价措施项目），c 随 x 的变化遵循规模效应，即规模经济与规模不经济法则，在 x 不超过 x_u（规模经济与规模不经济的分界点，在后详述）的范围内，人工（机械）成本 c 随 x 的增大而递减，随 x 的减小而递增。当 x 超过 x_u，单位人工（机械）成本 c 随 x 的增大而递增。

对于人机组合施工的分部分项工程（单价措施项目），c 随 x 的变化同时遵循两个效应，一方面遵循规模效应（规模经济与规模不经济法则），另一方面遵循机利法则（在后详述）。

（2）x 与单价措施项目材料成本的关系　由于单价措施项目使用的材料为周转性材料，它属于企业固定资产的重要组成部分。与机械设备类似，在成本计算中需计取折旧费，即材料成本随 x 的变化遵循规模效应（规模经济与规模不经济法则）。但它与机械设备又有不同，x 对材料成本的影响是独立的，即与人工、机械成本不发生关联，与机利法则无关。

各种作业方式的单价措施项目均遵循规模经济与规模不经济法则，材料成本随 x 的变化是：在 x 不超过 x_u（规模经济与规模不经济的分界点）的范围内，单位材料成本随 x 的增大而递减，随 x 的减小而递增。当 x 超过 x_u，单位材料成本随 x 的增大而递增。

3.3.3.2　较大项目

根据较大项目定义，x 会对材料（主要是地方材料）成本造成一定影响。材料成本随 x

的增大而递增，随 x 的减小而递减。

除材料成本之外，x 对其他成本子项的影响与一般项目完全相同。

3.3.3.3 巨大项目

对于巨大项目，x 对工程项目成本的影响可分为两方面：一方面是 x 对项目内部的直接影响，这部分影响与一般项目基本相同；另一方面是 x 对项目之外的资源市场的影响，其影响结果会反作用于项目，对工程项目成本造成间接影响。

巨大项目对项目属地的影响是广泛而深远的。x 对项目成本的影响只是反映这种影响的很微小的一个方面。巨大项目对项目属地的政治、经济，甚至文化都会造成影响，因此，仅用微观经济分析方法不能解决巨大项目的问题。巨大项目施工生产能力与项目工程成本的关系需另做专题研究。

3.4 施工作业方式与施工组合模式

3.4.1 施工组合模式及作业方式描述

施工作业方式指完成分部分项工程（单价措施项目）施工所采用的资源方案的总的实现途径，包括三类：全人工作业方式、全机械作业方式和人机组合作业方式。

施工组合模式指人机组合施工的分部分项工程在施工中人工与机械相互联系、相互依赖、相互制约、协同作用完成施工任务的标准样式。施工组合模式是资源配置模式的最小人机组合，即以最主要的施工机械配置数量为 1 时的资源配置模式。一种施工组合模式的描述应当包括：①机械设备的名称、规格型号、数量；②劳动力种类、数量。施工组合模式对分部分项工程的单位成本具有决定性影响，组合模式不变，单位成本只与具体作业的工作难度和工作条件有关。组合模式改变，一般单位成本将会发生变化。组合模式与单位成本之间存在对应关系，基于成本分析的需要，可以给出组合模式的另一种描述方式——成本参数向量描述，即

$$M(x,c_{rg},c_{jx},c_{\triangle})$$

其中，M——分部分项工程（核心工作）组合模式；

x——该组合模式可实现的工程施工生产能力；

c_{rg}——该组合模式的单位人工成本；

c_{jx}——该组合模式的单位机械成本；

$c_{\triangle}$——该组合模式的人工和机械成本之外的其他单位成本。

例如，$M(x,c_{rg},c_{jx},c_{\triangle})=M(100,40,10,300)$表示核心工作施工生产能力为 100，单位人工成本为 40，单位机械成本为 10，人工和机械成本之外的其他单位成本为 300。

上述描述方式可扩展到对作业方式的描述，代号作相应调整：$M_r(x,c_{rg},c_{\triangle})$表示全人工的作业方式，$M_j(x,c_{jx},c_{\triangle})$表示全机械的作业方式。

3.4.2 基准组合模式（作业方式）与倍数组合模式（作业方式）

3.4.2.1 基准组合模式（作业方式）

基准组合模式（作业方式）指对于特定的某分部分项工程或单价措施项目，已经被确信

并公认、可以以它为基准进行组合模式（作业方式）的计算、分析与比较的组合模式（作业方式）的标准样式。

基准组合模式用 $M_0(x_0,c_{rg0},c_{jx0},c_{\triangle 0})$表示；基准作业方式用 $M_{r0}(x_0,c_{rg0},c_{\triangle 0})$或 $M_{j0}(x_0,c_{jx0},c_{\triangle 0})$表示。基准组合模式（作业方式）是确定函数关系的重要依据，是确定函数关系系数的必要条件。

基准组合模式一般可参照现行预算定额来选择。因为预算定额是计算工程造价最重要、最权威的依据，以此为基准便于成本和利润的分析与比较。基准组合模式还可选择企业定额或经调查核实的组合模式。

3.4.2.2　倍数组合模式（作业方式）

倍数组合模式（作业方式）指完成某项工作所需资源的数量（或可实现的施工生产能力指标）为相同组合模式的倍数。$nM(n*x,c_{rg},c_{jx},c_{\triangle})$表示倍数组合模式，其中人工、机械数量及 x 为组合模式 $M(x,c_{rg},c_{jx},c_{\triangle})$的 n 倍。

对于既定需要实现的施工生产能力，可以采用两类途径来实现：组合模式途径和倍数组合模式途径。相对于基准组合模式（作业方式），实现方式可分为同倍数组合模式、异倍数组合模式和无倍数组合模式。

（1）同倍数组合模式　对于既定需要实现的某一施工生产能力，若采用基准组合模式（作业方式）M_0 来实现，需要配置的资源是 nM_0，采用另一种组合模式 M_1 来实现，需要配置的资源也是 nM_1，则称该途径为同倍数组合模式。

（2）异倍数组合模式　对于既定需要实现的某一施工生产能力，若采用基准组合模式（作业方式）M_0 来实现，需要配置的资源是 nM_0，采用另一种组合模式 M_1 来实现，需要配置的资源是 mM_1，$m \neq n$，则称该途径为异倍数组合模式。

（3）无倍数组合模式　对于既定需要实现的某一施工生产能力，采用某种组合模式 M_1 即可实现，无需采用倍数组合模式，则称该途径为无倍数组合模式。

3.4.3　作业方式对分部分项工程成本的影响

在正常生产状态下（资源完全匹配，没有窝工，没有机械闲置），作业方式对分部分项工程成本具有决定性影响。三种作业方式的施工生产能力分别表示为 $x_{人}$、$x_{机}$、$x_{人机}$，成本分别表示为 $c_{人}$、$c_{机}$、$c_{人机}$。

（1）若 $x_{人}=x_{机}=x_{人机}$，则 $c_{人}>c_{人机}>c_{机}$　以挖土方工程为例，全人工作业方式的成本约为全机械作业成本的 10 倍。

（2）若 $c_{人}=c_{机}=c_{人机}$（合计成本），则 $x_{机}>x_{人机}>x_{人}$　以挖土方工程为例，用相同的成本支出，全机械作业完成的工程量约为全人工完成的工程量的 10 倍。

3.4.4　施工组合模式对分部分项工程成本的影响

在正常生产状态下（没有窝工，没有机械闲置），施工组合模式对人机组合施工的分部分项工程成本具有决定性影响。机械化程度越高的组合模式成本越低，反之，成本越高。

3.4.5　施工组合模式的优劣性判别

应该承认，任何组合模式（包括作业方式）的存在都有其存在的价值和意义，不可绝对地作出肯定与否定，这里所说的优劣性，准确地说是指组合模式的高效低耗性或者说是先进性。撇开组合模式对具体工程的适宜性不谈，仅考虑成本和效率因素，一般可用机械成本含量 $p_{jx}[p_{jx}=c_{jx}/(c_{jx}+c_{rg})]$或人工成本含量 $p_{rg}[p_{rg}=c_{rg}/(c_{jx}+c_{rg})]$直接判定。因为，一般情况下，对于同一分部分项工程的两种可行的组合模式，以下关系恒成立：

若 $p_{jx1}>p_{jx2}$（或 $p_{rg1}<p_{rg2}$），则 $c_1<c_2$ 且 $x_1>x_2$。

即判定组合模式 1 优于组合模式 2。

对于不同的分部分项工程也可据此进行比较：若 $p_{jx1}>p_{jx2}$（或 $p_{rg1}<p_{rg2}$），则组合模式 1 优于组合模式 2。

3.4.6 施工生产能力、成本、组合模式三者的关系

组合模式对分部分项工程施工具有决定性影响。施工生产能力反映施工的效率状况、成本反映施工的费用情况。组合模式决定施工生产能力的同时也决定施工成本。施工生产能力和成本是组合模式的抽象反映（直接反映是资源及资源数量）。

在资源配置确定之前，组合模式是可变的，是可以选择的，而且实际施工也需要做出这种选择。假定有无穷多种组合模式可供选择，而且以 x 反映的组合模式是连续的，即给定一个 x 就有一种组合模式与之对应，不同的 x 代表了不同的组合模式，即组合模式随 x 的变化而变化，每种组合模式可计算成本，成本随组合模式的变化而变化，每种组合模式的成本都是 x 的函数。

当确定了资源配置，组合模式随之确定（施工中一般不做改变），此时 x 的变化对成本具有决定性的影响。这种变化具有不确定性或随机性，由具体面对的施工作业难度、作业条件和作业环境决定。当 x 增大（意味着作业难度小），则成本降低，当 x 减小（意味着作业难度大）则成本上升。

3.4.7 提高施工生产能力的途径

x 的增大有以下几种可能：

① 保持组合模式不变，按组合模式的倍数同时增加人工和机械；

② 保持组合模式不变，仅增加人工；

③ 保持组合模式不变，仅增加机械；

④ 组合模式改变，增加或改善机械，减少人工。

⑤ 组合模式改变，减少机械，大量增加人工。

②、③将导致窝工和机械闲置，浪费资源，⑤是以更加高昂的成本付出来换取 x 的增大。因此，在计划阶段，提高施工生产能力的途径只有两条：有效途径是①；理想途径是④。

3.5 x与 c的函数法则

3.5.1 规模经济法则（f_1）

变量 y_1 随变量 x 的增大（减小）而递减（增），这种递减（增）的变化速率弱于同系数的反比例函数。记该法则为 $y_1=f_1(x)$。

在 x 的区间［$1,x_u$］内，c 随 x 的增大（减小）而递减（增），这种递减（增）的变化速率弱于同系数的反比例函数。不同的分部分项工程变化速率可能不同。

设反比例函数 $y_2=f_2(x)=a/x+b/x+c_0$（$a>0$，$b>0$，$x\geqslant 1$），在 x 的区间［$1,x_u$］内，函数 $y_1=f_1(x)$应满足以下条件：

（1）当 $x=1$ 时，$f_1(x)=f_2(x)$；

（2）$f_1(x)$在区间［$1,x_u$］上连续，在区间（$1,x_u$）内可导，且 $f_1'(x)<0$；

（3）在区间（$1,x_u$）内，$|f_1'(x)|<|f_2'(x)|$。

3.5.2　规模不经济法则（f_3）

变量 y_3 随变量 x 的增大（减小）而递增（减），这种递增（减）的变化速率弱于同系数的线性函数。记该法则为 $y_3=f_3(x)$。

在 x 的区间（$x_u,+\infty$）内，c 随 x 的增大（减小）而递增（减），这种递增（减）的变化速率弱于同系数的线性函数。不同的分部分项工程变化速率可能不同。

设线性函数 $y_4=f_4(x)=ax+bx+c_0$（$a>0$，$b>0$，$x\geqslant 1$），在 x 的区间（$x_u,+\infty$）内，函数 $y_3=f_3(x)$应满足以下条件：

（1）$f_3(x)$在区间［x_u,x_0］（$x_0>x_u$）上连续，在区间（x_u，x_0）内可导，且 $f_3'(x)>0$；

（2）在区间（x_u,x_0）上，$f_3'(x)<f_4'(x)$。

规模经济与规模不经济法则的现实意义：在 x 的一定范围内（$x\leqslant x_u$）生产能力的增大能降低成本（人工成本和机械成本同时降低），当 x 超过一定数值（$x>x_u$），成本将会随 x 的增大而增加（人工成本和机械成本同时增加）。

3.5.3　机利法则（或组合模式法则）（f_5）

对于人机组合施工的分部分项工程（单价措施项目），成本取决于组合模式。在确保施工处于正常施工状态（没有窝工、没有机械闲置）的前提下，组合模式中的人工成本与机械成本是此增彼减、此减彼增相互制约的关系，即机械费用的增加必然导致人工费用的减少，机械费用的减少意味着人工费用必然增加。一般情况下，机械费用的增加会导致总体单位成本下降（机械增加导致的机械成本上升的幅度小于与此同时发生的人工成本下降的幅度），机械费用的减少会导致总体单位成本上升（机械减少导致的机械成本下降的幅度小于与此同时发生的人工成本上升的幅度）。机械（费）的增加有利于成本的降低，把这种变化规律称为机利法则或组合模式法则。

组合模式随 x 的变化规律是：随着 x 的增大，组合模式中需要的机械设备逐渐增加（或性能逐渐改善）而人工逐渐减少，相应地，机械成本逐渐增加而人工成本逐渐减少。即机械成本随 x 的增大（减小）而增大（减小），这种变化弱于同系数的线性变化。人工成本随 x 的增大（减小）而减小（增大），这种变化强于机械成本的变化，一般情况会弱于同系数的反比例函数。这两种变化相互依赖、相互制约、同时发生、同时终止。记该法则为 $y_5=f_5(x)$。

随着 x 的增大，组合模式的单位成本逐渐下降，当 x 增大至 x_d（按机利法则计算出的成本最小值时的 x 值）时，成本不再下降，组合模式发生质的变化——由人机组合模式转为全机械施工模式，机利法则失效。x_d 称为机法则失效点。$x>x_d$ 时，机利法则解除，只遵循其他法则。

机利法则的现实意义如下。①不同的 x 对应着不同的组合模式（作业方式），也对应着不同的成本。在实际施工中，需要采用与 x 相匹配（或相适宜）的组合模式来完成施工任务，这样才能保证生产效率和生产成本满足预期要求。②组合模式中，机械的增加（或性能改善）不仅是提高效率的重要方式，也是降低成本的有效途径。③与一种基准组合模式相比，如果实际采用的组合模式优于基准模式，将为项目施工赢得更多的利润空间，反之，将减少利润空间甚至导致亏损。

3.5.4 超越 x 约束上限的线性增长法则（f_6）

在分析该法则之前需分析 x 的约束上限。

3.5.4.1 x 的约束上限 x_{ul} 分析

理论上 x 可以是无穷大，但在现实中，x 总是会受到时间和空间的两大约束而止于一个极大值。

（1）时间约束　x 的计算以“天”为时间单位，每天的最长工作时间不可能超过 24h，以每个台班（或工日）为 8h 计，每天的最大工作台班数为 3 个台班。时间上 x 不可能超越以上数字。

（2）空间约束　空间约束主要表现在两个方面：一方面是施工作业区域（面）约束；另一方面是项目地理环境条件及特定时期设备生产能力的约束。

① 施工作业区域（面）约束　施工作业区域（面）约束可分为客观约束和人为约束。

a. 客观约束。任何项目，当设计文件确定后，分部分项工程的作业区域是确定的（这取决于项目自身），每个分部分项工程都会存在一个最大作业区域。理论上讲，根据图纸，结合工程的现场实际可计算每个分部分项工程的最大作业区域（面）。记这个最大作业面可实现的 x 为 x_{ul_1}。

b. 人为约束。在很多时候，为保证资源的充分利用（不闲置、不窝工）及工序的合理搭接，往往需要将作业区域划分为若干流水段进行流水施工，假设划分为 n 段，则此时的作业区域对 x 的限制将变为 x_{ul_1a}。

$$x_{ul_1a}=1/n.x_{ul_1}$$

② 项目地理环境条件及特定时期设备生产能力的约束。特定时期，最先进的生产设备的生产能力是有限的，特定项目所处的地理环境对设备的接纳空间是有限的，即可采用的设备及设备数量是有限的。在特定时期，任何项目可实现的 x 都存在一个最大值，记该值为 x_{ul_2}。

根据以上分析，x 的约束上限为：

$$x_{ul}=\min\left\{X_{ul_1}(X_{ul_1a}),X_{ul_2}\right\}$$

3.5.4.2 x 超越 x_{ul} 的线性增长法则

当 x 超越其约束上限，即 $x>x_{ul}$，成本的变化将随（$x-x_{ul}$）值呈线性增长，记该法则为 $y_6=f_6(x)$。

$$f_6(x)=f(x_{ul})+v(x-x_{ul})$$

式中　$f(x_{ul})$——$x=x_{ul}$ 的函数值（x_{ul} 左侧区间函数关系计算的函数值）；

　　v——大于零的常数。

该法则的现实意义是：在不知道 x_{ul} 的情况下确定资源配置，一旦资源配置可实现的 x 超越 x_{ul}，则成本将呈线性增加。

3.5.5　单价措施项目中材料成本的规模经济法则（f_7）

单价措施项目中的材料主要为周转性材料，它是企业固定资产的组成部分，在成本计算中需计折旧费，与设备类似，也遵循规模效应，但与设备不同的是材料成本的变化是独立的，与人工成本无关。

在 x 的区间（$1, x_u$）内，材料成本随 x 的增大（减小）而递减（递增）。这种变化的速率弱于同系数的反比例函数，记该法则为 $y_7=f_7(x)$，其函数应满足的条件与 $y_1=f_1(x)$相同。

3.5.6　单价措施项目中材料成本的规模不经济法则（f_8）

与前述规模不经济法则 $y_3=f_3(x)$类似，记该法则为 $y_8=f_8(x)$。

3.5.7　较大项目材料价格法则（f_9）

对于较大项目，x 较大，项目对材料的需求会引起项目所在地材料价格上涨，使得材料成本随 x 的增大而增加，一般情况，增长速率弱于同系数的线性增长。这种变化是独立的，是 x 对项目之外的影响导致的结果，与人工、机械成本不发生关联。记该法则为 $y_9=f_9(x)$。其函数应满足的条件与 $y_3=f_3(x)$类似。与 y_3 不同的是：①对应法则不同（一般情况 y_3 强于 y_9）；②区间限制不同，y_9 没有区间限制，y_3 有区间限制。

较大项目材料价格法则的现实意义：对于较大项目施工，需要充分考虑项目对地方材料价格的影响，随着 x 的增大，地方材料价格将会不断上涨，而导致施工成本增加。

3.5.8　资源配置确定不变的反比例递减法则（f_{10}、f_{11}、f_{12}、f_{13}）

3.5.8.1　资源配置确定不变的反比例函数法则

（1）法则的适用类别区分　当资源配置确定（即组合模式或作业方式确定），且整个施工过程从始至终保持固定的资源配置不变的情况下，成本随 x 的增大（减小）而反比例递减（增）。

这种变化需分两类情况分别考虑：①作业区域受限的变化，x 的变化是由于施工作业区域受限所致；②非作业区域受限的变化，x 的变化是施工作业区域受限以外的其他原因所致（如作业难度、作业条件、作业环境等变化）。

作业区域受限的变化指在施工过程中，由工程项目自身特点及项目地理环境条件所决定的，在不同时点，施工面对不同的作业区域（工作面），导致资源不同程度地不能得到完全充分利用，从而进一步导致施工生产能力发生变化。作业区域受限的显著特点是资源没有完全处于正常工作状态。

非作业区域受限的变化指作业区域受限之外的其他原因导致的 x 的变化，主要包括作业难度变化，水文、地质情况变化，施工条件变化，施工环境变化等。这些变化都有一个共同点是资源都处于正常工作状态。这一特点是非作业区域受限区别于作业区域受限的根本所在。

在现实中，还有可能出现作业区域受限和非作业区域受限并存的情况，此时需根据具体情况具体分析、综合考虑，具体处理。处理办法如：可以对两种受限情况分别赋予一定权重，然后加权计算成本。本书对该类受限情况不再单独列举讨论。

（2）法则表达　在 x 的区间 $(x_r-\delta,x_r+\delta)$ 内，x 与 x_r 相比，若 x 变化 $\Delta x=x-x_r$，则成本的变化如下。

① 施工作业区域受限所致的成本变化

a．分部分项工程成本变化［记为 $y_{10}=f_{10}(x)$］。

$$\Delta c=\begin{cases}-(x-x_r)\dfrac{c(x_r)-c_{cl}-c_{rg}-(0.6\sim0.8)c_{jx}}{x} & x<x_r\\ -(x-x_r)\dfrac{c(x_r)-c_{cl}}{x} & x\geqslant x_r\end{cases}$$

b．单价措施项目成本变化［记为 $y_{11}=f_{11}(x)$］

$$\Delta c=\begin{cases}-(x-x_r)\dfrac{c(x_r)-c_{rg}-(0.6\sim0.8)(c_{jx}+c_{cl})}{x} & x<x_r\\ -(x-x_r)\dfrac{c(x_r)}{x} & x\geqslant x_r\end{cases}$$

② 非施工作业区域受限所致的成本变化

a．分部分项工程成本变化［记为 $y_{12}=f_{12}(x)$］

$$\Delta c=-(x-x_r)\frac{c(x_r)-c_{cl}}{x}$$

b．单价措施项目成本变化［记为 $y_{13}=f_{13}(x)$］

$$\Delta c=-(x-x_r)\frac{c(x_r)}{x}$$

式中　x——某时刻或时段的施工生产能力；

Δc——成本变化（x 相对于 x_r 的成本变化）；

x_r——确定的资源配置可实现的施工生产能力；

δ——大于零的实数；

$c(x_r)$——$x=x_r$ 的成本（确定的组合模式对应的成本）；

c_{rg}——人工成本；

c_{jx}——机械成本；

c_{cl}——材料成本。

该法则可以仅采用以上成本变化的表达形式作为函数表达参与法则组合。

3.5.8.2　忽略规模效应的成本计算

如果忽略规模效应的影响，成本计算可简化为以下形式。

（1）施工作业区域受限的成本计算

① 分部分项工程成本

$$c = f(x) = \begin{cases} c(x_r) - (x - x_r)\dfrac{c(x_r) - c_{cl} - c_{rg} - (0.6\sim0.8)c_{jx}}{x} & x < x_r \quad (3\text{-}7) \\ c(x_r) - (x - x_r)\dfrac{c(x_r) - c_{cl}}{x} & x \geqslant x_r \quad (3\text{-}8) \end{cases}$$

② 单价措施项目成本

$$c = f(x) = \begin{cases} c(x_r) - (x - x_r)\dfrac{c(x_r) - c_{rg} - (0.6\sim0.8)(c_{jx} + c_{cl})}{x} & x < x_r \quad (3\text{-}9) \\ c(x_r) - (x - x_r)\dfrac{c(x_r)}{x} & x \geqslant x_r \quad (3\text{-}10) \end{cases}$$

（2）非施工作业区域受限的成本计算

① 分部分项工程成本

$$c = f(x) = c(x_r) - (x - x_r)\frac{c(x_r) - c_{cl}}{x}$$

② 单价措施项目成本

$$c = f(x) = c(x_r) - (x - x_r)\frac{c(x_r)}{x}$$

3.5.8.3　法则的现实意义

法则的现实意义如下。①在实际施工中，当资源配置确定且不做改变时，成本的变化主要取决于两个方面：一方面是 x 的变化；另一方面是资源价格（主要是材料价格）的变化。而 x 的变化由施工作业区域受限情况、具体面对的作业难度（作业条件和作业环境）所决定。这种变化具有不确定性或随机性。②该法则为利用 x 进行成本控制提供了较为可靠的依据。

3.6　满足法则条件的具体函数

从上述法则条件看，满足条件的表达可以有多种，为便于直观分析并简化多法则共同作用下的函数表达，采用一组以分数幂函数为主的表达形式作为具体函数。

3.6.1　法则表达式

法则名称、法则表达式详见附录 A 中的附表 A-1。

3.6.2　法则条件

每个法则有其具体条件，法则条件的具体内容详见附录 A 中的附表 A-2。

3.6.3　法则作用对象及作用区间

不同法则的作用对象和作用区间可能不同，法则作用对象及作用区间的具体内容详见附录 A 中的附表 A-3。

3.7 资源配置确定之前的函数表达

3.7.1 区间划分

区间划分由 x_d、x_u、x_{ul} 大小排序决定。

（1）人机组合施工的分部分项工程区间划分

① 若 $x_d < x_u < x_{ul}$，则区间划分为 $[1, x_d]$、$(x_d, x_u]$、$(x_u, x_{ul}]$、$(x_{ul}, +\infty)$；

② 若 $x_u < x_d < x_{ul}$，则区间划分为 $[1, x_u]$、$(x_u, x_d]$、$(x_d, x_{ul}]$、$(x_{ul}, +\infty)$；

③ 若 $x_u < x_{ul} < x_d$，则区间划分为 $[1, x_u]$、$(x_u, x_{ul}]$、$(x_{ul}, +\infty)$；

④ 若 $x_d < x_{ul} < x_u$，则区间划分为 $[1, x_d]$、$(x_d, x_{ul}]$、$(x_{ul}, +\infty)$；

⑤ 若 $x_{ul} < x_d < x_u$，则区间划分为 $[1, x_{ul}]$、$(x_{ul}, +\infty)$；

⑥ 若 $x_{ul} < x_u < x_d$，则区间划分为 $[1, x_{ul}]$、$(x_{ul}, +\infty)$。

（2）全人工施工的分部分项工程区间划分

① 若 $x_u < x_{ul}$，则区间划分为 $[1, x_u]$、$(x_u, x_{ul}]$、$(x_{ul}, +\infty)$；

② 若 $x_{ul} < x_u$，则区间划分为 $[1, x_{ul}]$、$(x_{ul}, +\infty)$。

（3）全机械施工的分部分项工程区间划分

① 若 $x_u < x_{ul}$，则区间划分为 $[1, x_u]$、$(x_u, x_{ul}]$、$(x_{ul}, +\infty)$；

② 若 $x_{ul} < x_u$，则区间划分为 $[1, x_{ul}]$、$(x_{ul}, +\infty)$。

3.7.2 一般项目法则组合

工程施工生产能力与成本的函数关系是多个法则共同作用的结果，分部分项工程与单价措施项目法则组合不同；不同作业方式，法则组合不同；不同区间，法则组合也可能不同。法则组合需分多种情况分别讨论。各种情况法则组合详见附录 A 中附表 A-4～附表 A-9。

3.7.3 一般项目函数表达

一般项目成本函数表达详见附录 A 中附表 A-10～附表 A-15。附录 A 中附表 A-10～附表 A-15 是工程施工生产能力在全部定义域范围的函数表达，对于通常的工程施工生产能力取值范围，函数表达可作简化，即一般形式的函数表达。

（1）人机组合施工的分部分项工程成本函数的一般形式

$$c = f(x) = ax^{\frac{1}{n}} + bx^{-\lambda n} + c_0$$

其中，$x \geqslant 1$；$a>0$，$b>0$，$c_0>0$，a、b、c_0 为常数；$n>1$，$\lambda>0$，$\lambda n \leqslant 1$，$n \in N$，λ 为常数。

（2）人机组合施工的单价措施项目成本函数的一般形式

$$c = f(x) = ax^{\frac{1}{n}} + bx^{-\lambda n} + dx^{-\frac{1}{m}} + c_{01}$$

其中，$x \geqslant 1$；$a>0$，$b>0$，$d>0$，$c_{01}>0$，a、b、d、c_{01} 为常数；$n>1$，$m>1$，$\lambda>0$，$\lambda n \leqslant 1$，

n、$m \in N$，λ 为常数。

（3）全人工施工的分部分项工程成本函数的一般形式

$$c = f(x) = bx^{-\frac{1}{n}} + c_0$$

其中，$x \geqslant 1$；$b>0$，$c_0>0$，b、c_0 为常数；$n>1$，$n \in N$。

（4）全人工施工的单价措施项目成本函数的一般形式

$$c = f(x) = bx^{-\frac{1}{n}} + dx^{-\frac{1}{m}} + c_{01}$$

其中，$x \geqslant 1$；$b>0$，$d>0$，$c_{01}>0$，b、d、c_{01} 为常数；$n>1$，$m>1$，n、$m \in N$。

（5）全机械施工的分部分项工程成本函数的一般形式

$$c = f(x) = ax^{-\frac{1}{n}} + c_0$$

其中，$x \geqslant 1$；$a>0$，$c_0>0$，a、c_0 为常数；$n>1$，$n \in N$。

（6）全机械施工的单价措施项目成本函数的一般形式

$$c = f(x) = ax^{-\frac{1}{n}} + dx^{-\frac{1}{m}} + c_{01}$$

其中，$x \geqslant 1$；$a>0$，$d>0$，$c_{01}>0$，a、d、c_{01} 为常数；$n>1$，$m>1$，n、$m \in N$。

3.7.4　较大项目法则组合及函数表达（略）

较大项目法则组合：在所有 $x<x_{ul}$ 的区间的法则组合中加入 $f_9(x)$，$x>x_{ul}$ 的法则组合不变。

较大项目函数表达：在所有 $x<x_{ul}$ 的区间的函数表达中加入 $c_9x^{\frac{1}{n_9}}$，相应地常数项 c_0 由 $c_{\triangle}$ 变为 $c_{\blacktriangle}$。$x>x_{ul}$ 的函数表达不变。

3.8　资源配置确定之前的函数图像举例

3.8.1　人机组合施工的分部分项工程函数图像案例

（1）案例基础资料

某 20 层办公楼（框架剪力墙结构）由某建筑工程公司承建，经计算得到以下基础数据：

① 混凝土浇筑为主体结构工程的核心工作之一，$\bar{x}$=300m^3/天，混凝土为现拌现浇，在混凝土工程中，有梁板工程量占比最大。

② 该建筑公司内部测算 x_u=450m^3/天。

③ 经过多方面详细测算 x_{ul}=1000m^3/天。

函数图需按同倍数组合模式、异倍数组合模式和无倍数组合模式 3 种情况分别绘制。

（2）同倍数组合模式函数图

① 基准组合模式选择　本例以《云南省房屋建筑与装饰工程消耗量定额（2013）》子目 01050042 为基准组合模式，相应数据如下：

a．c_{rg}=83 元/m^3；

b．c_{jx}=22 元/m^3；

c．c_{cl}=361 元/m³；

d．$c_{\triangle}$=449 元/m³；

e．$c_{\blacktriangle}$=88 元/m³；

f．c=554 元/m³；

g．混凝土搅拌机 0.0531 台班/m³。

混凝土施工为连续作业，每天按 2.5 台班计算，x_0=50m³/天。即基准组合模式为：

$$M_0(x_0,c_{rg0},c_{jx0},c_0)=(50,83,22,449)$$

$\overline{x}/x_0=6$，满足 $\overline{x}$ 的组合模式为 $6M_0(x_0,c_{rg0},c_{jx0},c_0)=(300,83,22,449)$，即资源配置应为 6 倍基准组合模式。按同倍数组合模式考虑，x_u、x_{ul} 应换算至基准组合模式，x_u=450/6=75（m³/天），x_{ul}=1000/6=167（m³/天）。

② 选择机利法则函数并计算 x_d　选 $n=3$，$\lambda_n=1/3$，机利法则函数为：

$$f_5(x)=5.972x^{\frac{1}{3}}+305.7746x^{-\frac{1}{3}}+449$$

经计算得 x_d=366。

③ 比较 x_d、x_u、x_{ul}，选择适宜函数

$$x_u=75，x_{ul}=167，x_d=366，x_u<x_{ul}<x_d$$

函数选择并确定为：

$$f(x)=\begin{cases}a_1x^{\frac{1}{4}}+b_1x^{-\frac{2}{5}}+c_0 & [1,\ x_u]\\ a_2x^{\frac{1}{2}}+b_2x^{-\frac{2}{3}}+c_0 & (x_u,\ x_{ul}]\\ f(x_{ul})+v(x-x_{ul}) & (x_{ul},\ +\infty)\end{cases}$$

计算相关系数后，函数为：

$$f(x)=\begin{cases}8.272x^{\frac{1}{4}}+396.9x^{-\frac{2}{5}}+449 & [1,\ 75]\\ 2.81x^{\frac{1}{2}}+34.37x^{-\frac{2}{3}}+449 & (75,\ 167]\\ 565.97+0.2808(x-167) & (167,\ +\infty)\end{cases}$$

④ 根据以上函数可得到函数图如图 3-2 所示。

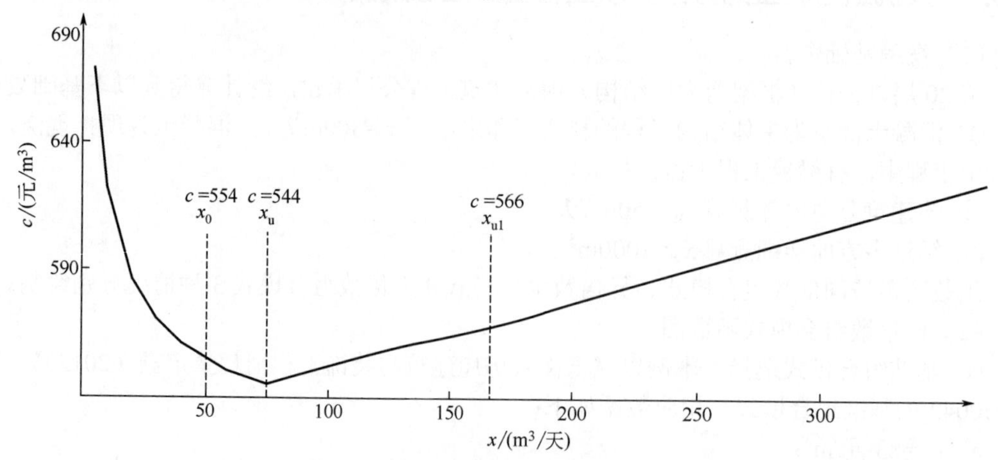

图 3-2　同倍数组合模式函数图

（3）异倍数组合模式函数图

① 基准组合模式选择（同前）

$$M_0(x_0,c_{rg0},c_{jx0},c_0)=(50,83,22,449)$$

按2倍组合模式考虑，对x_u、x_{ul}进行换算，x_u=450/2=225（m^3/天），x_{ul}=1000/2=500（m^3/天）。

② 确定机利法则函数并计算x_d　选n=3，λ_n=1/2，机利法则函数为：

$$f_5(x)=5.972x^{\frac{1}{3}}+586.899x^{-\frac{1}{2}}+449$$

经计算得x_d=400。

③ 比较x_d、x_u、x_{ul}，选择适宜函数

$$x_u=225，x_{ul}=500，x_d=400，x_u<x_d<x_{ul}$$

函数选择并确定为：

$$f(x)=\begin{cases} a_1x^{\frac{1}{4}}+b_1x^{-\frac{2}{3}}+c_0 & [1,\ x_u] \\ a_2x^{\frac{1}{2}}+b_2x^{-\frac{1}{3}}+c_0 & (x_u,\ x_d] \\ a_3x^{\frac{2}{3}}+c_{01} & (x_d,\ x_{ul}] \\ f(x_{ul})+v(x-x_{ul}) & (x_{ul},+\infty) \end{cases}$$

计算相关系数后，函数为：

$$f(x)=\begin{cases} 8.272x^{\frac{1}{4}}+1126.5x^{-\frac{2}{3}}+449 & [1,\ 225] \\ 2.136x^{\frac{1}{2}}+185.2x^{-\frac{1}{3}}+449 & (225,\ 400] \\ 0.787x^{\frac{2}{3}}+474.14 & (400,\ 500] \\ 523.72+0.059776(x-500) & (500,\ +\infty) \end{cases}$$

④ 根据以上函数可得到函数图如图3-3所示。

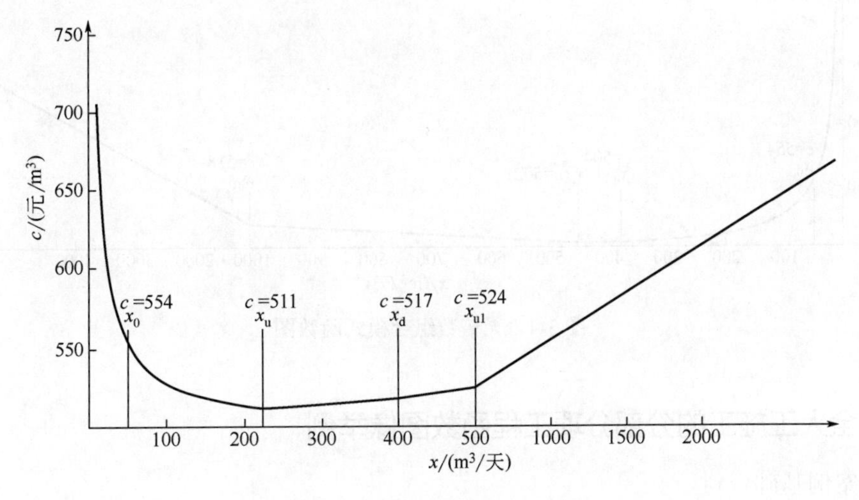

图3-3　异倍数组合模式函数图

（4）无倍数组合模式函数图

① 基准组合模式选择（同前）

$$M_0(x_0,c_{rg0},c_{jx0},c_0)=(50,83,22,449)$$

② 确定机利法则函数并计算 x_d　选 n=3，λ_n=2/3，机利法则函数为：

$$f_5(x)=5.972x^{\frac{1}{3}}+1126.5x^{-\frac{2}{3}}+449$$

经计算得 x_d=377。

③ 比较 x_d、x_u、x_{ul} 选择适宜函数

$$x_u=450，x_{ul}=1000，x_d=377，x_d<x_u<x_{ul}$$

函数选择并确定为：

$$f(x)=\begin{cases} a_1x^{\frac{1}{4}}+b_1x^{-\frac{3}{4}}+c_0 & [1,\ x_d] \\ a_2x^{-\frac{1}{3}}+c_{01} & (x_d,\ x_u] \\ a_3x^{\frac{1}{2}}+c_{01} & (x_u,\ x_{ul}] \\ f(x_{ul})+v(x-x_{ul}) & (x_{ul},+\infty) \end{cases}$$

计算相关系数后，函数为：

$$f(x)=\begin{cases} 8.272x^{\frac{1}{4}}+1560.7x^{-\frac{3}{4}}+449 & [1,\ 377] \\ 263.35x^{-\frac{1}{3}}+467.24 & (377,\ 450] \\ 1.62x^{\frac{1}{2}}+467.24 & (450,\ 1000] \\ 517.8+0.0274(x-1000) & (1000,\ +\infty) \end{cases}$$

④ 根据以上函数可得到函数图如图 3-4 所示。

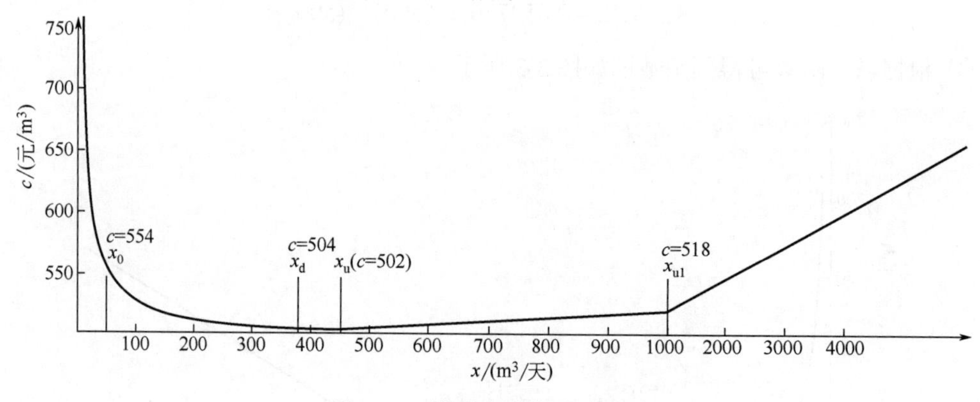

图 3-4　无倍数组合模式函数图

3.8.2　全人工施工的分部分项工程函数图像举例

（1）案例基础资料

某人工挖孔桩工程，工期 2 个月。桩外径 1200～1500mm，挖孔深度 26～30m，共 1280 棵。经计算得到以下基础数据。

① 总计挖土（石）工程量 48000m^3，$\overline{x}$=1000m^3/天。

② 由于受承建单位可用工人人数限制，x_u=1500m^3/天。

③ 由于受桩总数及作业区域限制，x_{ul}=4000m^3/天。

（2）计算及作图

① 基准作业方式选择　本例以《云南省房屋建筑与装饰工程消耗量定额（2013）》子目 01030212 为基准作业方式，相应数据如下：

a．c_{rg}=210 元/m^3；

b．$c_{\triangle}$=187 元/m^3；

c．c=397 元/m^3；

d．工日耗量 2.26 工日/ m^3，每天按两工日计，0.885 m^3 /工日，假定以上定额价格是以 100 人作业时计算的价格，则 x_0=88m^3/天，基准作业方式为：

$$M_{r0}(x_0,c_{rg0},c_0)=(88,210,187)$$

② 选择并确定函数　$x_u<x_{ul}$，选择函数为：

$$f(x)=\begin{cases} b_1x^{-\frac{1}{6}}+c_0 & [1,\ x_u] \\ b_2x^{\frac{1}{2}}+c_0 & (x_u,\ x_{ul}] \\ f(x_{ul})+v(x-x_{ul}) & (x_{ul},\ +\infty) \end{cases}$$

计算相关系数后，函数为：

$$f(x)=\begin{cases} 442.9x^{-\frac{1}{6}}+187 & [1,1500] \\ 92.18x^{\frac{1}{2}}+187 & (1500,4000] \\ 342.43+0.01554(x-4000) & (4000,+\infty) \end{cases}$$

③ 根据以上函数可得到函数图如图 3-5 所示。

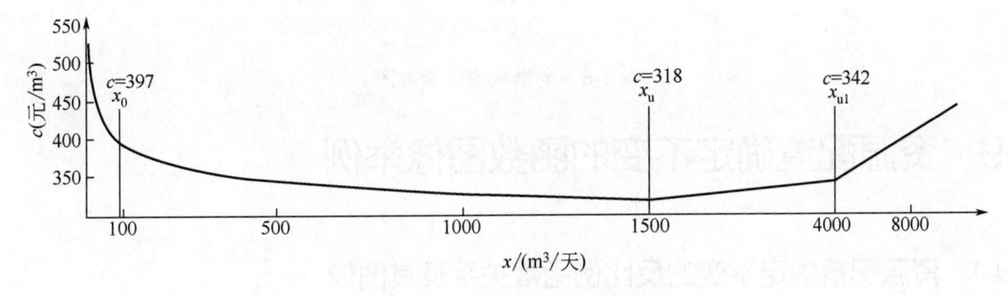

图 3-5　全人工施工函数图

3.8.3　全机械施工的分部分项工程函数图像举例

（1）案例基础资料

某机械挖土方工程，工期 1 个月。土壤类别：一、二类土，挖出土方全部弃置至距工地 5km 处。经计算得到以下基础数据：

① 总计挖土工程量 60000m^3 左右，$\overline{x}$=2000m^3/天；

② 利用公司现有设备，每天可完成 10000m³ 土方挖运任务，x_u=10000m³/天；

③ 由于场地限制，x_{ul}=3000m³/天。

（2）计算及作图

① 基准作业方式选择 本例以《云南省房屋建筑与装饰工程消耗量定额（2013）》子目 01010058 和 01010059 为基准作业方式，相应数据如下：a. c_{jx}=17.45 元/m³；b. $c_{\triangle}$=2.15 元/m³；c. c=19.60 元/m³；d. 履带式单斗液压挖掘机（综合）2.11 台班/1000 m³，每天按 2 台班计，x_0=950m³/天。基准作业方式为：

$$M_{j0}(x_0,c_{jx0},c_0)=(950,17.45,2.15)$$

② 选择并确定函数 $x_{ul}<x_u$，选择函数为：

$$f(x)=\begin{cases} a_1 x^{-\frac{1}{4}}+c_0 & [1,\ x_{ul}] \\ f(x_{ul})+v(x-x_{ul}) & (x_{ul},\ +\infty) \end{cases}$$

计算相关系数后，函数为：

$$f(x)=\begin{cases} 96.87x^{-\frac{1}{4}}+2.15 & [1,\ 3000] \\ 15.24+0.001745(x-3000) & (3000,\ +\infty) \end{cases}$$

③ 根据以上函数可得到函数图如图 3-6 所示。

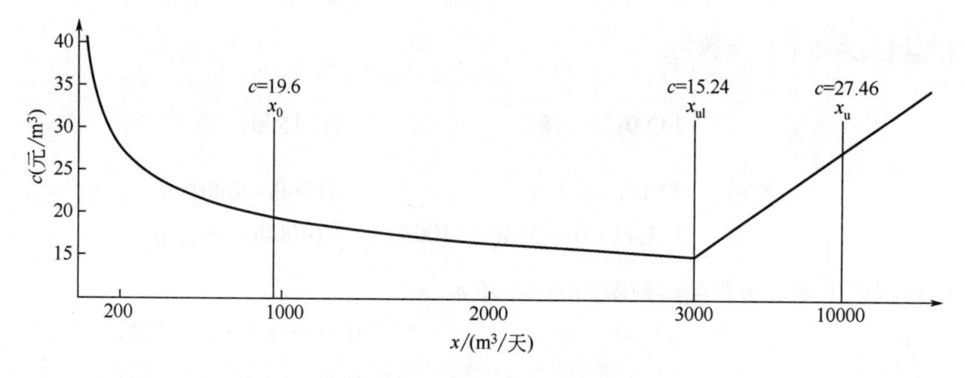

图 3-6 全机械施工函数图

3.9 资源配置确定不变的函数图像举例

3.9.1 资源配置确定不变的反比例函数关系及其图像

资源配置确定且不作改变时，c 与 x 的关系是本书 3.5.8.2 中的反比例函数关系（忽略规模效应）。以非作业区域受限的分部分项工程为例，c 与 x 的函数关系是：

$$c=f(x)=c(x_r)-(x-x_r)\frac{c(x_r)-c_{cl}}{x}$$

沿用 3.8.1 案例，令式中 x_r=350m³/天，$c(x_r)$=511 元/m³，c_{cl}=361 元/m³，x 的变化范围是 200～600m³/天，则可得到如下函数关系图（图 3-7）。

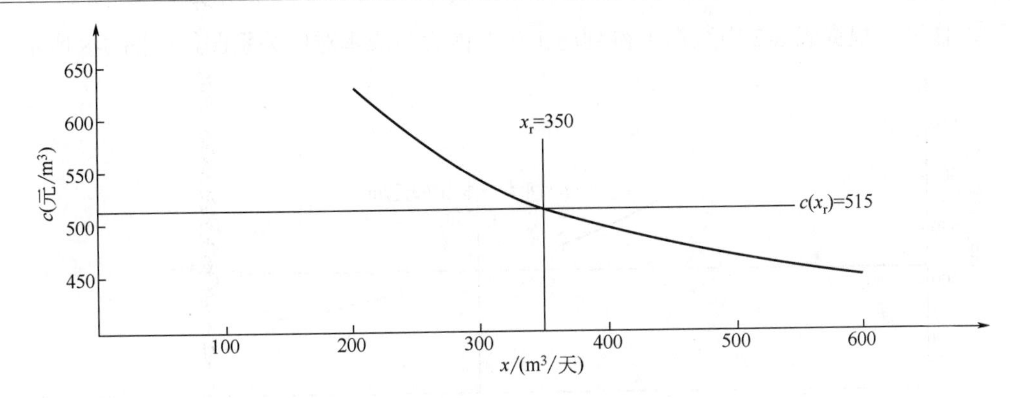

图 3-7　资源配置确定不变的反比例函数关系图

3.9.2　作业区域受限的分部分项工程函数关系图

本书 3.9.1 中 x 的变化是连续的，而现实中 x 的变化往往是离散、间断的。由于受作业区域的限制（这种限制具有不确定性，由项目自身所决定，人为难以完全改变），x 与 c 在不同时点都呈现离散而随机性变化。尽管如此，x 与 c 的反比例函数关系却始终存在。

（1）案例基础资料

沿用 3.8.1 案例来进一步阐述资源配置确定之后（或施工过程中）c 与 x 的关系。在前述数据的基础上增加以下数据：

① 资源配置选用了前述异倍数组合模式，x_r=350m^3/天，$c(x_r)$=515 元/ m^3。

② 某月的实际 x 统计数据见表 3-1（表中数值也可以是用图纸计算的计划值）。施工中，将工程划分了多个流水段，确保每天都有混凝土浇筑施工作业面。

表 3-1　某月混凝土浇筑工程施工生产能力指标统计

单位：m^3/天

日期	1	2	3	4	5	6	7	8	9	10	11	12	13	14	15
x	280	505	285	510	275	495	285	500	290	510	265	495	250	485	245
日期	16	17	18	19	20	21	22	23	24	25	26	27	28	29	30
x	480	230	450	225	440	220	425	220	430	215	435	210	425	215	420

（2）计算及作图

① 成本计算　本例为比较明显的作业区域受限（一般房屋建筑工程都存在这个问题，其他工程如市政、公路、铁路工程情况会好些）案例。在浇筑墙柱时，混凝土量在 210～290 之间变化；在浇筑梁板时，混凝土量在 420～510 之间变化。忽略规模效应，按前述 3.5.8.2 公式（1）和公式（2）即可计算出每天的成本值，见表 3-2。

表 3-2　某月混凝土浇筑工程施工生产能力与成本对应表

日期	1	2	3	4	5	6	7	8	9	10	11	12	13	14	15
x	280	505	285	510	275	495	285	500	290	510	265	495	250	485	245
c	540	468	537	467	542	470	537	469	535	467	547	470	554	472	557
日期	16	17	18	19	20	21	22	23	24	25	26	27	28	29	30
x	480	230	450	225	440	220	425	220	430	215	435	210	425	215	420
c	473	566	481	570	484	573	488	573	486	577	485	581	488	577	489

② 作图　根据表 3-2 中数据可得到施工生产能力与成本对应关系图，如图 3-8 所示。

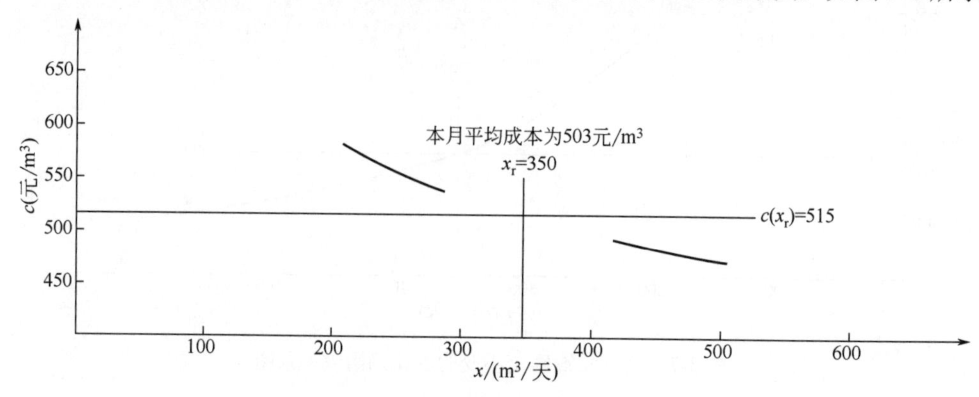

图 3-8　作业区域受限的成本与施工生产能力关系图

3.9.3 非作业区域受限的分部分项工程 c 与 x 关系图典型案例

非作业区域受限的变化指作业区域受限之外的其他原因导致的 x 的变化，主要包括作业难度变化，水文、地质情况变化，施工条件变化，施工环境变化等。这些变化都有一个共同点是资源都处于正常利用状态。这一特点是非作业区域受限区别于作业区域受限的根本所在。

在现实中，还有可能出现作业区域受限和非作业区域受限并存的情况，此时需根据具体情况具体分析、综合考虑，如可以对两种受限情况分别赋予一定权重，然后加权计算成本。本书对该类受限情况不再单独列举讨论。

（1）案例基础资料　沿用 3.8.1 案例，在前述数据的基础上增加以下数据：

① 施工实际按 $x_r=x_u=1500\text{m}^3$/天进行资源配置，$c(x_r)=318$ 元/m^3；

② 某月的实际 x 统计数据见表 3-3（表中数值也可以是用图纸计算的计划值）。在施工中，生产均处于正常状态，资源保持正常利用状态。

表 3-3　某月人工挖孔桩挖土（石）施工生产能力指标统计

单位：m^3/天

日期	1	2	3	4	5	6	7	8	9	10	11	12	13	14	15
x	1400	1800	1950	1950	2100	2000	1950	1500	1450	1400	1350	1300	1200	1250	1200
日期	16	17	18	19	20	21	22	23	24	25	26	27	28	29	30
x	1150	1150	1100	1050	1000	1000	700	650	600	1100	1050	1000	950	900	850

（2）计算及作图

① 成本计算　本例为典型的非作业区域受限案例。由于水文、地质情况变化，作业难度变化导致 x 出现随机变化，成本也随之随机变化。按前述本书 3.5.8.1 公式计算出每天的成本值见表 3-4。

表 3-4　某月人工挖孔桩挖土（石）施工生产能力和成本对应表

日期	1	2	3	4	5	6	7	8	9	10	11	12	13	14	15
x	1400	1800	1950	1950	2100	2000	1950	1500	1450	1400	1350	1300	1200	1250	1200
c	341	265	245	245	227	239	245	318	329	341	353	367	397	382	397

续表

日期	16	17	18	19	20	21	22	23	24	25	26	27	28	29	30
x	1150	1150	1100	1050	1000	1000	700	650	600	1100	1050	1000	950	900	850
c	415	415	434	454	477	477	681	734	795	434	454	477	502	530	561

② 作图　根据表 3-4 中数据可得到施工生产能力与成本对应关系，如图 3-9 所示。

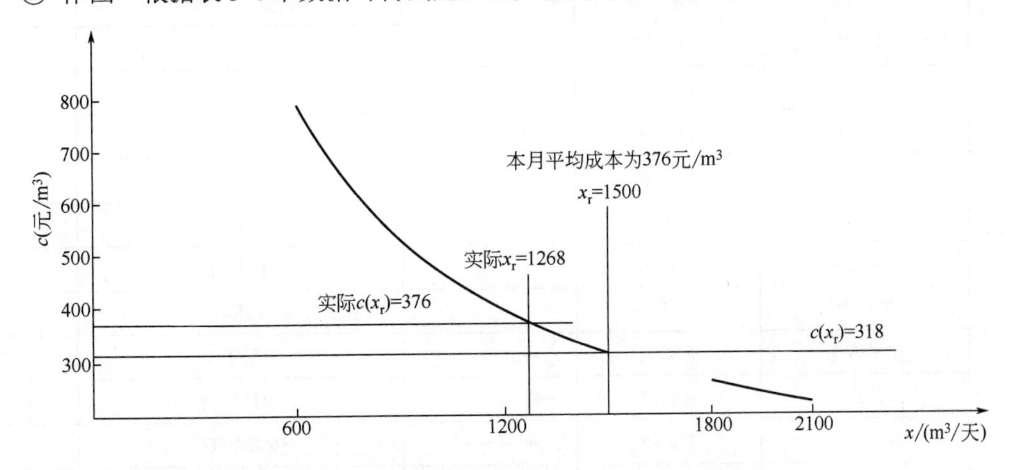

图 3-9　非作业区域受限的成本与施工生产能力关系

3.10　质量与施工生产能力的函数关系

3.10.1　质量影响因素及其与施工生产能力的相关性分析

绝大多数有关质量的文献都将质量的影响因素划分为五大类，即 4M1E。对于影响因素的进一步细分，本书比较认同本书参考文献[19][1]的划分结果，但由于工程项目行业、专业众多，对本书参考文献[19]表-3 中给出的权重值，本书认为存在一定片面性和局限性。举几个简单例子就能看出：比如，对全机械施工的分部分项工程，机械权重取值 19.15%，将会显得太小，而人工取值 25.53%就不合适；再比如，在恶劣的地质条件和水文条件下作业，环境因素取值 16.99%将会显得太少。

引用本书参考文献[19]识别的施工质量影响因素并作相关性分析见表 3-5。

表 3-5　工程项目施工质量影响因及其与 x 的相关性

质量影响因素类别	质量影响因素	影响因素与 x 的相关性			
		影响因素变化对 x 的影响	影响程度	资源配置及施工方法确定后 x 变化对质量影响因素的影响	影响程度
人员	专业知识	有影响	++	无影响	
	操作经验	有影响	+++++	无影响	

[1] 翟彦彦等. 基于 APH 的工程项目施工质量影响因素即管理对策研究［J］. 重庆理工大学学报：自然科学版，2015（4）：139-142.

续表

质量影响因素类别	质量影响因素	影响因素与 x 的相关性			
		影响因素变化对 x 的影响	影响程度	资源配置及施工方法确定后 x 变化对质量影响因素的影响	影响程度
人员	质量意识	少量影响	–	少量影响	–
	责任感	少量影响	–	少量影响	–
材料	匹配性	少量影响	+（–）	无影响	
	合格性	有影响	++（– –）	少量影响	–
	达标性	有影响	++（– –）	少量影响	–
机械	安全性	有影响	+++	少量影响	–
	适用性	有影响	++++	无影响	
	经济性	无影响		有影响	++
	节能环保性	极少影响		无影响	
方法	技术方案	有影响	+++（– – –）	少量影响	+（–）
	工艺流程	有影响	+++（– – –）	少量影响	+（–）
	组织措施	有影响	++（– –）	少量影响	+（–）
	检测手段	少量影响	–	无影响	
环境	施工自然环境	有影响	++++	无影响	
	施工质量管理环境	少量影响	–	少量影响	–
	施工作业环境	有影响	++++	少量影响	+（–）

注：“+”表示正相关；“–”表示负相关。

根据表 3-5 中分析结果可得到以下主要结论。

（1）计划阶段的质量策划对施工质量具有很大影响，施工质量策划主要是以下 3 个方面：

① 资源配置；

② 采用的施工方案、方法、检测手段和措施；

③ 自然环境、作业环境可能对质量造成不利影响时的应对方法和措施。

（2）大多数质量影响因素都与施工生产能力相关

① 绝大多数质量影响因素的变化或多或少会导致施工生产能力的变化，x 较为敏感的质量因素主要包括：人员操作经验、机械的适用性、施工作业环境、施工自然环境等。

② 质量影响因素对 x 的变化不是十分敏感，x 变化甚至对一些关键因素几乎无影响。在建立质量与 x 的函数关系中需要充分认识这一点。

（3）利用施工生产能力作质量策划具有一定现实意义　一方面，质量影响因素的变化会导致施工生产能力的变化，进而导致成本变化；另一方面，尽管质量影响因素对 x 的变化不是十分敏感，但 x 的取值在一定程度上反映了资源配置状况、作业环境、自然环境状况和施工方案、方法的优劣。基于这两方面原因，质量策划应充分利用施工生产能力这一指标。

（4）施工过程中，控制 x 是控制工程质量的重要途径　施工中，资源配置及施工方案方法已经确定，一般不做大的改变；自然环境、作业环境是客观存在的，人们难以完全改变，只能接受和应对。在这样的情况下，x 对质量的影响将会上升到突出的位置，除了常规质量控制外，控制 x 也将是控制施工质量重要而有效的手段。

3.10.2　质量与施工生产能力的函数关系

仅分析质量与施工生产能力两个变量，质量 q 与 x 的函数关系是：

$$q = ax^{-\frac{m}{n}} + q_0(m、n \in N且m < n)$$

式中　q——分部分项工程施工质量（以优良率表示）；

x——分部分项工程施工生产能力指标；

a——质量系数，大于零的常数；

$ax^{-\frac{m}{n}}$——与 x 变化相关的质量影响因素对质量优良率的贡献值；

q_0——与 x 变化无关的质量影响因素对质量优良率的贡献值。

函数定义域：$x \in [1, x_{ul}]$，若未确定 $x_{ul}, x \in [1，\infty)$。

函数值域：$q \in [q_0,100\%]$。

3.10.3　以成本函数推导的近似质量函数（资源配置确定之前）

在本书界定的质量研究范围内，通常情况下，工程施工成本随施工质量的提高（降低）而递增（减），即分部分项工程质量 q（以优良率表示时，$q \leqslant 1$）与成本 c 的关系可表示为：

$$c = kq^m + j \tag{3-11}$$

其中，$m \geqslant 1$，$m \in N$，k、j 为大于 0 的常数。

（1）人机组合施工分部分项工程的质量函数　人机械组合施工的成本函数的一般形式为：

$$c = ax^{\frac{1}{n}} + bx^{-\lambda n} + c_0 \tag{3-12}$$

联立式（3-11）、式（3-12），得到

$$q = \sqrt[m]{\frac{ax^{\frac{1}{n}} + bx^{-\lambda n} + c_0 - j}{k}}$$

通过数学推导，该式总可表示为：

$$q = \alpha x^{\frac{1}{r}} + \beta x^{-\mu r} + q_0$$

其中，$x \geqslant 1$；$\alpha > 0$，$\beta > 0$，$q_0 > 0$，$\mu > 0$，α、β、q_0、μ 为常数；$r > 1$，$r \in R$。

上式可进一步表示为：

$$q = \alpha x^{\frac{m_1}{n_1}} + \beta x^{-\mu\frac{m_1}{n_1}} + q_0(m_1、n_1 \in N)$$

当计算精度不要求很高时，可表示为：

$$q = \alpha x^{\frac{1}{n_2}} + \beta x^{-\lambda n_2} + q_0(n_2 \in N)$$

于是，可得到一般形式的质量函数是：

$$q = \alpha x^{\frac{1}{n}} + \beta x^{-\lambda n} + q_0 \tag{3-13}$$

式中 q——分部分项工程质量（一般用优良率表示）；
x——分部分项工程施工生产能力；
α——机械质量系数；
β——人工质量系数；
$\alpha x^{\frac{1}{n}}$——机械对质量优良率的贡献值；
$\beta x^{-\lambda n}$——人工对质量优良率的贡献值；
q_0——人工、机械之外的其他因素对质量优良率的贡献值。

（2）全人工施工的近似质量函数　同理，可得到一般形式的全人工施工的近似质量函数：

$$q=\beta x^{-\frac{m}{n}}+q_0(m、n\in N，m\leqslant n) \tag{3-14}$$

式中 q——分部分项工程质量（以优良率表示）；
x——分部分项工程施工生产能力；
β——人工质量系数；
$\beta x^{-\frac{m}{n}}$——人工对质量优良率的贡献值；
q_0——人工之外的其他因素对质量优良率的贡献值。

（3）全机械施工的近似质量函数　用上述推导方法，可得到一般形式的全机械施工的近似质量函数：

$$q=\alpha x^{-\frac{m}{n}}+q_0(m、n\in N，m\leqslant n) \tag{3-15}$$

式中 q——分部分项工程质量（一般用优良率表示）；
x——分部分项工程施工生产能力；
α——机械质量系数；
$\alpha x^{-\frac{m}{n}}$——机械对质量优良率的贡献值；
q_0——机械之外的其他因素对质量优良率的贡献值。

3.10.4 资源配置确定之前的近似质量函数的现实意义

（1）人工、机械组合施工的质量函数的现实意义　人工和机械对质量的影响可以通过施工生产能力来反映。

① 施工生产能力较大时，$\alpha x^{\frac{1}{n}}$较大，$\beta x^{-\lambda n}$较小，意味着采用的机械多而人工少，机械对质量的影响较大，人工对质量的影响较小。

② 施工生产能力较低时，$\alpha x^{\frac{1}{n}}$较小，$\beta x^{-\lambda n}$较大，意味着采用的机械少而人工多，机械对质量的影响较小，人工对质量的影响较大。

③ 施工生产能力的提高是采用增加（或改善）机械来实现，即$\alpha x^{\frac{1}{n}}$变化较大，$\beta x^{-\lambda n}$变化不大，意味着工人的操作难度变小，施工质量会提高。

④ 施工生产能力的提高不是采用增加机械来实现，即$\alpha x^{\frac{1}{n}}$变化不大，$\beta x^{-\lambda n}$变化较大，意味着工人的操作难度加大，施工质量会下降。

⑤ 施工生产能力的减小不是因为减少机械的原因，$\alpha x^{\frac{1}{n}}$ 变化不大，$\beta x^{-\lambda n}$ 变化较大，意味着工人的操作难度变小，施工质量会提高。

⑥ 施工生产能力的减小是因为减少机械的原因，即 $\alpha x^{\frac{1}{n}}$ 变化较大，$\beta x^{-\lambda n}$ 变化不大，意味着工人的操作难度变大，施工质量会下降。

⑦ q_0 代表人工和机械之外的其他因素对质量的影响，现实中它不是常数，但这些因素与 x 无关。

（2）全人工施工的质量函数的现实意义　从 $q=\beta x^{-\frac{m}{n}}+q_0$ 中可看出，随着 x 的增大，质量会下降，随着 x 的减小，质量会提高。

q_0 代表人工之外的其他因素对质量的影响，现实中它不是常数，但这些因素与 x 无关。

（3）全机械施工的质量函数的现实意义　从 $q=\alpha x^{-\frac{m}{n}}+q_0$ 中可看出，随着 x 的增大，质量会下降，随着 x 的减小，质量会提高。

q_0 代表机械之外的其他因素对质量的影响，现实中它不是常数，但这些因素与 x 无关。

3.10.5　以成本函数推导的近似质量函数（资源配置确定之后）

资源配置确定之后，在忽略规模效应的情况下，各种形式的成本函数均可表示为以下形式：

$$c=\frac{a}{x}+b \tag{3-16}$$

联立式（11）、式（16），得到 $q=\left(\dfrac{a}{kx}+\dfrac{b-j}{k}\right)^{\frac{1}{m}}$

令 $\alpha=\dfrac{a}{k}$，$\beta=\dfrac{b-j}{k}$，可得到资源配置确定不变的质量函数的一般形式，即

$$q=\left(\frac{\alpha}{x}+\beta\right)^{\frac{1}{m}}$$

其中，$x>-\dfrac{\alpha}{\beta}$；$\alpha\in R$，$\beta\in R$，α、β 为常数；$m\geqslant 1$，$m\in N$。

3.10.6　资源配置确定之后的近似质量函数的现实意义

资源配置确定之后，施工质量随施工生产能力的增大（减小）而递减（增）。在其他条件（作业难度、作业条件、作业环境、资源价格等）相同的情况下，随着 x 的增大，质量会下降，随着 x 的减小，质量将会提高。这一结论可以作为施工质量控制（通过调节工程施工生产能力来控制施工质量）的基本依据。

第4章

工程施工生产能计算模型

求解工程施工生产能力相当于求解一个非线性规划问题，成本函数为目标函数，工期及质量为约束条件。在实际应用中，可靠而高效的求解方法是：采用运筹学相关应用程序借助计算机求解，对核心工作数目极少的工程项目，可采用图解法和 excel 表格法求解。基于模型，可进一步求解施工生产能力合理区间、施工生产能力盈亏平衡点、利润预期等相关问题。

4.1 工程施工生产能力计算模型

4.1.1 工程施工管理的多目标性

工程施工需要多目标决策，多目标平衡问题是施工管理的战略性问题，目标平衡与否是衡量和评价施工管理成效最为重要的方面。在现实中没有真正的施工管理是不计成本和不考虑质量的，因此，在计算工程施工生产能力时，除规模和工期外，还必须结合成本目标和质量目标。

4.1.2 求解工程项目施工生产能力面临的现实问题

求解工程施工生产能力所面临的问题是：当得到一份完整的工程设计图纸资料并给定了施工工期后，如何确定应该以怎样的工程施工生产能力来完成施工，使得在按期完成施工任务的同时，成本尽可能地低、质量尽可能地好（或满足目标要求）？

4.1.3 工程施工生产能力计算模型

4.1.3.1 核心工作施工生产能力计算模型

求解工程施工生产能力问题相当于求解一个非线性规划问题。

某核心工作的工程量、持续时间、成本、质量、工程施工生产能力分别以 u、t、c、q、x 表示。

已知条件是：

① 根据确定的设计图纸可计算出工程量 u；

② 根据给定工期，工期分解后得到持续时间 t；

③ 成本函数 $c = f(x)$；

④ 质量函数 $q = g(x)$；

⑤ 给定质量要求 q^0。

核心工作施工生产能力计算模型是：

$$\mathrm{Min}c = f(x)$$
$$\text{s.t.} \quad tx \geqslant u$$
$$x > 0$$

检验条件：$g(x^*) \geqslant q^0$。

由于质量不是一个彻底的、绝对的量化变量（它没有统一的计量单位，实际上人们对质量的认知只是定性认知，还未达到定量认知的境界），只是一个相对的量化指标。而人们对成本的认知是彻底的，它是一个绝对的量化变量，任何产品都可用统一的货币单位计量成本（地区差异有汇率换算）。追求成本最小化是企业永恒的主题。若追求质量最大化，那就是所有工作都达到优良率 100%，这不符合现实要求，也没有必要因此而失去很多成本函数值较优的可行解。因此，成本函数是问题求解的目标函数，质量函数 $\boldsymbol{q_i} = g_i(x_i)$ 仅作为判定条件即可。即，第 i 项工作的 x_i 在 x_i^* 处取得函数 $C_i = f_i(x_i)$ 的最小值 $f_i(x_i^*)$，若函数值 $g_i(x_i^*)$ 满足质量目标要求［比如优良率不小于 85%，$g_i(x_i^*) \geqslant 85\%$］，则 x_i^* 为最优解，否则 x_i^* 不能作为 x_i 的真解，必须重新计算直至 x_i^* 的质量函数值 $g_i(x_i^*)$ 满足检验条件要求时 x_i^* 方可作为可行解。

4.1.3.2　单位工程施工生产能力计算模型

单位工程具有 n 项核心工作 $w_1,w_2,\cdots,w_n$，这 n 项工作的工程量分别是 $u_1,u_2,\cdots,u_n$，持续时间分别是 $t_1,t_2,\cdots,t_n$，成本分别是 $c_1,c_2,\cdots,c_n$，质量分别是 $q_1,q_2,\cdots,q_n$。$x_1,x_2,\cdots,x_n$ 表示这 n 项工作的施工生产能力。单位工程各参数矩阵如下：

$$U_D = \begin{bmatrix} u_1 & & & & 0 \\ & \ddots & & & \\ & & u_i & & \\ & & & \ddots & \\ 0 & & & & u_n \end{bmatrix} \qquad T_D = \begin{bmatrix} t_1 & & & & 0 \\ & \ddots & & & \\ & & t_i & & \\ & & & \ddots & \\ 0 & & & & t_n \end{bmatrix}$$

$$X_D = \begin{bmatrix} x_1 & & & & 0 \\ & \ddots & & & \\ & & x_i & & \\ & & & \ddots & \\ 0 & & & & x_n \end{bmatrix} \qquad C_D = \begin{bmatrix} f(x_1) & & & & 0 \\ & \ddots & & & \\ & & f(x_i) & & \\ & & & \ddots & \\ 0 & & & & f(x_n) \end{bmatrix}$$

$$Q_D = \begin{bmatrix} g(x_1) & & & & 0 \\ & \ddots & & & \\ & & g(x_i) & & \\ & & & \ddots & \\ 0 & & & & g(x_n) \end{bmatrix}$$

已知条件是：

① 已知U_D；

② 已知T_D；

③ 已知各项核心工作成本函数关系$c_i = f(x_i)$，$i=1,2,\cdots,n$；

④ 已知各项核心工作质量函数关系$q_i = g(x_i)$，$i=1,2,\cdots,n$；

⑤ 已给定各项核心工作质量要求q_i^0。

根据上述已知条件求解一个最优（或可行）矩阵：

$$X^*{}_D = \begin{bmatrix} x_1^* & & & & 0 \\ & \ddots & & & \\ & & x_i^* & & \\ & & & \ddots & \\ 0 & & & & x_n^* \end{bmatrix}$$

单位工程施工生产能力的计算模型是：

$$\text{Min}C = \text{Min}\sum_{i=1}^{n} c_i = \text{Min}\sum_{i=1}^{n} f_i(x_i)$$

$$c_i = f_i(x_i)\text{；}\ q_i = g_i(x_i)\text{，}\ i=1,2,\cdots n\text{；}$$

$$\text{s.t.}\quad t_i x_i \geqslant u_i \quad i=1,2,\cdots,n;$$

$$x_i > 0\text{。}$$

检验条件：$g_i(x_i{}^*) \geqslant q_i{}^0$。

其中，x_i^*为第 i 项工作的解，q_i^0 为第 i 项工作质量目标值——可根据现行质量验收标准取定或高于质量验收标准由企业自主设定。

4.2 模型求解

4.2.1 核心工作施工生产能力计算模型求解

4.2.1.1 求解步骤

核心工作施工生产能力指标求解的一般步骤。

（1）确定成本函数

① 计算 x_{ul};

② 计算 x_{u};

③ 确定基准组合模式;

④ 确定幂级数、计算各项系数（常数);

⑤ 计算 x_{d}。

（2）确定质量函数

① 识别质量影响因素;

② 确定质量影响因素权重;

③ 确定幂级数和函数中各项系数（常数)。

（3）计算施工生产能力初（均）值 $x_{\text{p}}(\overline{x})$

① 计算核心工作工程量;

② 计算核心工作持续时间；

③ 计算约束条件等式下的 $x_p(\bar{x})$。

（4）求最优解 x^*或可行解 x^f

（5）质量条件检验

满足条件，结束；不满足条件，返回上一步。

4.2.1.2　求解方法

由于目标函数为非线性函数，想通过简单数学推导求解非线性规划问题是非常困难的。比较可靠而高效的求解方法是：采用运筹学相关应用程序借助计算机求解。当没有应用程序时，可采用图解法和 excel 表格法求解。程序求解法和表格法在此不做讨论，下面介绍图解法。

图解法求解核心工作施工生产能力　图解法是一种简化求解方法，具体步骤如下：

① 计算 x_{ul}、x_u、x_d；

② 计算 $x_p(\bar{x})$；

③ 作出 x 数轴图并注明 x_{ul}、x_u、x_d；

④ 根据 $x_p(\bar{x})$在数轴上所处位置直接判定 x^*或 x^f或无解；

⑤ 质量条件检验。

图解法按人机组合施工和全人工（或机械）两种情况分别讨论。

（1）人机组合施工的核心工作

对于人机组合施工的核心工作，x_{ul}、x_u、x_d大小有 6 种排序。$x_p(\bar{x})$在每种排序数轴上所处位置有 4 种可能，根据 $x_p(\bar{x})$所处位置可判定解的情况，具体图解情况见图 4-1。

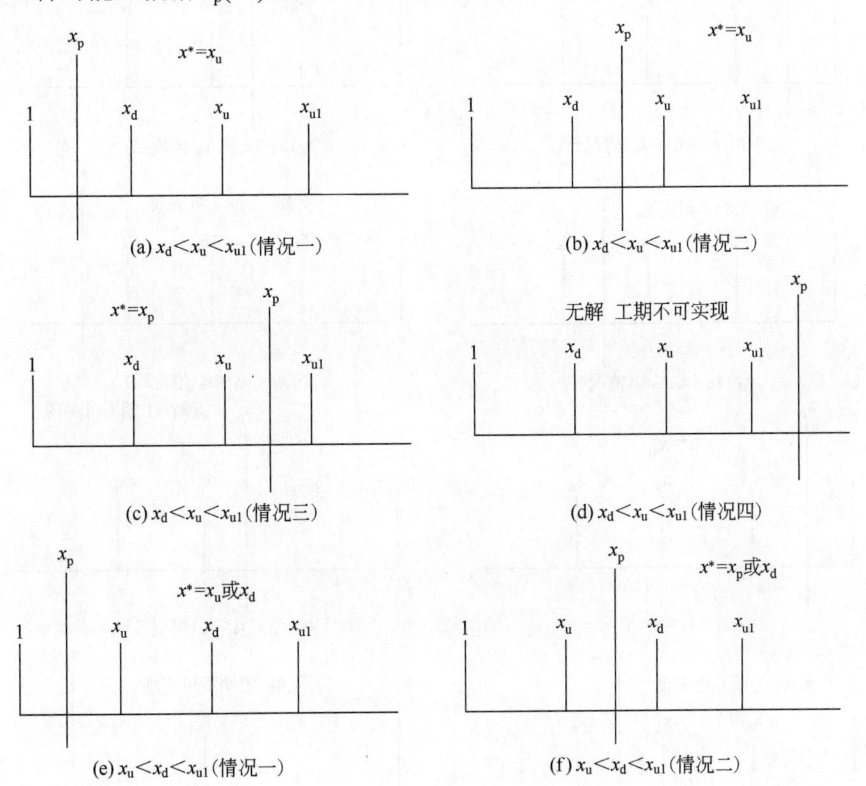

图 4-1

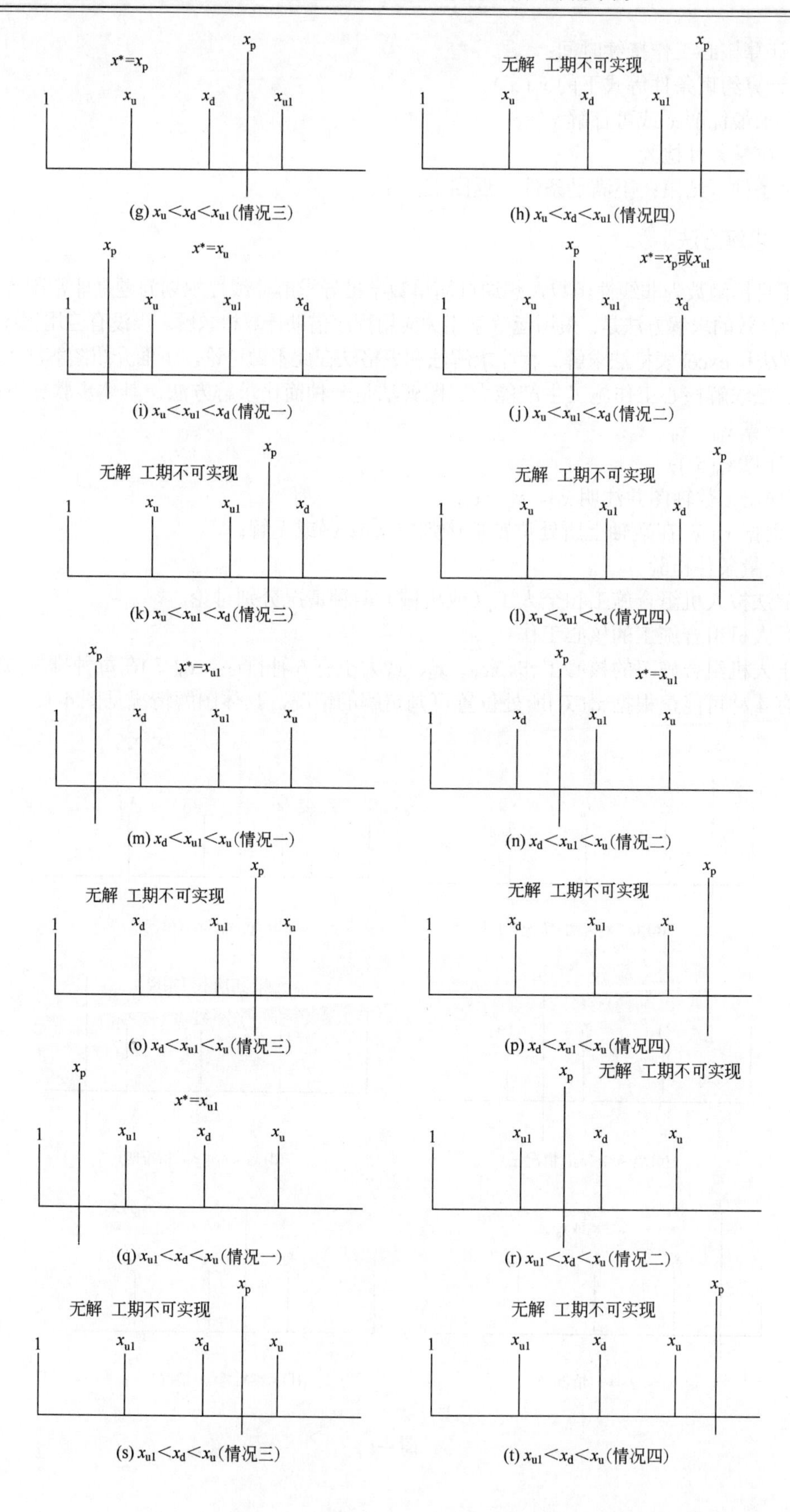

(g) $x_u<x_d<x_{ul}$(情况三)

(h) $x_u<x_d<x_{ul}$(情况四)

(i) $x_u<x_{ul}<x_d$(情况一)

(j) $x_u<x_{ul}<x_d$(情况二)

(k) $x_u<x_{ul}<x_d$(情况三)

(l) $x_u<x_{ul}<x_d$(情况四)

(m) $x_d<x_{ul}<x_u$(情况一)

(n) $x_d<x_{ul}<x_u$(情况二)

(o) $x_d<x_{ul}<x_u$(情况三)

(p) $x_d<x_{ul}<x_u$(情况四)

(q) $x_{ul}<x_d<x_u$(情况一)

(r) $x_{ul}<x_d<x_u$(情况二)

(s) $x_{ul}<x_d<x_u$(情况三)

(t) $x_{ul}<x_d<x_u$(情况四)

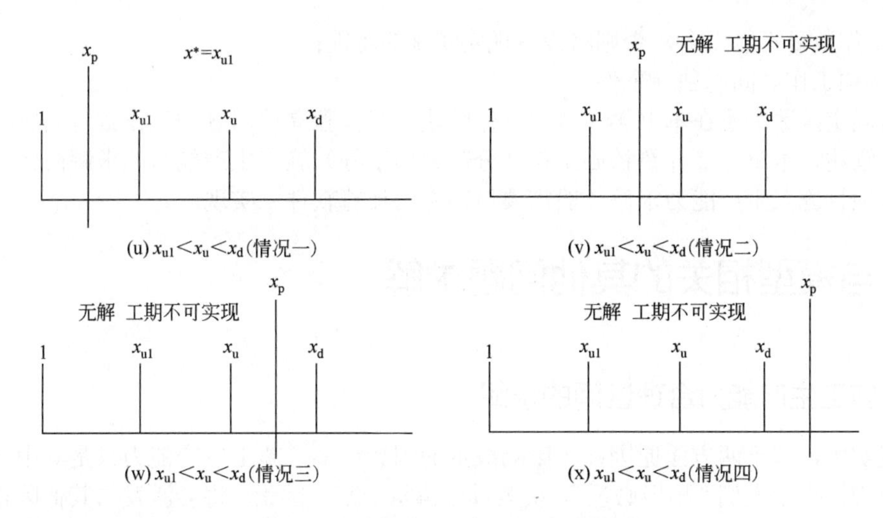

图 4-1　人机组合施工的核心工作图解

（2）全人工（或机械）施工的核心工作

对于全人工（或机械）施工的核心工作，x_{ul}、x_u 大小有 2 种排序，$x_p(\bar{x})$在每种排序数轴上所处位置有 3 种可能，根据 $x_p(\bar{x})$所处位置可判定解的情况。此类图解法见图 4-2。

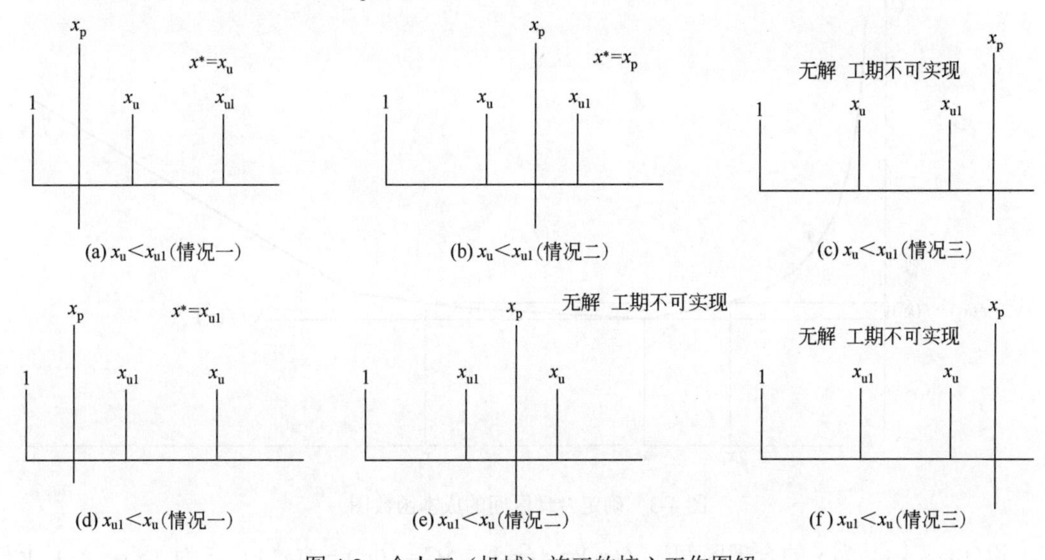

图 4-2　全人工（机械）施工的核心工作图解

4.2.2　单位工程施工生产能力计算模型求解

c 与 x 的函数关系表明，不同工作（分部分项工程）的函数关系可能不同，单位工程模型求解需针对每项工作逐项求解。当单位工程中的 n 项工作为独立事件时，若 c_i 都最小，则 $C=\sum_{i=1}^{n} c_i$ 达到最小。一般情况下，现实中的工程项目的工作数量是非常巨大的，逐项求解将面临现实可实施性问题。

模型求解需同时具备以下条件：

① 成本函数、质量函数是确定的；

② 工作数目不能太多，否则将没有现实实施的可能；

③ 各项工作之间为独立事件。

如何确定函数关系在本书第 3 章中已作阐述，工作独立性问题和工作数量问题将在本书第 5 章中阐述，本章主要介绍核心工作（分部分项工程）施工生产能力的求解问题。单位工程及工程项目施工生产能力求解一般需要借助专门计算软件来实现。

4.3 与模型相关的其他问题求解

4.3.1 施工生产能力合理区间的求解

在现实中，基于两方面原因：①影响成本的因素很多，施工生产能力只是其中之一。多因素变化规律提示人们“物极必反”，决策过分偏执于某一因素，将会激发与其他因素之间的矛盾，反而不利于成本控制。②计划需要有一定弹性，否则计划难以执行，确定一个合理的 x 区间将会更为现实。

从图 4-3 成本函数图可看出，在成本接近 $f(x^*)$时，曲线较为平缓，只要稍稍上浮 C（一个很小的成本变化ΔC），将带来一个很宽的 x 的变化范围。

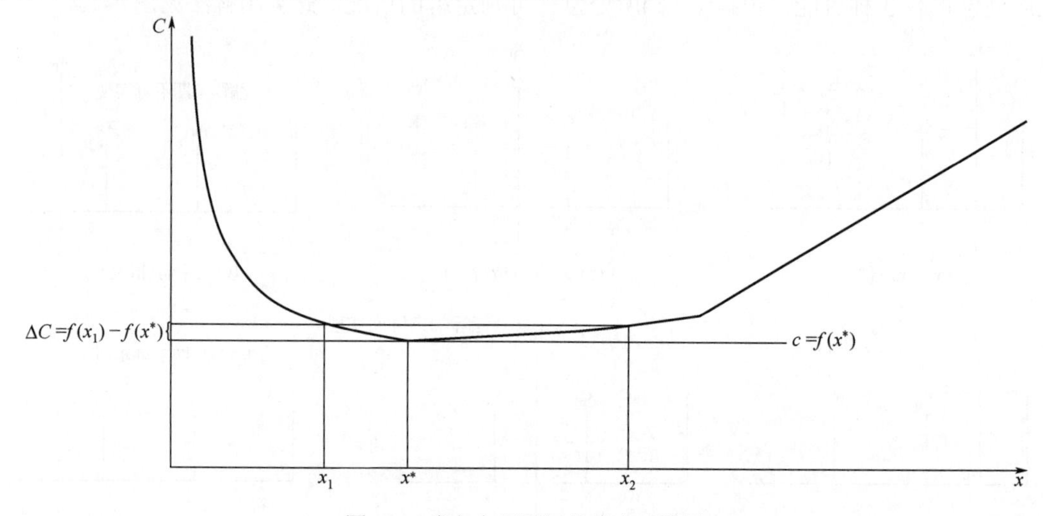

图 4-3 确定合理区间的成本函数图

设（x_1，x_2）为 x 的合理区间，$f(x_1)=f(x_2)$，$\Delta C=f(x_1)-f(x^*)$。ξ 为（x_1，x_2）上任意一点，则该区间应满足的条件是：

① $x_1 \geqslant x_p$；

② ΔC 可接受，$\dfrac{\Delta C}{f(x^*)} \leqslant \varphi$（$\varphi$ 为预先设定值，例如 φ=1%）；

③ $g(\xi) \geqslant q_i^0$（q_i^0 为质量优良率目标值）。

4.3.2 盈亏平衡施工生产能力的确定

从图 4-4 中可看出，合同价将对应两个 x 值 x_3、x_4，当 $x<x_3$，或 $x>x_4$ 时，将会导致该分部分项工程（单价措施项目）亏损，而 x 处于（x_3、x_4）时该分部分项工程有盈利。x_3、x_4

为该项核心工作的施工生产能力盈亏平衡点。

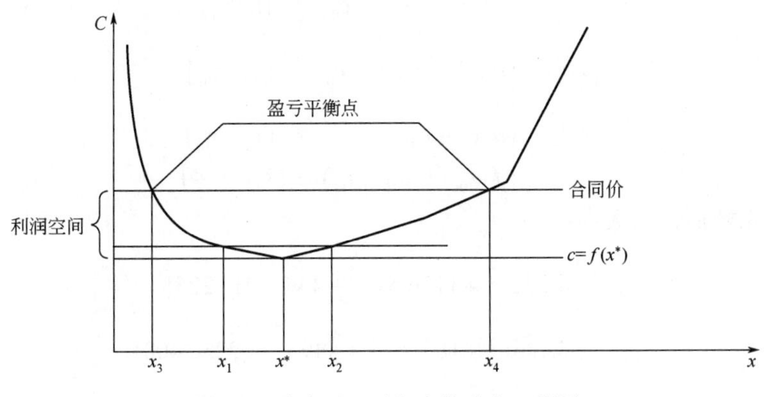

图 4-4　确定盈亏平衡点的成本函数图

4.3.3　利润预期

当确定了 x 的合理区间（x_1，x_2），即计划成本 $C_{计}=f(x_1)=f(x_2)$，则

$$预期利润=合同价-f(x_1)$$

4.4　核心工作施工生产能力指标求解案例

4.4.1　案例资料

某 20 层办公楼（框架剪力墙结构）由某建筑工程公司承建，经计算得到以下基础数据：

① 混凝土浇筑为主体结构工程的核心工作之一，$\bar{x}=300\text{m}^3$/天，混凝土为现拌现浇，在混凝土工程中，有梁板工程量占比最大；

② 该建筑公司内部测算 $x_u=450\text{m}^3$/天；

③ 经过多方面详细测算 $x_{ul}=1000\text{m}^3$/天；

④ 质量优良率不小于 85%。

4.4.2　施工生产能力指标求解

（1）确定成本函数

① 基准组合模式选择

$$M_0(x_0,c_{rg0},c_{jx0},c_0)=(50,83,22,449)$$

按异倍数 2 倍组合模式考虑，对 x_u、x_{ul} 进行换算，$x_u=450/2=225$（m^3/天），$x_{ul}=1000/2=500$（m^3/天）。

② 确定机利法则函数并计算 x_d　选 $n=3$，$\lambda_n=1/2$，机利法则函数为：

$$f_5(x)=5.972x^{\frac{1}{3}}+586.899x^{-\frac{1}{2}}+449$$

经计算 $x_d=400$。

③ 比较 x_d、x_u、x_{ul}，选择适宜函数　$x_u=225$，$x_{ul}=500$，$x_d=400$，$x_u<x_d<x_{ul}$。

函数选择并确定为：

$$f(x)=\begin{cases} a_1x^{\frac{1}{4}}+b_1x^{-\frac{2}{3}}+c_0 & [1,\ x_u] \\ a_2x^{\frac{1}{2}}+b_2x^{-\frac{1}{3}}+c_0 & (x_u,\ x_d] \\ a_3x^{\frac{2}{3}}+c_{01} & (x_d,\ x_{ul}] \\ f(x_{ul})+v(x-x_{ul}) & (x_{ul},\ +\infty) \end{cases}$$

计算相关系数后，函数为：

$$f(x)=\begin{cases} 8.272x^{\frac{1}{4}}+1126.5x^{-\frac{2}{3}}+449 & [1,\ 225] \\ 2.136x^{\frac{1}{2}}+185.2x^{-\frac{1}{3}}+449 & (225,\ 400] \\ 0.787x^{\frac{2}{3}}+474.14 & (400,\ 500] \\ 523.72+0.059776(x-500) & (500,\ +\infty) \end{cases}$$

（2）确定质量函数

① 质量函数为$q=ax^{-\frac{m}{n}}+q_0$，与 x 变化相关的质量影响因素对质量优良率的贡献值$ax^{-\frac{m}{n}}$权重取定为40%，与 x 变化无关的质量影响因素对质量优良率的贡献值 q_0 权重取定为 60%，因质量目标值 $q\geqslant85\%$，即 $q_0\geqslant0.51$，取定 $q_0=0.55$。

② 设定 $x=1$，质量优良率可实现 100%，即 $a=0.4$。

③ $m=1$，$n=22$。

质量函数确定为$q=0.4x^{-\frac{1}{22}}+0.55$。

（3）图解法求解施工生产能力指标

$x_u=450$，$x_{ul}=1000$，$x_d=800$，$x_p=300$，根据本书 4.2.2.1 相关内容，$x^*=x_u=450$。

（4）质量条件检验

$g(x^*)=85.3\%$，满足要求，$x^*=450$ 为该核心工作施工生产能力指标最优解。

第5章

单位工程施工生产能计算

单位工程施工生产能力计算是工程项目施工生产能力计算的关键步骤。根据掌握的基础数据资料，单位工程施工生产能力计算可采用数学模型方法和系数修正法两种方法来实现。数学模型方法需要进行企业现状调查分析、行业现状调查分析、项目属地调查分析、项目内部分析等工作以获取计算必需的基础数据，整个调查和计算过程需要耗费大量的精力和时间，但计算结果相对准确、可靠。系数修正法简单、直观、快捷。修正系数的准确性主要取决于计划编制人对项目的预测（目标态势和目标对施工生产能力的影响）。两种方法都必须进行的一项重要工作是确定单位工程核心工作，核心工作的确定不能随意，需要按照一定的原则，采用科学、可靠的方法来实现。排列图法和综合评分法是目前比较可靠的两种基本方法。

5.1 基本概念定义

（1）备选工作　备选工作指按照计算施工生产能力的 WBS 划分方式划分的，能够包容全部网络计划工作和全部工程量清单工作（每一项网络计划工作或工程量清单工作均可据此进行归类、合并）的工作类别（项目分部分项工程或单价措施项目工程的工作集合）。

（2）核心工作　核心工作指在所有备选工作中，能够比较全面、集中反映项目施工生产能力水平的、在项目施工中极为重要的、并需要按照一定的原则和方法确定的那部分备选工作。

（3）重复性工作　重复性工作指在施工网络计划中，存在这样一些工作，若按施工网络计划 WBS 的划分原则划分，它们都是不同工作，若按计算施工生产能力的 WBS 划分原则划分，它们都属同一备选工作，则称所有的这些工作为重复性工作。重复性工作在网络图中出现的频数称为重复频数。

5.2 单位工程施工生产能力计算的工作程序

如果能获取计算所需的各种基础数据并且计划工作时间充裕，单位工程施工生产能力可采用数学模型方法计算获得。若没有充足时间，获取基础数据困难，单位工程施工生产能力计算只能采用经验系数修正法完成。

5.2.1 数学模型方法的工作程序

数学模型方法计算施工生产能力的工作程序如图 5-1 所示。

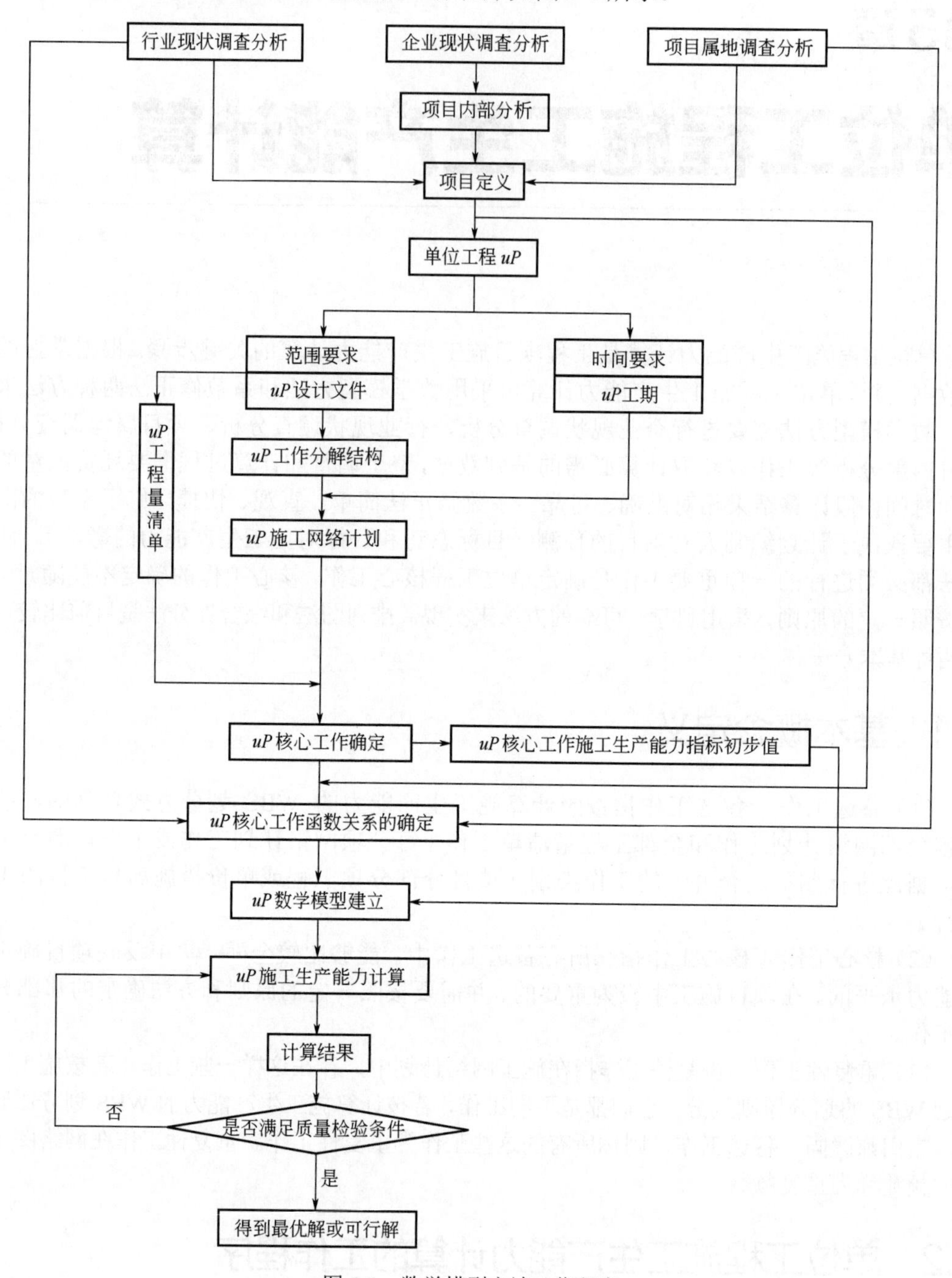

图 5-1 数学模型方法工作程序

5.2.2 经验系数修正方法的工作程序

经验系数修正方法计算施工生产能力的工作程序如图 5-2 所示。

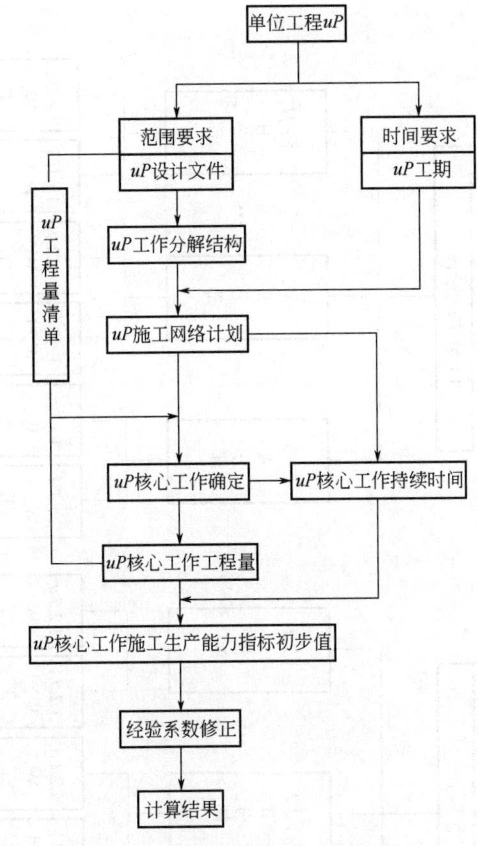

图 5-2　经验系数修正法工作程序

5.3　单位工程工作分解结构

单位工程工作分解结构（WBS）是计算单位工程施工生产能力的基础工作，无论是施工网络计划、工程量清单，还是本书讨论的施工生产能力计算都是建立在 WBS 的基础上完成的。由于施工网络计划、工程量清单、施工生产能力计算等工作活动对单位工程分解最终形成的工作或工作包的要求和侧重点不同，这三项工作活动将分别形成既相互联系又相互区别的三种不同的 WBS。

5.3.1　用于施工网络计划的单位工程 WBS

用于施工网络计划的单位工程 WBS 如图 5-3 所示。

5.3.2　用于工程量清单的单位工程 WBS

用于工程量清单的单位工程 WBS 如图 5-4 所示。

5.3.3　用于施工生产能力计算的单位工程 WBS

用于施工生产能力计算的单位工程 WBS 如图 5-5 所示。

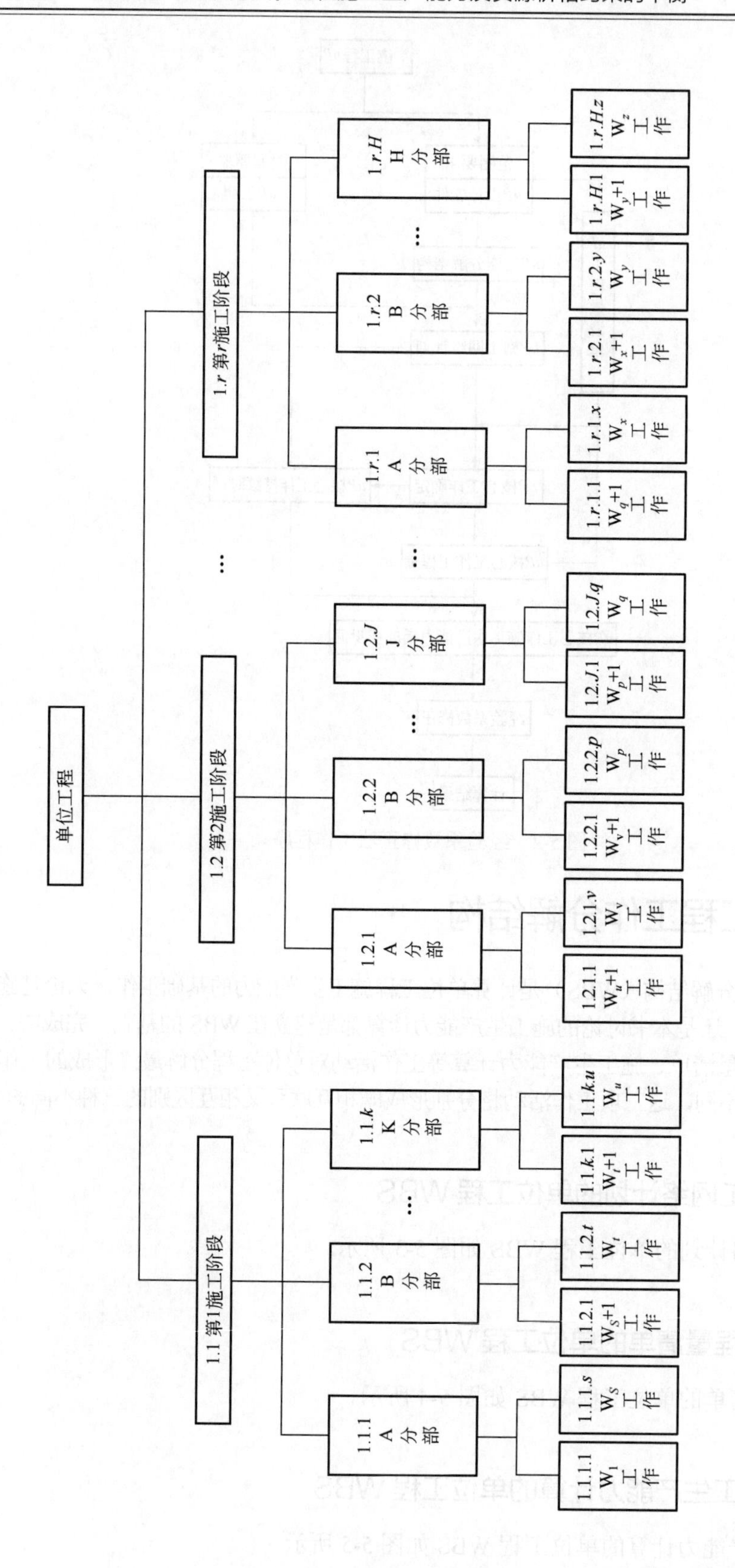

图 5-3 用于施工网络计划的单位工程 WBS

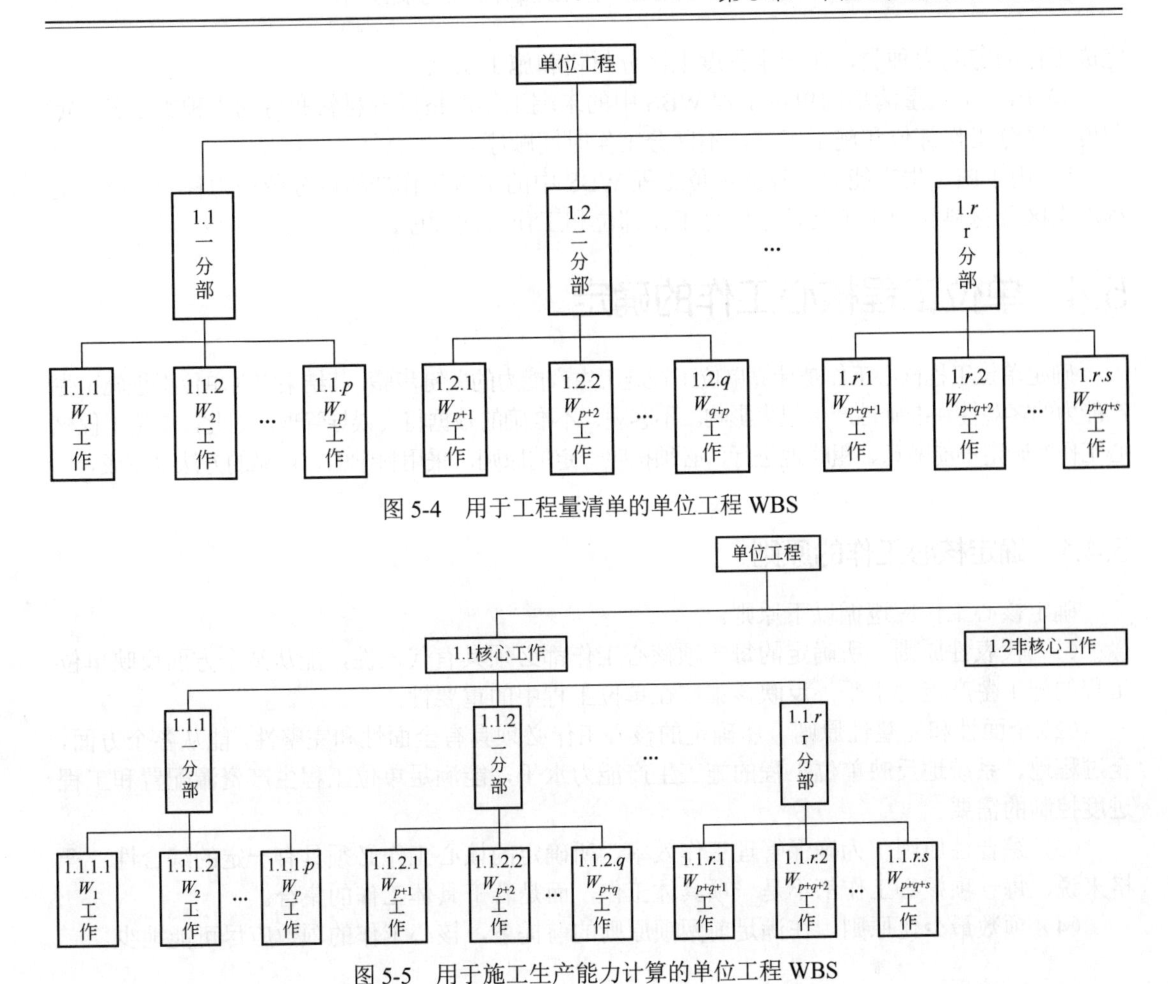

图 5-4　用于工程量清单的单位工程 WBS

图 5-5　用于施工生产能力计算的单位工程 WBS

5.3.4　三种工作分解结构的共同点

图 5-3 是用于施工网络计划的单位工程 WBS，它强调工作活动的时间顺序、工序搭接；图 5-4 是用于工程量清单的单位工程 WBS，它是根据现行工程量清单计价规范制定的，主要侧重于满足确定单位工程造价的需要；图 5-5 是用于施工生产能力计算的单位工程 WBS，它是根据施工生产资源配置和工程进度控制的需要，在前两种 WBS 的基础上，按照一定的方法和原则确定的 WBS，它强调工作活动所需的工种、工艺和材料。这三种 WBS 的共同点是：

（1）都是针对同一单位工程的最终项目产品进行的工作分解结构；

（2）都遵循 100%原则；

（3）都以“分部工程”为中间划分层次；

（4）最低层次的工作（或称末端工作）均严格区分完成该项工作所需的劳动力种类。

5.3.5　三种工作分解结构的区别

（1）划分层次的数量及内容不同。

（2）三种 WBS 中的末端工作是截然不同的

① 用于施工网络计划的单位工程 WBS 中的末端工作严格区分工作部位、工作时间顺序、

完成工作的劳动力种类，在一定程度上区分材料和施工工艺。

② 用于工程量清单的单位工程 WBS 中的末端工作严格区分材料和劳动力种类，在一定程度上区分工作部位和施工工艺，不区分工作时间顺序。

③ 用于施工生产能力计算的单位工程 WBS 中的末端工作严格区分劳动力种类，在一定程度上区分材料和施工工艺，不区分工作部位和工作时间顺序。

5.4 单位工程核心工作的确定

确定单位工程核心工作是计算单位工程施工生产能力的关键步骤，其结果将对单位工程施工生产能力的客观性和准确性产生很大影响。不客观、不准确的数据将会误导管理，因此，单位工程核心工作的确定不能随意、粗略地进行，必须按照一定的原则，采用科学的、可靠的方法来完成。

5.4.1 确定核心工作的原则

确定核心工作应遵循以下原则。

（1）代表性原则　所确定的每一项核心工作都必须具有代表性，能从某个方面反映单位工程的施工生产能力水平，反映该工作在单位工程中的重要性。

（2）全面性和完整性原则　所确定的核心工作必须具有全面性和完整性，能从各个方面，全过程地、系统地反映单位工程的施工生产能力水平，能满足单位工程生产资源配置和工程进度控制的需要。

（3）综合性原则　为确保管理工作效率，所确定的核心工作必须具有一定的综合性。严格来说，每一项核心工作都不是一项具体工作，而是若干具体工作的集合。

（4）项数最少化原则　在满足前两项原则的前提下，核心工作的项数应尽可能地少。

5.4.2 确定核心工作的方法

确定核心工作有两类基本方法，即排列图法和综合评分法。

5.4.2.1 排列图法

对于工程施工来说，一项工作的重要性可以从重复频数、持续时间、工程量（工程量大小可通过成本反映）、成本等方面来衡量，因此，利用多种排列图来确定核心工作可成为确定核心工作的基本方法。

（1）重复频数排列图　根据单位工程施工网络图，分别确定所有备选工作并统计其重复频数，然后作出备选工作重复频数排列图，根据帕累托法则，累计频率为 0～80%的所有备选工作为准核心工作。

（2）持续时间排列图　根据单位工程施工网络图，分别确定所有备选工作并统计计算其持续时间（所有重复性工作的持续时间之和）、计算持续时间比率（备选工作持续时间与累计总持续时间之比）及累计持续时间比率（按排列图中的顺序累计计算的持续时间比率之和）， 然后做出备选核心工作持续时间排列图，累计持续时间比率为 0～80%的备选工作为准核心工作。

（3）成本排列图　根据单位工程工程量清单计价表，分别确定所有备选工作并统计计算其成本（所有重复性工作的成本之和）、计算累计总成本（所有备选工作成本之和）、成本比率（备选工作成本与累计总成本之比）及累计成本比率（按排列图中的顺序累计计算的成本比率之和)，然后作出备选工作成本排列图，累计成本比率为 0～80%的备选工作为准核心工作。

成本排列图法中的备选工作成本是一个广义的概念，它可指工程量清单计价表中的综合合价，也可指完成该项工作的直接工程费成本（人工费+机械费+材料费），还可指完成该项工作的劳动力成本（即人工费）、人机费成本（人工费与机械费之和）。在实际应用中具体选用哪种成本来确定核心工作，取决于是否采用数学模型方法计算施工生产能力。若采用数学模型方法计算施工生产能力则用单位成本（需要区分人工费、机械费及其他成本）及合价成本。若采用经验系数修正法则用劳动力成本或人机费成本更为可靠和准确。

（4）准核心工作组合　将上述三种排列图所得的准核心工作进行组合即可得到单位工程核心工作。组合方式分为交集组合，并集组合和交、并混合三类。

交集组合指最终确定的单位工程核心工作是上述三类准核心工作的交集。交集组合强调突出重点，抓主要问题。

并集组合指最终确定的单位工程核心工作是上述三类准核心工作的并集。并集组合强调全面，统筹兼顾。

在实际应用中交集组合和并集组合各有利弊，根据需要还可采用上述三类准核心工作的交集、并集混合确定。

5.4.2.2　综合评分法

综合评分法是通过计算所有备选工作的综合得分来选定核心工作的一种方法。其计算过程可用表 5-1 来描述。

表 5-1　综合评分法确定核心工作

序号	备选工作名称	重复频数				持续时间				成本				综合得分	排名	备注
		重复频数权重	重复频数	重复频数所占比率	重复频数得分	持续时间权重	持续时间	持续时间所占比率	持续时间得分	成本权重	成本	成本所占比率	成本得分			

说明：①重复频数权重=0.2，持续时间权重=0.3，成本权重=0.5。

②重复频数所占比率=该工作重复频数/网络图工作总数，重复频数得分=重复频数权重×重复频数所占比率×100。

③持续时间所占比率=该工作持续时间/所有工作持续时间累计，持续时间得分=持续时间权重×持续时间所占比率×100。

④成本所占比率=该工作成本/单位工程成本，成本得分=成本权重×成本所占比率×100（成本最好采用人机费成本）。

⑤综合得分=重复频数得分+持续时间得分+成本得分。

⑥核心工作确定结果：排名 1～n 的备选工作为核心工作。

5.5　数学模型方法的基础工作

5.5.1　企业现状调查分析

5.5.1.1　调查目的

根据调查结果，通过分析计算，达到以下目的：

（1）确定规模经济与规模不经济的分界点 x_u；

（2）确定规模经济的分数幂级数（n 或 m）；

（3）确定规模不经济的分数幂级数（n 或 m）。

5.5.1.2 调查的主要内容

（1）企业现有可投入项目的机械设备及运行状况，可实现的生产能力、成本、质量及其评价。

（2）企业现有可投入项目的周转材料及完好状况，可实现的生产能力、成本、质量及其评价。

（3）企业现有可投入项目的劳动力，可实现的生产能力、成本、质量及其评价。

（4）企业现有可投入项目的启动资金（流动资金）。

（5）企业需要投资购买的机械设备（周转材料）及投资额，新设备（周转材料）可实现的生产能力、成本、质量及其评价。

（6）企业需要租赁的机械设备（周转材料）及租赁费用，所租设备（周转材料）可实现的生产能力、成本、质量及其评价。

（7）企业需向外引进的劳动力种类及数量，新进劳动力可实现的生产能力、成本及其评价。

（8）企业需向外融资的资金数量及相应的筹资费用、资金成本。

（9）其他。

5.5.2 行业现状调查分析

5.5.2.1 调查目的

根据调查结果，通过分析计算，达到以下目的：

（1）确定基准组合模式（作业方式）并确定其参数向量；

（2）确定机利法则中分数幂级数（n 和 λ_n）；

（3）确定函数中各项系数。

5.5.2.2 调查的主要内容

调查应针对每项核心工作分别进行，包含以下主要内容。

（1）行业最先进的生产设备及其组合模式（作业方式）和适用条件，该设备购买和租赁价格，该组合模式（作业方式）可实现的生产能力、成本、质量及评价。

（2）行业平均水平的生产设备及其组合模式（作业方式）和适用条件，该设备购买和租赁价格，该组合模式（作业方式）可实现的生产能力、成本、质量及评价。

（3）行业较落后的生产设备及其组合模式（作业方式）和适用条件，该设备购买和租赁价格，该组合模式（作业方式）可实现的生产能力、成本、质量及评价。

（4）其他。

5.5.3 项目属地调查分析

5.5.3.1 调查目的

根据调查结果，结合项目分析及行业分析，达到以下目的：

（1）确定较大项目材料价格上涨法则中的分数幂级数 k；

（2）确定 x 的约束上限 x_{ul2}。

5.5.3.2 调查的主要内容

（1）工程所需主要材料调查（潜在供货商、供货能力、价格、质量、信誉等）。

（2）工程所需周转材料调查（潜在销售商和租赁商、供货能力、价格、质量、信誉等）。

（3）工程需要购买或租赁的设备调查（潜在销售商和租赁商、供货能力、价格、质量、信誉等）。

（4）劳动力市场调查（潜在劳务供应商、供应能力、价格、质量、信誉等）。

（5）行政管理相关政策调查。

（6）财务管理相关调查。

（7）其他。

5.5.4 项目内部分析及项目定义

5.5.4.1 项目内部分析

对于项目管理的项目分析来说，需要分析的内容很多，在此只讨论与计算施工生产能力相关的内容。

（1）分析目的　通过对项目的分析计算，要达到的目的是：确定 x 的约束上限 x_{ul1} 或 x_{ul1a} 以及各项核心工作适宜的组合模式（作业方式）。

（2）分析的主要内容

① 根据设计文件，分别计算各项核心工作的最大作业区域的工程量、最小作业区域的工程量、通常（多数）情况下作业区域的工程量。

② 结合行业调查结果及可能的施工方案计算 x 的约束上限 x_{ul1} 或 x_{ul1a}。

③ 结合行业调查结果确定适宜的组合模式（作业方式）。

④ 其他。

5.5.4.2 项目定义

对于项目管理来说，项目定义内涵十分广泛，在此只涉及与计算施工生产能力相关的含义。即项目类别的确定：一般项目、较大项目、巨大项目。

5.6 单位工程施工生产能力计算

5.6.1 数学模型方法

按第四章的方法和步骤对单位工程所包含的全部核心工作逐项计算，汇总后即可得到单位工程施工生产能力。

5.6.2 经验系数修正方法

5.6.2.1 计算公式

$$x_k=\gamma_k x_{pk}=\gamma_{qk}\gamma_{ck}x_{pk}(k=1,2,\cdots,n)$$

式中　x_k ——第 k 项核心工作的施工生产能力指标；

γ_k ——第 k 项核心工作综合修正系数；

x_{pk} ——第 k 项核心工作的施工生产能力指标初步值；

γ_{qk} ——第 k 项核心工作质量目标修正系数；

γ_{ck} ——第 k 项核心工作成本目标修正系数；

n ——该项目有 n 项核心工作。

5.6.2.2　成本目标的修正

成本目标修正系数 γ_{ck} 的取值取决于成本目标态势及目标对施工生产能力的影响。成本目标态势分为乐观型、一般型和悲观型三类。乐观型：目标容易实现；一般型：目标实现有一定难度，但难度不大；悲观型：目标实现有较大难度。成本目标对施工生产能力的影响分为三类：几乎无影响、影响较小、有一定影响。成本目标修正系数 γ_{ck} 可按表 5-2 取值。

表 5-2　成本目标修正系数 γ_{ck} 取值

目标对 x 的影响类型 \ γ_{ck} 取值 \ 目标态势类型	乐观型	一般型	悲观型
几乎无影响	1～1.01	1.02～1.05	1.05～1.1
影响较小	1.02～1.05	1.06～1.1	1.11～1.2
有一定影响	1.06～1.1	1.11～1.2	1.21～1.3

5.6.2.3　质量目标的修正

与成本目标的修正类似，质量目标修正系数 γ_{qk} 可按表 5-3 取值。

表 5-3　质量目标修正系数 γ_{qk} 取值

目标对 x 的影响类型 \ γ_{qk} 取值 \ 目标态势类型	乐观型	一般型	悲观型
几乎无影响	1～1.01	1.01～1.02	1.03～1.04
影响较小	1.02～1.03	1.03～1.04	1.05～1.06
有一定影响	1.03～1.04	1.05～1.06	1.07～1.08

5.7　单位工程施工生产能力计算举例

5.7.1　单位工程基础资料

单位工程分三个施工阶段，计划工期 136 天。第一阶段的施工网络计划如图 5-6 所示，计划工期 34 天；第二阶段的施工网络计划如图 5-7 所示，计划工期 47 天；第三阶段的施工网络计划如图 5-8 所示，计划工期 55 天。该单位工程的工程量清单计价如表 5-4 所示。网络

图中的工作用 W_{wl} 表示，持续时间用 t_{wl} 表示，工程量清单中的工作用 W_{qd} 表示，备选工作用 W_{bx} 表示，核心工作用 W_{hx} 表示。

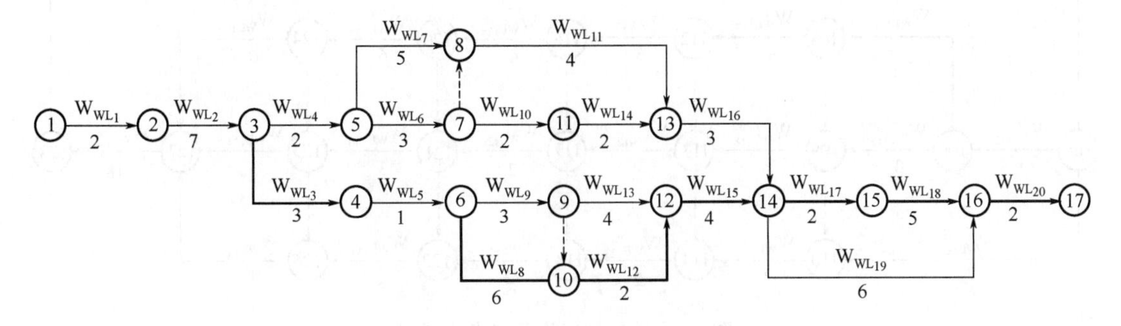

图 5-6　第一施工阶段网络计划图

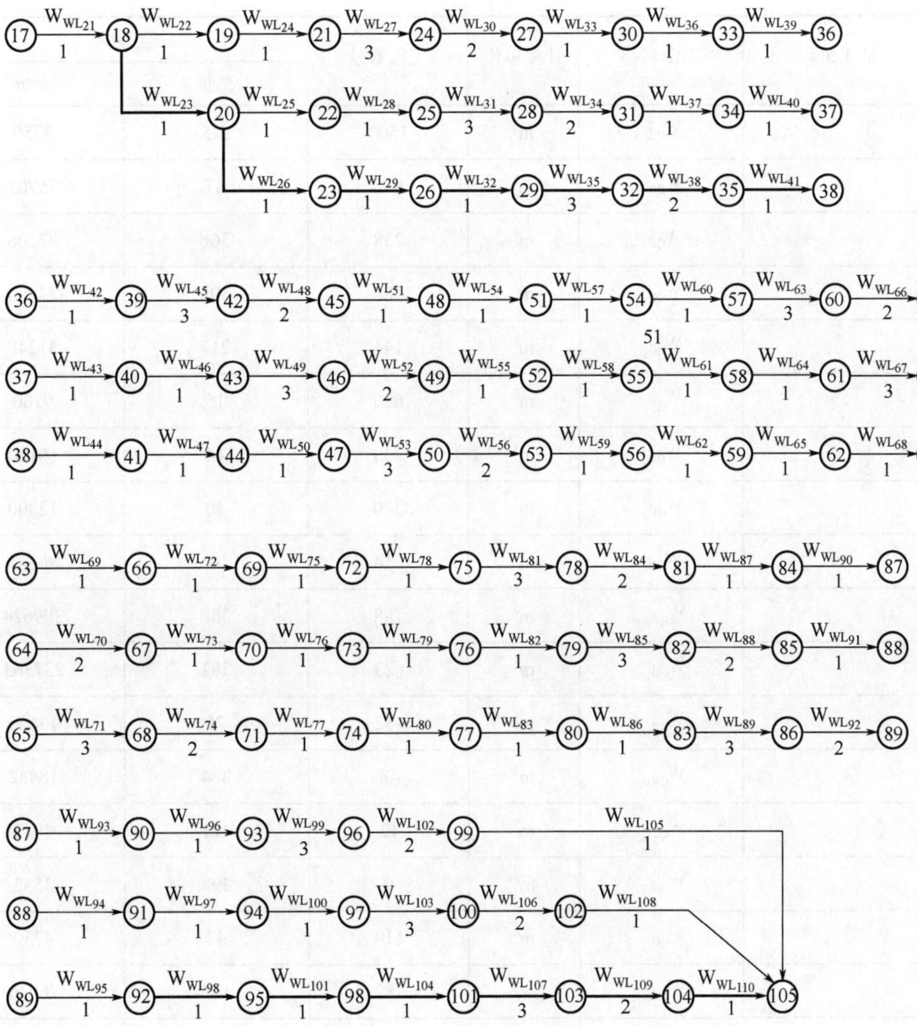

17 W_{WL21} 1 → 18 W_{WL22} 1 → 19 W_{WL24} 1 → 21 W_{WL27} 3 → 24 W_{WL30} 2 → 27 W_{WL33} 1 → 30 W_{WL36} 1 → 33 W_{WL39} 1 → 36

18 W_{WL23} 1 → 20 W_{WL25} 1 → 22 W_{WL28} 1 → 25 W_{WL31} 3 → 28 W_{WL34} 2 → 31 W_{WL37} 1 → 34 W_{WL40} 1 → 37

20 W_{WL26} 1 → 23 W_{WL29} 1 → 26 W_{WL32} 1 → 29 W_{WL35} 3 → 32 W_{WL38} 2 → 35 W_{WL41} 1 → 38

36 W_{WL42} 1 → 39 W_{WL45} 3 → 42 W_{WL48} 2 → 45 W_{WL51} 1 → 48 W_{WL54} 1 → 51 W_{WL57} 1 → 54 W_{WL60} 1 → 57 W_{WL63} 3 → 60 W_{WL66} 2 → 63

51

37 W_{WL43} 1 → 40 W_{WL46} 1 → 43 W_{WL49} 3 → 46 W_{WL52} 2 → 49 W_{WL55} 1 → 52 W_{WL58} 1 → 55 W_{WL61} 1 → 58 W_{WL64} 1 → 61 W_{WL67} 3 → 64

38 W_{WL44} 1 → 41 W_{WL47} 1 → 44 W_{WL50} 1 → 47 W_{WL53} 3 → 50 W_{WL56} 2 → 53 W_{WL59} 1 → 56 W_{WL62} 1 → 59 W_{WL65} 1 → 62 W_{WL68} 1 → 65

63 W_{WL69} 1 → 66 W_{WL72} 1 → 69 W_{WL75} 1 → 72 W_{WL78} 1 → 75 W_{WL81} 3 → 78 W_{WL84} 2 → 81 W_{WL87} 1 → 84 W_{WL90} 1 → 87

64 W_{WL70} 2 → 67 W_{WL73} 1 → 70 W_{WL76} 1 → 73 W_{WL79} 1 → 76 W_{WL82} 1 → 79 W_{WL85} 3 → 82 W_{WL88} 2 → 85 W_{WL91} 1 → 88

65 W_{WL71} 3 → 68 W_{WL74} 2 → 71 W_{WL77} 1 → 74 W_{WL80} 1 → 77 W_{WL83} 1 → 80 W_{WL86} 1 → 83 W_{WL89} 3 → 86 W_{WL92} 2 → 89

87 W_{WL93} 1 → 90 W_{WL96} 1 → 93 W_{WL99} 3 → 96 W_{WL102} 2 → 99 W_{WL105} 1 → 105

88 W_{WL94} 1 → 91 W_{WL97} 1 → 94 W_{WL100} 1 → 97 W_{WL103} 3 → 100 W_{WL106} 2 → 102 W_{WL108} 1 → 105

89 W_{WL95} 1 → 92 W_{WL98} 1 → 95 W_{WL101} 1 → 98 W_{WL104} 1 → 101 W_{WL107} 3 → 103 W_{WL109} 2 → 104 W_{WL110} 1 → 105

图 5-7　第二施工阶段网络计划图

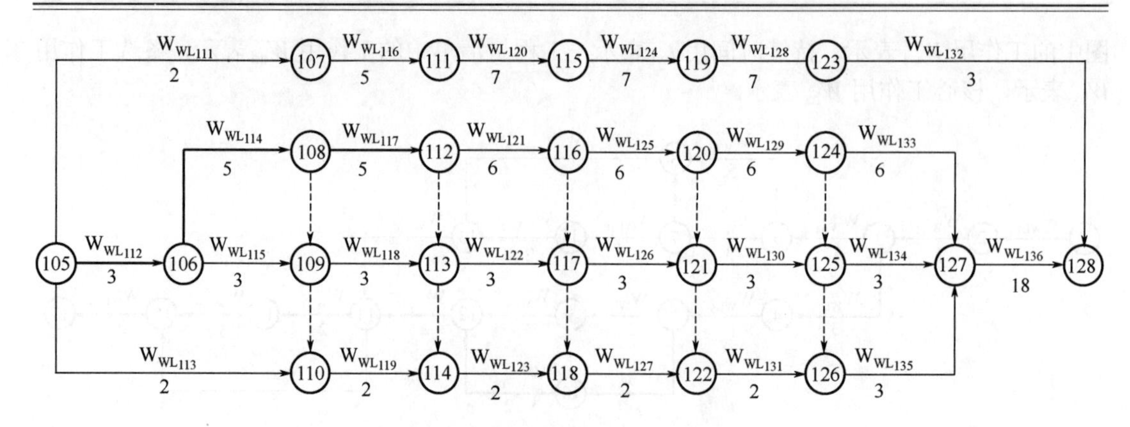

图 5-8 第三施工阶段网络计划图

表 5-4 单位工程工程量清单计价表

序号	清单编码	工作名称	计量单位	工程数量	金额/元	
					单价	合价
1		W_{qd_1}	m^2	1500	2.5	3750
2		W_{qd_2}	m^3	965	37	35705
3		W_{qd_3}	m^3	238	366	87108
4		W_{qd_4}	m^3	188	395	74260
5		W_{qd_5}	m^3	144	217	31248
6		W_{qd_6}	m^2	620	15	9300
7		W_{qd_7}	m^3	230	44	10120
8		W_{qd_8}	m^3	320	40	12800
9		W_{qd_9}	m^3	214	406	86884
10		$W_{qd_{10}}$	m^3	798	388	309624
11		$W_{qd_{11}}$	m^3	623	381	237363
12		$W_{qd_{12}}$	m^2	182	75	13650
13		$W_{qd_{13}}$	m^3	48	384	18432
14		$W_{qd_{14}}$	m^3	12	401	4812
15		$W_{qd_{15}}$	m^3	9	398	3582
16		$W_{qd_{16}}$	m^2	110	43	4730
17		$W_{qd_{17}}$	m	182	148	26936
18		$W_{qd_{18}}$	t	162	5800	939600
19		$W_{qd_{19}}$	t	210	5200	1092000

续表

序号	清单编码	工作名称	计量单位	工程数量	金额/元	
					单价	合价
20		$W_{qd_{20}}$	m^3	410	256	104960
21		$W_{qd_{21}}$	m^3	1324	240	317760
22		$W_{qd_{22}}$	m^2	1320	68	89760
23		$W_{qd_{23}}$	m^3	128	285	36480
24		$W_{qd_{24}}$	m^2	6200	12	74400
25		$W_{qd_{25}}$	m^2	18900	13	245700
26		$W_{qd_{26}}$	m^2	7200	14	100800
27		$W_{qd_{27}}$	m^2	11640	10	116400
28		$W_{qd_{28}}$	m^2	182	24	4368
29		$W_{qd_{29}}$	m^3	238	47	11186
30		$W_{qd_{30}}$	m^3	188	200	37600
31		$W_{qd_{31}}$	m^3	214	270	57780
32		$W_{qd_{32}}$	m^3	798	275	219450
33		$W_{qd_{33}}$	m^3	623	208	129584
34		$W_{qd_{34}}$	m^3	182	12	2184
35		$W_{qd_{35}}$	m^3	48	160	7680
36		$W_{qd_{36}}$	m^3	12	485	5820
37		$W_{qd_{37}}$	m^3	9	280	2520
		合计				4566336

5.7.2　确定单位工程核心工作

（1）重复频数排列图

① 识别网络图中的重复性工作，确定备选工作

a．在第一施工阶段网络图中：

W_{wL_1} 无重复性工作，记其归入的备选工作为 W_{bx_1}，重复频数为1；

W_{wL_2}、W_{wL_3} 为重复性工作，记其归入的备选工作为 W_{bx_2}，重复频数为2；

W_{wL_4}、W_{wL_5}、$W_{wL_{12}}$、$W_{wL_{14}}$、$W_{wL_{16}}$ 为重复性工作，记其归入的备选工作为 W_{bx_3}，重复频数为 5；

$W_{wL_{15}}$ 无重复性工作，记其归入的备选工作为 W_{bx_4}，重复频数为 1；

$W_{wL_{16}}$ 无重复性工作，记其归入的备选工作为 W_{bx_5}，重复频数为 1；

W_{wL_6}、W_{wL_9} 为重复性工作，记其归入的备选工作为 W_{bx_9}，重复频数为 2；

W_{wL_7}、W_{wL_8}、$W_{wL_{10}}$、$W_{wL_{11}}$、$W_{wL_{13}}$ 为重复性工作，记其归入的备选工作为 $W_{bx_{12}}$，重复频数为 5；

$W_{wL_{18}}$、$W_{wL_{19}}$、$W_{wL_{20}}$ 为重复性工作，记其归入的备选工作为 W_{bx_6}，重复频数为 3；

b．在第二施工阶段网络图中：

$W_{wL_{21}}$、$W_{wL_{23}}$、$W_{wL_{26}}$、$W_{wL_{30}}$、$W_{wL_{34}}$、$W_{wL_{36}}$、$W_{wL_{38}}$、$W_{wL_{40}}$、$W_{wL_{44}}$、$W_{wL_{48}}$、$W_{wL_{52}}$、$W_{wL_{54}}$、$W_{wL_{56}}$、$W_{wL_{58}}$、$W_{wL_{62}}$、$W_{wL_{66}}$、$W_{wL_{70}}$、$W_{wL_{72}}$、$W_{wL_{74}}$、$W_{wL_{76}}$、$W_{wL_{80}}$、$W_{wL_{84}}$、$W_{wL_{88}}$、$W_{wL_{90}}$、$W_{wL_{92}}$、$W_{wL_{94}}$、$W_{wL_{98}}$、$W_{wL_{102}}$、$W_{wL_{106}}$、$W_{wL_{109}}$ 为重复性工作，且与第一施工阶段中的 W_{wL_6} 等工作为重复性工作，其应归入的备选工作为 W_{bx_9}，本阶段内的重复频数为 30；

$W_{wL_{22}}$、$W_{wL_{25}}$、$W_{wL_{27}}$、$W_{wL_{29}}$、$W_{wL_{31}}$、$W_{wL_{35}}$、$W_{wL_{39}}$、$W_{wL_{43}}$、$W_{wL_{45}}$、$W_{wL_{47}}$、$W_{wL_{49}}$、$W_{wL_{53}}$、$W_{wL_{57}}$、$W_{wL_{61}}$、$W_{wL_{63}}$、$W_{wL_{65}}$、$W_{wL_{67}}$、$W_{wL_{71}}$、$W_{wL_{75}}$、$W_{wL_{79}}$、$W_{wL_{81}}$、$W_{wL_{83}}$、$W_{wL_{85}}$、$W_{wL_{89}}$、$W_{wL_{93}}$、$W_{wL_{97}}$、$W_{wL_{99}}$、$W_{wL_{101}}$、$W_{wL_{103}}$、$W_{wL_{107}}$、$W_{wL_{109}}$ 为重复性工作，且与第一施工阶段中的 W_{wL_7} 等工作为重复性工作，其应归入的备选工作为 $W_{bx_{12}}$，本阶段内的重复频数为 30；

$W_{wL_{24}}$、$W_{wL_{28}}$、$W_{wL_{32}}$、$W_{wL_{33}}$、$W_{wL_{37}}$、$W_{wL_{41}}$、$W_{wL_{42}}$、$W_{wL_{46}}$、$W_{wL_{50}}$、$W_{wL_{51}}$、$W_{wL_{55}}$、$W_{wL_{59}}$、$W_{wL_{60}}$、$W_{wL_{64}}$、$W_{wL_{68}}$、$W_{wL_{69}}$、$W_{wL_{73}}$、$W_{wL_{77}}$、$W_{wL_{78}}$、$W_{wL_{82}}$、$W_{wL_{86}}$、$W_{wL_{87}}$、$W_{wL_{91}}$、$W_{wL_{95}}$、$W_{wL_{96}}$、$W_{wL_{100}}$、$W_{wL_{104}}$、$W_{wL_{105}}$、$W_{wL_{108}}$、$W_{wL_{110}}$ 为重复性工作，且与第一施工阶段中的 W_{wL_4} 等工作为重复性工作，其应归入的备选工作为 W_{bx_3}，本阶段内的重复频数为 30；

c．在第三施工阶段网络图中：

$W_{wL_{112}}$、$W_{wL_{114}}$、$W_{wL_{117}}$、$W_{wL_{121}}$、$W_{wL_{125}}$、$W_{wL_{129}}$、$W_{wL_{133}}$ 为重复性工作，且与第一施工阶段中的 $W_{wL_{15}}$ 为重复性工作，其应归入的备选工作为 W_{bx_4}，本阶段内的重复频数为 7；

$W_{wL_{111}}$、$W_{wL_{115}}$、$W_{wL_{118}}$、$W_{wL_{119}}$、$W_{wL_{122}}$、$W_{wL_{123}}$、$W_{wL_{126}}$、$W_{wL_{128}}$、$W_{wL_{130}}$、$W_{wL_{131}}$、$W_{wL_{132}}$、$W_{wL_{134}}$、$W_{wL_{135}}$、$W_{wL_{136}}$ 为重复性工作，且与第一施工阶段中的 $W_{wL_{17}}$ 为重复性工作，其应归入的备选工作为 W_{bx_5}，本阶段内的重复频数为 14；

$W_{wL_{113}}$ 无重复性工作，但其与第一施工阶段中的 W_{wL_4} 等工作为重复性工作，其应归入的备选工作为 W_{bx_3}，在本阶段内的重复频数为 1；

$W_{wL_{116}}$ 无重复性工作，记其归入的备选工作为 $W_{bx_{10}}$，重复频数为 1；

$W_{wL_{120}}$ 无重复性工作，记其归入的备选工作为 $W_{bx_{11}}$，重复频数为 1；

$W_{wL_{124}}$ 无重复性工作，记其归入的备选工作为 W_{bx_7}，重复频数为 1；

$W_{wL_{128}}$ 无重复性工作，记其归入的备选工作为 W_{bx_8}，重复频数为 1。

将 a、b、c 所得识别结果整理、汇总可得表 5-5 所示的单位工程备选工作及其重复频数表。

表 5-5　单位工程备选工作及其重复频数统计表

备选工作	W_{bx_1}	W_{bx_2}	W_{bx_3}	W_{bx_4}	W_{bx_5}	W_{bx_6}	W_{bx_7}	W_{bx_8}	W_{bx_9}	$W_{bx_{10}}$	$W_{bx_{11}}$	$W_{bx_{12}}$
重复频数	1	2	36	8	15	3	1	1	32	1	1	35

② 作备选工作重复频数排列图　根据重复频数统计表，可作图 5-9 所示的备选工作重复频数排列图。根据排列图，累计频率为 0～80%的备选工作为准核心工作，准核心工作是 W_{bx_3}、$W_{bx_{12}}$、W_{bx_9}、W_{bx_5} 四项工作，对应地分别记为 W_{hx_1}、W_{hx_2}、W_{hx_3}、W_{hx_4}。

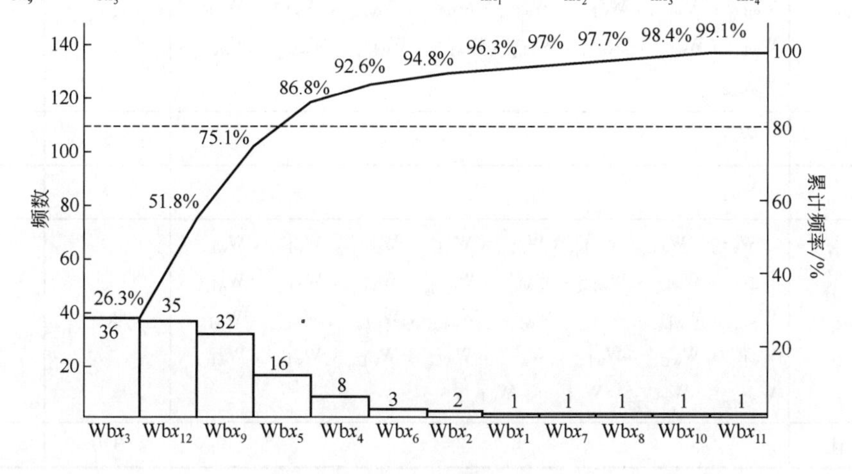

图 5-9　备选工作重复频数排列图

（2）持续时间排列图

① 识别网络图中的重复性工作，确定备选工作　该步骤与重复频数排列图法完全相同。只不过，关注参数由重复频数变为持续时间。

② 统计计算各备选工作的持续时间、持续时间比率、累计持续时间比率　备选工作的持续时间、持续时间比率的统计计算可通过表 5-6 来完成。

表 5-6　单位工程备选工作持续时间统计计算表

序号	备选工作	所包含的网络图中的工作	持续时间/天	持续时间比率/%
1	W_{bx_1}	W_{wL_1}	2	0.63
2	W_{bx_2}	W_{wL_2}、W_{wL_3}	10	3.12
3	W_{bx_3}	W_{wL_4}、W_{wL_5}、$W_{wL_{12}}$、$W_{wL_{14}}$、$W_{wL_{16}}$、$W_{wL_{24}}$、$W_{wL_{28}}$、$W_{wL_{32}}$、$W_{wL_{33}}$、$W_{wL_{37}}$、$W_{wL_{41}}$、$W_{wL_{42}}$、$W_{wL_{46}}$、$W_{wL_{50}}$、$W_{wL_{51}}$、$W_{wL_{55}}$、$W_{wL_{59}}$、$W_{wL_{60}}$、$W_{wL_{64}}$、$W_{wL_{68}}$、$W_{wL_{69}}$、$W_{wL_{73}}$、$W_{wL_{77}}$、$W_{wL_{78}}$、$W_{wL_{82}}$、$W_{wL_{86}}$、$W_{wL_{87}}$、$W_{wL_{91}}$、$W_{wL_{95}}$、$W_{wL_{96}}$、$W_{wL_{110}}$、$W_{wL_{104}}$、$W_{wL_{105}}$、$W_{wL_{108}}$、$W_{wL_{110}}$、$W_{wL_{113}}$	42	13.12
4	W_{bx_4}	$W_{wL_{15}}$、$W_{wL_{112}}$、$W_{wL_{115}}$、$W_{wL_{118}}$、$W_{wL_{122}}$、$W_{wL_{126}}$、$W_{wL_{130}}$、$W_{wL_{134}}$	41	12.81
5	W_{bx_5}	$W_{wL_{17}}$、$W_{wL_{111}}$、$W_{wL_{114}}$、$W_{wL_{116}}$、$W_{wL_{119}}$、$W_{wL_{120}}$、$W_{wL_{123}}$、$W_{wL_{124}}$、$W_{wL_{127}}$、$W_{wL_{128}}$、$W_{wL_{131}}$、$W_{wL_{132}}$、$W_{wL_{133}}$、$W_{wL_{135}}$、$W_{wL_{136}}$、$W_{wL_{137}}$	54	16.87

续表

序号	备选工作	所包含的网络图中的工作	持续时间/天	持续时间比率/%
6	W_{bx_6}	$W_{wL_{18}}$、$W_{wL_{19}}$、$W_{wL_{20}}$	13	4.06
7	W_{bx_7}	$W_{wL_{125}}$	7	2.19
8	W_{bx_8}	$W_{wL_{129}}$	7	2.19
9	W_{bx_9}	W_{wL_6}、W_{wL_9}、$W_{wL_{22}}$、$W_{wL_{25}}$、$W_{wL_{27}}$、$W_{wL_{29}}$、$W_{wL_{31}}$、$W_{wL_{35}}$、$W_{wL_{37}}$、$W_{wL_{40}}$、$W_{wL_{43}}$、$W_{wL_{46}}$、$W_{wL_{49}}$、$W_{wL_{52}}$、$W_{wL_{55}}$、$W_{wL_{58}}$、$W_{wL_{61}}$、$W_{wL_{64}}$、$W_{wL_{67}}$、$W_{wL_{70}}$、$W_{wL_{73}}$、$W_{wL_{76}}$、$W_{wL_{79}}$、$W_{wL_{82}}$、$W_{wL_{85}}$、$W_{wL_{88}}$、$W_{wL_{91}}$、$W_{wL_{94}}$、$W_{wL_{97}}$、$W_{wL_{100}}$、$W_{wL_{103}}$、$W_{wL_{106}}$、$W_{wL_{109}}$	51	15.94
10	$W_{bx_{10}}$	$W_{wL_{117}}$	5	1.56
11	$W_{bx_{11}}$	$W_{wL_{121}}$	7	2.19
12	$W_{bx_{12}}$	W_{wL_7}、W_{wL_8}、$W_{wL_{10}}$、$W_{wL_{11}}$、$W_{wL_{13}}$、$W_{wL_{22}}$、$W_{wL_{25}}$、$W_{wL_{27}}$、$W_{wL_{29}}$、$W_{wL_{31}}$、$W_{wL_{35}}$、$W_{wL_{37}}$、$W_{wL_{40}}$、$W_{wL_{43}}$、$W_{wL_{46}}$、$W_{wL_{49}}$、$W_{wL_{52}}$、$W_{wL_{55}}$、$W_{wL_{58}}$、$W_{wL_{61}}$、$W_{wL_{64}}$、$W_{wL_{67}}$、$W_{wL_{70}}$、$W_{wL_{73}}$、$W_{wL_{76}}$、$W_{wL_{79}}$、$W_{wL_{82}}$、$W_{wL_{85}}$、$W_{wL_{88}}$、$W_{wL_{91}}$、$W_{wL_{94}}$、$W_{wL_{97}}$、$W_{wL_{100}}$、$W_{wL_{103}}$、$W_{wL_{106}}$、$W_{wL_{109}}$	81	25.31
	累计		320	

③ 作持续时间排列图　根据表 5-6 的计算结果，可作图 5-10 所示的备选工作持续时间排列图。累计持续时间比率为 0～80%的备选工作为准核心工作，该单位工程的准核心工作是$W_{bx_{12}}$、W_{bx_5}、W_{bx_9}、W_{bx_3}、W_{bx_4}，分别记为W_{hx_2}、W_{hx_4}、W_{hx_3}、W_{hx_1}和W_{hx_5}（编号与重复频数排列图法所确定的核心工作编号一致）。

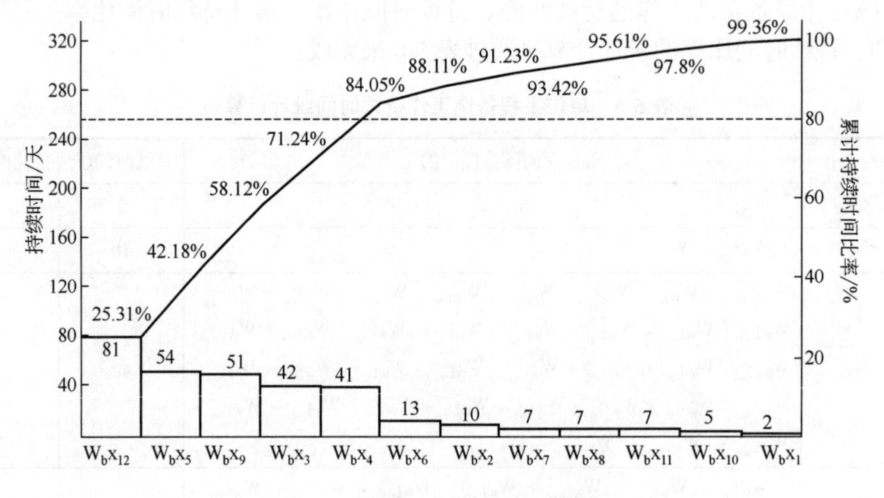

图 5-10　备选工作持续时间排列图

（3）成本排列图

① 识别工程量清单中重复性工作，确定备选工作　该步骤所确定的备选工作必须与重复频数排列图和持续时间排列图所确定的备选工作完全一致，其编号完全相同。若分解存在

困难（例如，工程量清单工作的综合性超过前述已经确定的备选工作的综合性），则需对工程量清单中的工作进行拆分处理，直至满足要求为止。

在工程量清单计价表中，按备选工作确定原则有下列识别结果：

W_{qd_1} 无重复性工作，应归入的备选工作是 W_{bx_1}；

W_{qd_2} 无重复性工作，应归入的备选工作是 W_{bx_2}；

W_{qd_3}、W_{qd_4}、W_{qd_9}、$W_{qd_{10}}$、$W_{qd_{11}}$、$W_{qd_{12}}$、$W_{qd_{13}}$、$W_{qd_{14}}$、$W_{qd_{15}}$ 为重复性工作，应归入的备选工作是 W_{bx_3}；在工程量清单计价表中，$W_{qd_{12}}$ 工作的工程量计量单位是 m^2，需对其进行处理，按其他重复性工作的计量单位 m^3 计算其工程量为 28 m^3

W_{qd_5}、$W_{qd_{20}}$、$W_{qd_{21}}$ 为重复性工作，应归入的备选工作是 W_{bx_4}；

W_{qd_6}、$W_{qd_{24}}$、$W_{qd_{25}}$、$W_{qd_{26}}$、$W_{qd_{27}}$、$W_{qd_{28}}$ 为重复性工作，应归入的备选工作是 W_{bx_5}；

W_{qd_7}、W_{qd_8} 为重复性工作，应归入的备选工作是 W_{bx_6}；

$W_{qd_{16}}$ 无重复性工作，应归入的备选工作是 W_{bx_7}；

$W_{qd_{17}}$ 无重复性工作，应归入的备选工作是 W_{bx_8}；

$W_{qd_{18}}$、$W_{qd_{19}}$ 为重复性工作，应归入的备选工作是 W_{bx_9}；

$W_{qd_{22}}$ 无重复性工作，应归入的备选工作是 $W_{bx_{10}}$；

$W_{qd_{23}}$ 无重复性工作，应归入的备选工作是 $W_{bx_{11}}$；

$W_{qd_{29}}$、$W_{qd_{30}}$、$W_{qd_{31}}$、$W_{qd_{32}}$、$W_{qd_{33}}$、$W_{qd_{34}}$、$W_{qd_{35}}$、$W_{qd_{36}}$、$W_{qd_{37}}$ 为重复性工作，应归入的备选工作是 $W_{bx_{12}}$。

② 计算备选工作工程量、成本、成本比率和累计成本比率　备选工作工程量、成本、成本比率的统计计算可通过表 5-7 来完成。

表 5-7　单位工程备选工作成本统计计算表

序号	备选工作	单位	工程量	成本（综合合价）/元	成本比率/%
1	W_{bx_1}	m^2	1500	3750	0.08
2	W_{bx_2}	m^3	965	35705	0.78
3	W_{bx_3}	m^3	2158	835715	18.30
4	W_{bx_4}	m^3	1878	453968	9.94
5	W_{bx_5}	m^2	44742	550968	12.07
6	W_{bx_6}	m^3	550	22920	0.50
7	W_{bx_7}	m^2	110	4730	0.10
8	W_{bx_8}	m	182	26936	0.59
9	W_{bx_9}	t	372	2031600	44.49
10	$W_{bx_{10}}$	m^2	1320	89760	1.97
11	$W_{bx_{11}}$	m^2	128	36480	0.80
12	$W_{bx_{12}}$	m^3	2312	473804	10.38
	累计			4566336	100.00

③ 作成本排列图 根据备选工作成本统计计算表可作图 5-11 所示的成本排列图，累计成本比率在 0～80%的备选工作为准核心工作，该单位工程的准核心工作是 W_{bx_9}、W_{bx_3}、W_{bx_5}、$W_{bx_{12}}$ 四项工作，分别记为 W_{hx_3}、W_{hx_1}、W_{hx_4}、和 W_{hx_2}（编号与重复频数排列图法及持续时间排列图法所确定的准核心工作编号一致）。

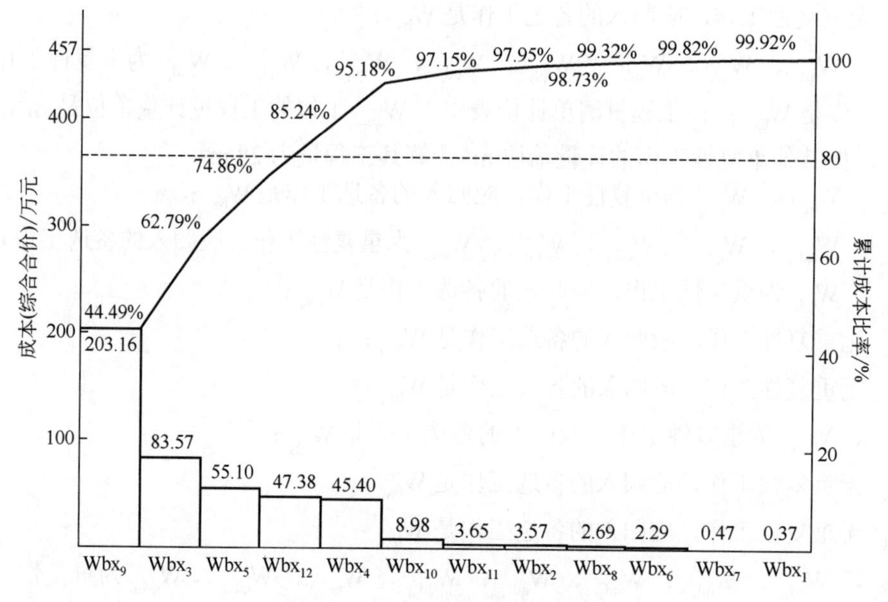

图 5-11 备选工作成本排列图

（4）组合法确定单位工程核心工作 组合法种类很多，本例选择以“重复频数”“持续时间”“成本”排列图确定的准核心工作的并集组合来确定最终的单位工程核心工作。

重复频数排列图确定的准核心工作是 W_{hx_1}、W_{hx_2}、W_{hx_3}、W_{hx_4}，持续时间排列图确定的准核心工作是 W_{hx_2}、W_{hx_4}、W_{hx_3}、W_{hx_1}、W_{hx_5}，成本排列图法确定的核心工作是 W_{hx_3}、W_{hx_1}、W_{hx_4}、和 W_{hx_2}，三者并集结果为 W_{hx_1}、W_{hx_2}、W_{hx_3}、W_{hx_4} 和 W_{hx_5}，即这五项工作为该单位工程的核心工作。核心工作与备选工作、网络图工作、工程量清单工作的关系见表 5-8。

表 5-8 单位工程核心工作表

序号	核心工作	对应的备选工作	包含的网络图工作	包含的工程量清单工作
1	W_{hx_1}	W_{bx_3}	W_{wL_4}、W_{wL_5}、$W_{wL_{12}}$、$W_{wL_{14}}$、$W_{wL_{16}}$、$W_{wL_{24}}$、$W_{wL_{28}}$、$W_{wL_{32}}$、$W_{wL_{33}}$、$W_{wL_{37}}$、$W_{wL_{41}}$、$W_{wL_{42}}$、$W_{wL_{46}}$、$W_{wL_{50}}$、$W_{wL_{51}}$、$W_{wL_{55}}$、$W_{wL_{59}}$、$W_{wL_{60}}$、$W_{wL_{64}}$、$W_{wL_{68}}$、$W_{wL_{69}}$、$W_{wL_{73}}$、$W_{wL_{77}}$、$W_{wL_{78}}$、$W_{wL_{82}}$、$W_{wL_{86}}$、$W_{wL_{87}}$、$W_{wL_{91}}$、$W_{wL_{95}}$、$W_{wL_{96}}$、$W_{wL_{100}}$、$W_{wL_{104}}$、$W_{wL_{105}}$、$W_{wL_{108}}$、$W_{wL_{110}}$、$W_{wL_{113}}$	W_{qd_3}、W_{qd_4}、W_{qd_9}、$W_{qd_{10}}$、$W_{qd_{11}}$、$W_{qd_{12}}$、$W_{qd_{13}}$、$W_{qd_{14}}$、$W_{qd_{15}}$
2	W_{hx_2}	$W_{bx_{12}}$	W_{wL_7}、W_{wL_8}、$W_{wL_{10}}$、$W_{wL_{11}}$、$W_{wL_{13}}$、$W_{wL_{22}}$、$W_{wL_{25}}$、$W_{wL_{27}}$、$W_{wL_{29}}$、$W_{wL_{31}}$、$W_{wL_{35}}$、$W_{wL_{37}}$、$W_{wL_{40}}$、$W_{wL_{43}}$、$W_{wL_{46}}$、$W_{wL_{49}}$、$W_{wL_{52}}$、$W_{wL_{55}}$、$W_{wL_{58}}$、$W_{wL_{61}}$、$W_{wL_{64}}$、$W_{wL_{67}}$、$W_{wL_{70}}$、$W_{wL_{73}}$、$W_{wL_{76}}$、$W_{wL_{79}}$、$W_{wL_{82}}$、$W_{wL_{85}}$、$W_{wL_{88}}$、$W_{wL_{91}}$、$W_{wL_{94}}$、$W_{wL_{97}}$、$W_{wL_{100}}$、$W_{wL_{103}}$、$W_{wL_{106}}$、$W_{wL_{109}}$	$W_{qd_{29}}$、$W_{qd_{30}}$、$W_{qd_{31}}$、$W_{qd_{32}}$、$W_{qd_{33}}$、$W_{qd_{34}}$、$W_{qd_{35}}$、$W_{qd_{36}}$、$W_{qd_{37}}$

续表

序号	核心工作	对应的备选工作	包含的网络图工作	包含的工程量清单工作
a	W_{hx_3}	W_{bx_9}	W_{wL_6}、W_{wL_9}、$W_{wL_{22}}$、$W_{wL_{25}}$、$W_{wL_{27}}$、$W_{wL_{29}}$、$W_{wL_{31}}$、$W_{wL_{35}}$、$W_{wL_{37}}$、$W_{wL_{40}}$、$W_{wL_{43}}$、$W_{wL_{46}}$、$W_{wL_{49}}$、$W_{wL_{52}}$、$W_{wL_{55}}$、$W_{wL_{58}}$、$W_{wL_{61}}$、$W_{wL_{64}}$、$W_{wL_{67}}$、$W_{wL_{70}}$、$W_{wL_{73}}$、$W_{wL_{76}}$、$W_{wL_{79}}$、$W_{wL_{82}}$、$W_{wL_{85}}$、$W_{wL_{88}}$、$W_{wL_{91}}$、$W_{wL_{94}}$、$W_{wL_{97}}$、$W_{wL_{100}}$、$W_{wL_{103}}$、$W_{wL_{106}}$、$W_{wL_{109}}$	$W_{qd_{18}}$、$W_{qd_{19}}$
4	W_{hx_4}	W_{bx_5}	$W_{wL_{17}}$、$W_{wL_{111}}$、$W_{wL_{114}}$、$W_{wL_{116}}$、$W_{wL_{119}}$、$W_{wL_{120}}$、$W_{wL_{123}}$、$W_{wL_{124}}$、$W_{wL_{127}}$、$W_{wL_{128}}$、$W_{wL_{131}}$、$W_{wL_{132}}$、$W_{wL_{133}}$、$W_{wL_{135}}$、$W_{wL_{136}}$、$W_{wL_{137}}$	W_{qd_6}、$W_{qd_{24}}$、$W_{qd_{25}}$、$W_{qd_{26}}$、$W_{qd_{27}}$、$W_{qd_{28}}$
5	W_{hx_5}	W_{bx_4}	$W_{wL_{15}}$、$W_{wL_{112}}$、$W_{wL_{115}}$、$W_{wL_{118}}$、$W_{wL_{122}}$、$W_{wL_{126}}$、$W_{wL_{130}}$、$W_{wL_{134}}$	W_{qd_5}、$W_{qd_{20}}$、$W_{qd_{21}}$

有了表5-8的结果，确定本例单位工程核心工作算是全部结束。从本例结果来看，通过确定核心工作，把100多项网络图工作综合成5项工作，控制对象压缩了几十倍，把几十项工程量清单工作综合成5项工作，控制对象压缩了7～8倍，面对这么少的控制对象，管理的有效性及管理效率能不提高吗？

最后还要说明的是，本例的单位工程分了三个施工阶段，属一般偏简单的单位工程。若在实际工程项目上，遇到更为复杂、施工周期更长的单位工程，一方面，需要划分更多的施工阶段；另一方面，对于某种核心工作，若各阶段所要求的施工生产能力差异较大，则需要针对施工阶段来确定核心工作、分别计算各阶段施工生产能力，即将每一（几）个施工阶段视为一个单位工程。

5.7.3 单位工程施工生产能力初步值计算

（1）核心工作持续时间计算　在确定核心工作时，一般都会选用持续时间排列图作为组合法的组合元素，因为该方法不仅可靠性强、精度高，更重要的是，无论是否选用持续时间排列图法来确定核心工作，要计算施工生产能力，都必须先计算核心工作的持续时间。若使用了持续时间排列图确定准核心工作，则可根据表5-8的对应关系，从表5-6的计算结果中直接得到核心工作的持续时间。若未选用持续时间排列图确定准核心工作，则需按持续时间排列图法中的前两个步骤先计算备选工作的持续时间，然后根据表5-8的对应关系，确定核心工作的持续时间。

（2）核心工作工程量计算　在成本排列图确定准核心工作中，顺便列出了备选工作的工程量计算结果（若仅考虑确定核心工作，可不计算备选工作的工程量），若选用了成本排列图确定准核心工作，则可根据表5-8的对应关系及表5-7的计算结果直接得到核心工作的工程量。若未选用成本排列图法确定核心工作，则需按照成本排列图法中前两个步骤先计算备选工作的工程量，然后根据表5-8的对应关系确定核心工作的工程量。

核心工作工程量计算的基础是单位工程工程量清单，工程量清单是根据《工程量清单计价规范》编制的，它有统一的项目编码（相当于工作编号）、统一的项目名称（工作名称）、统一的计量单位和统一的计算规则。工程清单不仅为核心工作工程量计算提供了很多方便，而且还能很好地保证计算结果的客观性和准确性。由于三种WBS划分原则的差异，使得在确定备选工作（或核心工作）时，可能会出现一定的困难，此时需对工程量清单进行处理，比较典型的情况如下：

① 清单工作的综合性超出了备选工作（核心工作）的综合范围，即清单工作无法归入既定的任何一项备选工作；

② 互为重复性工作的清单工作的计量单位不一致；

③ 清单工作的计量单位与人们惯用的该项工作的计量单位不一致。

当出现情况①时，需对清单工作进行拆分，拆分成完全能归入备选工作的几项新的清单工作（非严格意义的），然后分别重新计算新增清单工作的工程量和成本。当出现情况②时，按照不一致中的多数的清单工作的计量单位，重新计算不一致中的少数清单工作的工程量，成本照旧。当出现情况③时，按惯用的计量单位重新计算工程量，成本不变。

（3）单位工程施工生产能力初步值计算　确定了单位工程的核心工作，并计算出相应的持续时间和工程量后，即可按表 5-9 计算该单位工程的施工生产能力初值。

表 5-9　单位工程施工生产能力初值计算表

序号	核心工作	计量单位	工程量	持续时间/天	施工生产能力初值
1	W_{hx_1}	m^3	2158	42	52
2	W_{hx_2}	m^3	2312	81	29
3	W_{hx_3}	t	372	51	8
4	W_{hx_4}	m^2	44742	54	829
5	W_{hx_5}	m^3	1878	41	46

注：根据计算模型中约束条件的要求，表中施工生产能力计算指标均为向上取整结果，而非通常的四舍五入（也可根据需要保留小数位）。

5.7.4 单位工程施工生产能力计算值修正

根据目标态势判定及施工生产能力对目标影响分析判定，查表 5-2 和表 5-3，γ_{ck} 、γ_{qk} 取值为：

$$\gamma_{ck}=1.05,\ \gamma_{qk}=1.03,\ (k=1,2,3,4,5)$$

用 γ_{ck} 、γ_{qk} 对表 5-9 施工生产能力初值进行修正得到表 5-10 修正结果，至此，单位工程的施工生产能力的计算工作算是全部结束。人们可根据该表进一步计算单项工程和工程项目的施工生产能力，也可根据该计算结果开展该单位工程的与施工生产能力相关的各项施工管理工作。

表 5-10　单位工程施工生产能力修正计算表

序号	核心工作	计量单位	工程量	持续时间/天	施工生产能力初值	成本目标函数修正系数 γ_{ck}	质量目标函数修正系数 γ_{qk}	综合修正系数 γ_k	修正后的施工生产能力指标	备注
1	W_{hx_1}	m^3	2158	42	52	1.05	1.03	1.0815	57	
2	W_{hx_2}	m^3	2312	81	29	1.05	1.03	1.0815	32	
3	W_{hx_3}	t	372	51	8	1.05	1.03	1.0815	9	
4	W_{hx_4}	m^2	44742	54	829	1.05	1.03	1.0815	897	
5	W_{hx_5}	m^3	1878	41	46	1.05	1.03	1.0815	50	

第6章

工程施工描述

工程施工通常具有任务结构复杂、目标多样，资源数目巨大，施工过程参数、变量较多等特点，对工程施工相关内容做出清楚、规范、有针对性的描述是工程施工定量计划与控制的基本要求。

6.1 工程施工描述的方法和主要内容

工程施工描述可采用代号描述、文字描述、矩阵（向量）描述和集合描述等几种描述方式。代号描述和矩阵（向量）描述是工程施工描述采用的基本方法。在实际描述中，代号描述可以清楚表达的优先采用代号描述而不用文字描述；需要进行运算（集合运算和数值计算）和计算的一般采用矩阵（向量）描述而不采用集合描述。

工程施工描述的主要内容包括施工任务、施工目标、施工资源和施工过程。

6.2 工程施工描述的一般约定

6.2.1 代号使用说明和一般约定

工程施工涉及的概念、术语、参数、变量、指标较多，为便于简化书写和运（计）算表达，有必要采用适当方式，设置各种符号来代表这些概念、术语、参数、变量、指标，以实现快速、简捷的信息交流和沟通。

6.2.1.1 代号设置的基本原则

代号设置遵循以下基本原则。

（1）合法性　代号设置应符合国际惯例、国家和地区惯例、行业惯例，不应与国际、国家、行业标准发生实质性冲突。当确实不能避免冲突时，作出特别说明。

（2）理解的唯一性　每个代号对特定的描述对象、在特定使用环境下只有一种理解且含义唯一。

（3）模式化和规律性　代号设置采用固定模式并具有一定规律。

（4）尽可能简单、直观

（5）便于识别和记忆

6.2.1.2 代号分类

（1）单代号和复合代号　单代号指仅由一个字母或几个字母组成的字母串表示一种含义的代号形式。比如：w 表示工作，R 表示资源集，r 表示某种资源，c 表示某种工作的单位成本，up 表示单位工程，dp 表示目标分散度等。

复合代号指代号由字母、数字、字符、字母串、括号等多种符号，在多种位置（上标、下标、括号内）复合成一个整体表示一种特定含义的代号。比如：$C(up)$ 表示单位工程成本，c_{rg} 表示某项核心工作的单位人工成本，c^0 表示某项核心工作的单位合同（预算）成本，c_{cl}^p 表示某项核心工作的计划单位材料成本，$c_{jx}^a(\mathrm{W}_{\mathrm{hx}_3})$ 表示第三项核心工作的实际单位机械成本，$c^a(\mathrm{W}_{\mathrm{hx}_3})(3)$ 表示第三项核心工作在第三控制期的实际单位成本等。

（2）概念类代号和参数（变量、指标）类代号　概念类代号指不进行数值运算的代号，参数（变量、指标）类代号指进行数值运算的代号。

（3）个体代号和集合（群体）代号　用小写字母表示的代号为个体代号，用大写字母表示的代号通常为集合（群体）代号。

（4）泛指代号和特指代号　代号中没有特指描述的代号为泛指代号，代号中有特指描述的代号为特指代号。

（5）数值代号、矩阵代号　数值代号指代号表示一个数值，向量代号指代号表示一个向量，矩阵代号指代号表示一个矩阵。

6.2.1.3 复合代号的构成

如图 6-1 所示，复合代号由基本符号、下标、上标、特指描述、控制期描述共 5 个部分中两个或两个以上部分构成。

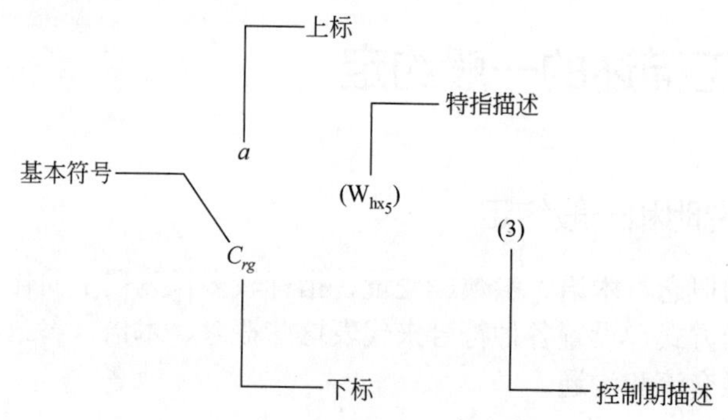

图 6-1　复合代号构成示意

① 基本符号表示描述对象的基本含义，用字母或字母串表示。

② 下标是对描述对象的进一步细分，有字母、字母串、数字、字符等多种形式。

③ 上标通常只用于描述参数（变量、指标）类代号，主要表示数据的来源方式，用固定字母和字符表示。

④ 特指描述用括号（小、中、大）及括号内字母、字母串、数字、字符、复合子代号等多种形式表示。

⑤ 控制期描述用圆括号或方括号及括号内数字或数字范围表示。控制期描述总是出现在整个复合代号的最后。

图 6-1 代号的含义是：第 5 项核心工作在第 3 控制期的实际人工单位成本。

6.2.1.4 代号设置的一般约定

（1）基本符号　通常，基本符号（单代号）以描述对象的英文名首个字母或英文名缩写字母串表示，较少情况下，以中文名汉语拼音首个字母组成的字母串表示，有一个特例，工程施工生产能力以 $x(X)$表示。

（2）下标

① 下标使用的字母、字母串约定同基本符号。

② 下标中数字“0”表示参照基准。

（3）上标

① 上标“*”表示目标值。

② 上标“0”表示合同（预算）值。

③ 上标“p”表示计划值。

④ 上标“a”表示实际值。

（4）特指描述　特指描述中使用的字母、字母串约定同基本符号。

（5）控制期　控制期描述中，圆括号表示进度、成本、质量控制期，方括号表示综合控制期。

6.2.1.5 本书涉及的常用单代号及部分复合代号设置

本书涉及的常用单代号及部分复合代号详见附录B。

6.2.2 编号约定

为便于区分，将描述中使用的编号作如下约定：

i 代表工程子项目编号，$i=1,2,\cdots,n$；j 代表单项工程编号，$j=1,2,\cdots,m$；k 代表单位工程编号，$k=1,2,\cdots,s$；v 代表工作编号，$v=1,2,\cdots,t$；y 代表资源编号，$y=1,2,\cdots,z$。

6.3 施工任务描述

施工任务通常是一个工程子项目或工程项目，其基本构成元素是工作，这里所说的工作泛指核心工作、分部分项工程（单价措施项目）、施工网络图工作、工程量清单工作等多种形式。施工任务描述需要对任务进行结构分解，根据任务复杂程度的不同可采用单级分解和多级分解两类基本方式。单级分解方式指直接将任务分解为若干工作，多级分解方式指先将任务分解为若干单位（单项）工程，再将每个单位（单项）工程分解为若干工作。

6.3.1 单级分解的施工任务描述

构成较为简单的施工任务可采用单级分解：

$$EP/EC=\begin{bmatrix} w_1 \\ \vdots \\ w_v \\ \vdots \\ w_t \end{bmatrix}，\quad EP/EC=\begin{pmatrix} w_1 & \cdots & w_v & \cdots & w_t \end{pmatrix}$$

以上表示施工任务——工程项目/工程子项目包含$w_1 \cdots w_v \cdots w_t$项工作。

6.3.2 多级分解的施工任务描述

（1）工程项目逐级分解　工程项目构成逐级分解步骤是：

① $EP=\begin{bmatrix} EC_1 \\ \vdots \\ EC_i \\ \vdots \\ EC_n \end{bmatrix}$，$i=1,2,\cdots,n$；

② $EC_i=\begin{bmatrix} sp_1 \\ \vdots \\ sp_j \\ \vdots \\ sp_m \end{bmatrix}$，$j=1,2,\cdots,m$；

③ $sp_j=\begin{bmatrix} up_1 \\ \vdots \\ up_k \\ \vdots \\ up_s \end{bmatrix}$，$k=1,2,\cdots,s$；

④ $up_k=\begin{bmatrix} w_1 \\ \vdots \\ w_v \\ \vdots \\ w_t \end{bmatrix}$，$v=1,2,\cdots,t$。

① 表示工程项目有$1,2,\cdots,n$个工程子项目；
② 表示第i个工程子项目有$1,2,\cdots,m$个单项工程；
③ 表示第j个单项工程有$1,2,\cdots,s$个单位工程；
④ 表示第k个单位工程有$1,2,\cdots,t$项工作。

（2）多级分解的施工任务描述　在实际描述中，多级分解的施工任务描述可以根据需要采用二级、三级、四级分解方式，在此不能一一列举。下面仅列举工程项目——单位工程——工作和工程项目——单项工程——工作两种常见描述。

① 工程项目——单位工程——工作的施工任务描述

$$EP/EC=\begin{pmatrix} up_1 \\ \vdots \\ up_k \\ \vdots \\ up_s \end{pmatrix}=\begin{bmatrix} w_{11} & \cdots & w_{1v} & \cdots & w_{1t} \\ \vdots & \ddots & \vdots & \ddots & \vdots \\ w_{k1} & \cdots & w_{kv} & \cdots & w_{kt} \\ \vdots & \ddots & \vdots & \ddots & \vdots \\ w_{s1} & \cdots & w_{sv} & \cdots & w_{st} \end{bmatrix}$$

s 个单位工程各自包含的工作数目不尽相同，当某个单位工程包含的工作数少于 t 时，以0补缺空位。

施工任务矩阵表明：施工任务 EP / EC 包含 s 个单位工程，包含 $s \times t$ 项工作（含补缺）。实际工作数=$s \times t$−矩阵中0元素个数。

② 工程项目——单项工程——工作的施工任务描述

$$EP / EC = \begin{pmatrix} sp_1 \\ \vdots \\ sp_j \\ \vdots \\ sp_m \end{pmatrix} = \begin{bmatrix} w_{11} & \cdots & w_{1v} & \cdots & w_{1t} \\ \vdots & \ddots & \vdots & \ddots & \vdots \\ w_{j1} & \cdots & w_{jv} & \cdots & w_{jt} \\ \vdots & \ddots & \vdots & \ddots & \vdots \\ w_{m1} & \cdots & w_{mv} & \cdots & w_{mt} \end{bmatrix}$$

m 个单项工程各自包含的工作数目不尽相同，当某个单项工程包含的工作数少于 t 时，以0补缺空位。

施工任务矩阵表明：施工任务 EP / EC 包含 m 个单项工程，包含 $m \times t$ 项工作（含补缺）。实际工作数=$m \times t$−矩阵中0元素个数。

6.3.3 常用的施工任务描述样表

施工任务描述可采用表6-1样式进行，表中行代表施工任务包含的全部单项工程，列代表施工任务包含的所有单位工程类别。

表6-1　工程项目（工程子项目）施工任务结构矩阵

单位工程 / 单项工程	up_1	…	up_k	…	up_s
sp_1	√	√	—	—	—
…	…	…	…	…	…
sp_j	—	—	√	—	√
…	…	…	…	…	…
sp_m	√	√	√	—	√

注：“√”表示存在，“—”表示不存在。

该表可全面完整地反映施工任务概况，若需要进一步详细了解任务结构，可在表中每个“√”处再建立下一级任务：

$$up_{jk} = \begin{bmatrix} w_1 \\ \vdots \\ w_v \\ \vdots \\ w_t \end{bmatrix}$$

向量中 w 通常指核心工作。

6.4 施工目标描述

6.4.1 工程项目施工目标描述

6.4.1.1 向量形式

工程项目施工目标描述的向量形式：

$$EP(T^O,Q^O,C^O)=(200,85\%,500)$$

该描述表明：工程项目的施工目标是：工期为 200 天，质量优良率不低于 85%，施工成本为 500 万元。单位缺省，工期单位一律为“天”，成本单位一律为“万元”。本节中工期、质量、成本均指合同约定值。

6.4.1.2 矩阵形式

（1）以工程子项目反映的工程项目施工目标描述

$$EP(T^O,Q^O,C^O)=\begin{bmatrix} EC_1(T^O,Q^O,C^O) \\ \vdots \\ EC_i(T^O,\ Q^O,C^O) \\ \vdots \\ EC_n(T^O,Q^O,C^O) \end{bmatrix}=\begin{bmatrix} T_1^O & Q_1^O & C_1^O \\ \cdots & \cdots & \cdots \\ T_i^O & Q_i^O & C_i^O \\ \cdots & \cdots & \cdots \\ T_n^O & Q_n^O & C_n^O \end{bmatrix}$$

式中 $EC_i(T^O,Q^O,C^O)$ ——第 i 个工程子项目施工目标；

T_i^O ——第 i 个工程子项目工期目标；

Q_i^O ——第 i 个工程子项目质量目标；

C_i^O ——第 i 个工程子项目成本目标。

（2）以单项工程反映的工程项目施工目标描述

$$EP(T^O,Q^O,C^O)=\begin{bmatrix} sp_1(T^O,Q^O,C^O) \\ \vdots \\ sp_j(T^O,\ Q^O,C^O) \\ \vdots \\ sp_m(T^O,Q^O,C^O) \end{bmatrix}=\begin{bmatrix} T_1^O & Q_1^O & C_1^O \\ \cdots & \cdots & \cdots \\ T_j^O & Q_j^O & C_j^O \\ \cdots & \cdots & \cdots \\ T_m^O & Q_m^O & C_m^O \end{bmatrix}$$

式中 $sp_j(T^O,Q^O,C^O)$ ——第 j 个单项工程施工目标；

T_j^O ——第 j 个单项工程工期目标；

Q_j^O ——第 j 个单项工程质量目标；

C_j^O ——第 j 个单项工程成本目标。

（3）以单位工程反映的工程项目施工目标描述

$$EP(T^O,Q^O,C^O)=\begin{bmatrix} up_1(T^O,Q^O,C^O) \\ \vdots \\ up_k(T^O,Q^O,C^O) \\ \vdots \\ up_s(T^O,Q^O,C^O) \end{bmatrix}=\begin{bmatrix} T_1^O & Q_1^O & C_1^O \\ \cdots & \cdots & \cdots \\ T_k^O & Q_k^O & C_k^O \\ \cdots & \cdots & \cdots \\ T_s^O & Q_s^O & C_s^O \end{bmatrix}$$

式中　$up_k(T^O,Q^O,C^O)$——第 k 个单位工程施工目标；

T_k^O——第 k 个单位工程工期目标；

Q_k^O——第 k 个单位工程质量目标；

C_k^O——第 k 个单位工程成本目标。

6.4.2　工程子项目施工目标描述

$$EC(T^O,Q^O,C^O)=(200,85\%,500)$$

工程子项目矩阵形式的施工目标描述方式与上述工程项目描述相同。

6.4.3　单项工程施工目标描述

$$sp(T^O,Q^O,C^O)=(200,85\%,500)$$

单项工程矩阵形式的施工目标描述方式与上述工程项目描述相同。

6.4.4　单位工程施工目标描述

（1）向量形式

$$up(T^O,Q^O,C^O)=(200,85\%,500)$$

（2）矩阵形式

$$up(T^O,Q^O,C^O)=\begin{bmatrix} w_1(t^O,q^O,c^O) \\ \vdots \\ w_v(t^O,q^O,c^O) \\ \vdots \\ w_t(t^O,q^O,c^O) \end{bmatrix}=\begin{bmatrix} t_1^O & q_1^O & c_1^O \\ \cdots & \cdots & \cdots \\ t_v^O & q_v^O & c_v^O \\ \cdots & \cdots & \cdots \\ t_t^O & q_t^O & c_t^O \end{bmatrix}$$

6.4.5　分部分项工程施工目标描述

（1）一般形式　分部分项工程施工目标描述的一般形式为：

$$w(t^O,q^O,c^O)=(10,85\%,500)$$

该描述表明：分部分项工程的施工目标是，持续时间为10天，质量优良率不低于85%，单位施工成本为500元。单位缺省，工期单位一律为“天”，成本单位一律为“元”。

（2）特指形式

① $w_v(t^O,q^O,c^O)=(10,85\%,500)$

② $w_{kv}(t^O,q^O,c^O)=(10,85\%,500)$

③ $w(j,k)_v(t^O,q^O,c^O)=(10,85\%,500)$

④ $w(i,j,k)_v(t^O,q^O,c^O)=(10,85\%,500)$

式中 $w_v(t^O,q^O,c^O)$——第 v 项工作的施工目标；

$w_{kv}(t^O,q^O,c^O)$——第 k 个单位工程中的第 v 项工作的施工目标；

$w(j,k)_v(t^O,q^O,c^O)$——第 j 个单项工程中的第 k 个单位工程中的第 v 项工作的施工目标；

$w(i,j,k)_v(t^O,q^O,c^O)$——第 i 个工程子项目中的第 j 个单项工程中的第 k 个单位工程中的第 v 项工作的施工目标。

6.5 施工资源描述

资源描述需要包括的主要内容：资源名称、种类、规格型号、资源价格、配置数量；消耗量；工日（台班）产量；资源用于何处、何时使用等。这些内容通常可以采用一个或多个 Excel 表格完成，但 Excel 表格给出的描述难以实现计算，完整、清楚、可计算的资源描述应当包括一般描述（包括表格注释说明）价格描述、配置数量描述、消耗量或台班产量描述等几个部分。

6.5.1 一般描述

一般描述主要反映资源名称、种类、规格型号、资源用于何处、何时使用等内容。通常由代号矩阵和表格注释说明两部分组成。按描述对象分为个体资源描述和群体资源描述。个体资源描述指对单个资源的描述，群体资源描述指对多种资源的描述。

6.5.1.1 个体资源描述

个体资源描述以一系列代号实现。

r——泛指某种资源；

r_y——第 y 种资源；

r_{iy}——第 i 个工程子项目中的第 y 种资源；

$r(i,j)_y$——第 i 个工程子项目中的第 j 个单项工程中第 y 种资源，也可描述为 $r(i)_{jy}$；

$r(i,j,k)_y$——第 i 个工程子项目中的第 j 个单项工程中第 k 个单位工程中的第 y 种资源，也可描述为 $r(i,j)_{ky}$；

$r(i,j,k,v)_y$——第 i 个工程子项目中的第 j 个单项工程中第 k 个单位工程中的第 v 项工作中的第 y 种资源，也可描述为 $r(i,j,k)_{vy}$。

6.5.1.2 群体资源描述

群体资源描述有向量和矩阵两种基本形式。

（1）分部分项工程群体资源描述 分部分项工程群体资源描述为向量形式：

$$R(w)=(r_1\cdots r_y\cdots r_z)$$

（2）单位工程群体资源描述

① 向量形式

$$R(up)=(r_1\cdots r_y\cdots r_z)$$

② 矩阵形式

$$R(up)=\begin{bmatrix} R(w_1) \\ \vdots \\ R(w_v) \\ \vdots \\ R(w_t) \end{bmatrix}=\begin{bmatrix} r_{11} & \cdots & r_{1y} & \cdots & r_{1z} \\ \vdots & \ddots & \vdots & \ddots & \vdots \\ r_{v1} & \cdots & r_{vy} & \cdots & r_{vz} \\ \vdots & \ddots & \vdots & \ddots & \vdots \\ r_{t1} & \cdots & r_{ty} & \cdots & r_{tz} \end{bmatrix} \quad v=1,2,\cdots,t；\quad y=1,2,\cdots,z$$

式中 $R(up)$ ——单位工程资源；

$R(w_v)$ ——第 v 项工作资源；

r_{vy} ——第 v 项工作的第 y 种资源；

t ——单位工程有 t 项工作；

z ——t 项工作中包含资源种类数最多的一项工作包含的资源数。

当某项工作包含的资源种类数少于 z 时，以 0 补缺空位。

单项工程（工程子项目、工程项目）群体资源描述按所包含的单位工程逐个展开。

6.5.2 资源价格描述

资源价格描述与资源一般描述完全一致，只需将资源代号 r 、R 变为价格代号 p 、P 。

6.5.2.1 个体资源价格描述

个体资源价格描述以一系列代号实现。

p 泛指某种资源价格；p_y 代表第 y 种资源价格；p_{iy} 代表第 i 个工程子项目中的第 y 种资源价格；$p(i,j)_y$ 代表第 i 个工程子项目中的第 j 个单项工程中第 y 种资源价格，也可描述为 $p(i)_{jy}$；$p(i,j,k)_y$ 代表第 i 个工程子项目中的第 j 个单项工程中第 k 个单位工程中的第 y 种资源价格，也可描述为 $p(i,j)_{ky}$；$p(i,j,k,v)_y$ 代表第 i 个工程子项目中的第 j 个单项工程中第 k 个单位工程中的第 v 项工作中的第 y 种资源价格，也可描述为 $p(i,j,k)_{vy}$。

6.5.2.2 群体资源价格描述

群体资源价格描述有向量和矩阵两种基本形式。

（1）分部分项工程群体资源价格描述　分部分项工程群体资源价格描述为向量形式：

$$P(w)=(p_1\cdots p_y\cdots p_z)$$

（2）单位工程群体资源价格描述

① 向量形式

$$P(up)=(p_1\cdots p_y\cdots p_z)$$

② 矩阵形式

$$P(up)=\begin{bmatrix} p_{11} & \cdots & p_{1y} & \cdots & p_{1z} \\ \vdots & \ddots & \vdots & \ddots & \vdots \\ p_{v1} & \cdots & p_{vy} & \cdots & p_{vz} \\ \vdots & \ddots & \vdots & \ddots & \vdots \\ p_{t1} & \cdots & p_{ty} & \cdots & p_{tz} \end{bmatrix}$$

式中　$P(up)$ ——单位工程资源价格；

p_{vy} ——第 v 项工作的第 y 种资源价格。

单项工程、工程子项目、工程项目的资源价格描述按所包含的单位工程逐个展开。

6.5.3　资源配置数量描述

资源配置数量指完成工程施工需要配置的资源的具体数目，具体来说，指需要配置多少种工人及其人数，多少种机械及其台数、多少种材料及其数量。

资源配置数量描述与资源一般描述基本一致，只需将资源代号 r 、R 变为配置数量代号 n 、N 。资源配置数量描述有向量、对角矩阵、一般矩阵 3 种基本形式。对角矩阵描述是通常形式。

6.5.3.1　个体资源配置数量描述

个体资源配置数量描述以一系列代号实现。

n 泛指某种资源配置数量；n_y 代表第 y 种资源配置数量；n_{iy} 代表第 i 个工程子项目中的第 y 种资源配置数量；$n(i,j)_y$ 代表第 i 个工程子项目中的第 j 个单项工程中第 y 种资源配置数量，也可描述为 $n(i)_{jy}$ ；$n(i,j,k)_y$ 代表第 i 个工程子项目中的第 j 个单项工程中第 k 个单位工程中的第 y 种资源配置数量，也可描述为 $n(i,j)_{ky}$ ；$n(i,j,k,v)_y$ 代表第 i 个工程子项目中的第 j 个单项工程中第 k 个单位工程中的第 v 项工作中的第 y 种资源配置数量，也可描述为 $n(i,j,k)_{vy}$ 。

6.5.3.2　群体资源配置数量描述

（1）分部分项工程资源配置数量描述

分部分项工程资源配置数量描述分为向量形式和矩阵形式

① 向量形式

$$N(w)=(n_1\cdots n_y\cdots n_z)$$

② 对角矩阵形式

$$N_D(w)=\begin{bmatrix} n_1 & & & & 0 \\ & \ddots & & & \\ & & n_y & & \\ & & & \ddots & \\ 0 & & & & n_z \end{bmatrix}$$

$$y=1,2,\cdots,z$$

对角矩阵形式与向量形式的区别在于对角矩阵形式需在 N 右下角标注“D”，未标注“D”则视为向量形式。

（2）单位工程资源配置数量描述

① 向量形式

$$N(up)=(n_1\cdots n_y\cdots n_z)$$

② 对角矩阵形式

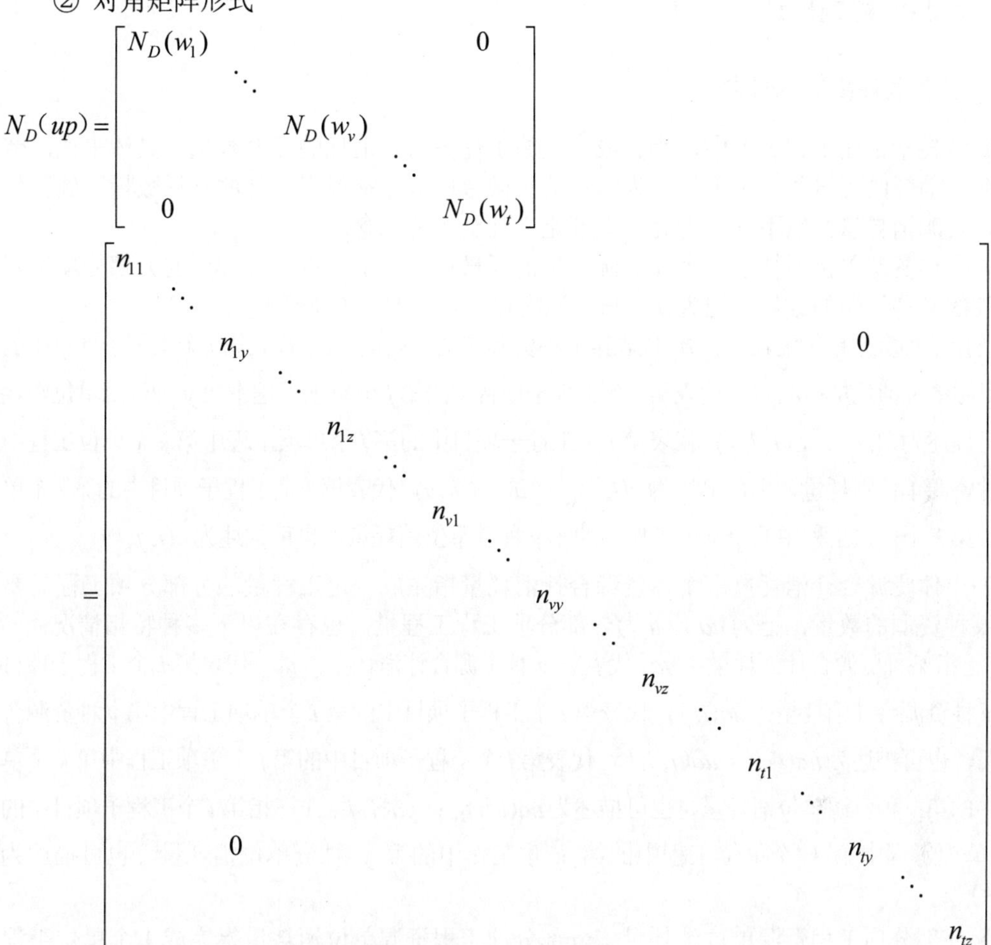

$$N_D(up)=\begin{bmatrix} N_D(w_1) & & & & 0 \\ & \ddots & & & \\ & & N_D(w_v) & & \\ & & & \ddots & \\ 0 & & & & N_D(w_t) \end{bmatrix}$$

$$=\begin{bmatrix} n_{11} & & & & & & & & & & & 0 \\ & \ddots & & & & & & & & & & \\ & & n_{1y} & & & & & & & & & \\ & & & \ddots & & & & & & & & \\ & & & & n_{1z} & & & & & & & \\ & & & & & \ddots & & & & & & \\ & & & & & & n_{v1} & & & & & \\ & & & & & & & \ddots & & & & \\ & & & & & & & & n_{vy} & & & \\ & & & & & & & & & \ddots & & \\ & & & & & & & & & & n_{vz} & \\ & & & & & & & & & & & \ddots \\ & & & & & & & & & & & & n_{t1} \\ & & & & & & & & & & & & & \ddots \\ & 0 & & & & & & & & & & & & & n_{ty} \\ & & & & & & & & & & & & & & & \ddots \\ & & & & & & & & & & & & & & & & n_{tz} \end{bmatrix}$$

$$v=1,2,\cdots,t\text{，}\quad y=1,2,\cdots,z$$

式中　$N_D(up)$——单位工程资源配置数量对角矩阵；

$N_D(w_v)$——第 v 项工作资源配置数量对角矩阵；

n_{vy}——第 v 项工作的第 y 种资源的配置数量；

t——单位工程有 t 项工作；

z——t 项工作中包含资源种类数最多的一项工作包含的资源种类数。当某项工作包含的资源种类数少于 z 时，以 0 补缺空位。

③ 一般矩阵形式　单位工程资源配置数量的一般矩阵形式描述较少采用。

$$N(up)=\begin{bmatrix} n_{11} & \cdots & n_{1y} & \cdots & n_{1z} \\ \vdots & \ddots & \vdots & \ddots & \vdots \\ n_{v1} & \cdots & n_{vy} & \cdots & n_{vz} \\ \vdots & \ddots & \vdots & \ddots & \vdots \\ n_{t1} & \cdots & n_{ty} & \cdots & n_{tz} \end{bmatrix}$$

$$v=1,2,\cdots,t\text{，}\quad y=1,2,\cdots,z$$

单项工程（工程子项目/工程项目）资源配置数量描述按所包含的单位工程逐个展开。

6.5.4 资源消耗量描述

6.5.4.1 资源消耗量基本概念

资源消耗量指在工程施工中，为完成特定施工任务需要消耗的资源数量。具体来说，劳动力资源为消耗的工日数，施工机械为消耗的机械台班数，材料为消耗的材料数量。施工任务不同，资源消耗量截然不同，为此，需要定义几个相关概念。

（1）个体资源单位消耗量　个体资源单位消耗量指完成1个单位工程量的分部分项工程需要消耗的某种资源的数量，记为a，与资源配置数量类似，有如下情况。

a泛指某种资源单位消耗量；a_y代表第y种资源单位消耗量；a_{iy}代表第i个工程子项目中的第y种资源单位消耗量；$a(i,j)_y$代表第i个工程子项目中的第j个单项工程中第y种资源单位消耗量，也可描述为$a(i)_{jy}$；$a(i,j,k)_y$代表第i个工程子项目中的第j个单项工程中第k个单位工程中的第y种资源单位消耗量，也可描述为$a(i,j)_{ky}$；$a(i,j,k,v)_y$代表第i个工程子项目中的第j个单项工程中第k个单位工程中的第v项工作中的第y种资单位消耗量，也可描述为$a(i,j,k)_{vy}$。

（2）个体资源合计消耗量　个体资源合计消耗量指完成一定工程量的分部分项工程需要消耗的某种资源的数量，记为ua，u为分部分项工程工程量，也存在以下多种特指情况：

ua泛指某种资源合计消耗量；ua_y代表第y种资源合计消耗量；ua_{iy}代表第i个工程子项目中的第y种资源合计消耗量；$ua(i,j)_y$代表第i个工程子项目中的第j个单项工程中第y种资源合计消耗量，也可描述为$ua(i)_{jy}$；$ua(i,j,k)_y$代表第i个工程子项目中的第j个单项工程中第k个单位工程中的第y种资源单位消耗量，也可描述为$ua(i,j)_{ky}$；$ua(i,j,k,v)_y$指第i个工程子项目中的第j个单项工程中第k个单位工程中的第v项工作中的第y种资单位消耗量，也可描述为$ua(i,j,k)_{vy}$。

（3）分部分项工程资源单位消耗量　分部分项工程资源单位消耗量指完成1个单位工程量的分部分项工程所需的所有（或多种）资源的消耗数量，通常以向量表示，记为$A(w)$。

（4）单位工程资源单位消耗量　单位工程资源单位消耗量指构成单位工程的全部（或多项）分部分项工程资源单位消耗量，通常以矩阵表示，记为$A(up)$。

（5）单项工程资源单位消耗量　单项工程资源单位消耗量指构成单项工程的全部（或多个）单位工程资源单位消耗量，通常以矩阵表示，记为$A(sp)$。

（6）工程子项目资源单位消耗量　工程子项目资源单位消耗量指构成工程子项目的全部（或多个）单项工程资源单位消耗量，通常以矩阵表示，记为$A(EC)$。

（7）工程项目资源单位消耗量　工程项目资源单位消耗量指构成工程项目的全部（或多个）工程子项目资源单位消耗量，通常以矩阵表示，记为$A(EP)$。

6.5.4.2 分部分项工程资源消耗量描述

（1）分部分项工程资源单位消耗量

$$A(w)=(a_1\cdots a_y\cdots a_z)\text{或}(a_1\cdots a_2\cdots a_z)^{\mathrm{T}}$$

（2）分部分项工程资源合计消耗量

$$UA(w)=u(a_1\cdots a_y\cdots a_z)=(ua_1\cdots ua_y\cdots ua_z)$$

式中 $UA(w)$ ——分部分项工程资源合计消耗量；
u ——分部分项工程工程量；
ua_y ——第 y 种资源合计消耗量；
z ——分部分项工程共需 z 种资源。

6.5.4.3 单位工程资源消耗量描述

单位工程资源消耗量用矩阵或向量描述，矩阵描述为通常形式。

（1）单位工程资源单位消耗量

① 向量形式

$$A(up)=(a_1\cdots a_2\cdots a_z)\text{或}(a_1\cdots a_2\cdots a_z)^{\mathrm{T}}$$

② 矩阵形式

$$A(up)=\begin{bmatrix}A(w_1)\\ \vdots\\ A(w_v)\\ \vdots\\ A(w_t)\end{bmatrix}=\begin{bmatrix}a_{11}&\cdots&a_{1y}&\cdots&a_{1z}\\ \vdots&\ddots&\vdots&\ddots&\vdots\\ a_{v1}&\cdots&a_{vy}&\cdots&a_{vz}\\ \vdots&\ddots&\vdots&\ddots&\vdots\\ a_{t1}&\cdots&a_{ty}&\cdots&a_{tz}\end{bmatrix}\quad(v=1,2,\cdots,t;\ \ y=1,2,\cdots,z)$$

式中 $A(up)$ ——单位工程资源单位消耗量；
$A(w_v)$ ——第 v 项工作资源单位消耗量；
a_{vy} ——第 v 项工作的第 y 种资源单位消耗量；
t ——单位工程有 t 项工作；
z ——t 项工作中资源种类数最多的一项工作的资源种类数。

当某项工作包含的资源种类数少于 z 时以 0 补缺空位。

（2）单位工程资源合计消耗量

$$UA(up)=\begin{bmatrix}UA(w_1)\\ \vdots\\ UA(w_v)\\ \vdots\\ UA(w_t)\end{bmatrix}=\begin{bmatrix}u_1a_{11}&\cdots&u_1a_{1y}&\cdots&u_1a_{1z}\\ \vdots&\ddots&\vdots&\ddots&\vdots\\ u_va_{v1}&\cdots&u_va_{vy}&\cdots&u_va_{vz}\\ \vdots&\ddots&\vdots&\ddots&\vdots\\ u_ta_{t1}&\cdots&u_ta_{ty}&\cdots&u_ta_{tz}\end{bmatrix}$$

$$UA(up)=U_D(up)A(up)=\begin{bmatrix}u_1&&&&0\\ &\ddots&&&\\ &&u_v&&\\ &&&\ddots&\\ 0&&&&u_t\end{bmatrix}\begin{bmatrix}a_{11}&\cdots&a_{1y}&\cdots&a_{1z}\\ \vdots&\ddots&\vdots&\ddots&\vdots\\ a_{v1}&\cdots&a_{vy}&\cdots&a_{vz}\\ \vdots&\ddots&\vdots&\ddots&\vdots\\ a_{t1}&\cdots&a_{ty}&\cdots&a_{tz}\end{bmatrix}$$

$$=\begin{bmatrix}u_1a_{11}&\cdots&u_1a_{1y}&\cdots&u_1a_{1z}\\ \vdots&\ddots&\vdots&\ddots&\vdots\\ u_va_{v1}&\cdots&u_va_{vy}&\cdots&u_va_{vz}\\ \vdots&\ddots&\vdots&\ddots&\vdots\\ u_ta_{t1}&\cdots&u_ta_{ty}&\cdots&u_ta_{tz}\end{bmatrix}\quad(v=1,2,\cdots,t;\ \ y=1,2,\cdots,z)$$

式中 $UA(up)$ ——单位工程资源合计消耗量；

$UA(w_v)$ ——第 v 项工作资源合计消耗量；

$A(up)$ ——单位工程资源单位消耗量；

$u_v a_{vy}$ ——第 v 项工作的第 y 种资源的合计消耗量；

$U_D(up)$ ——单位工程工程量对角矩阵；

u_v ——第 v 项工作工程量；

a_{vy} ——第 v 项工作的第 y 种资源单位消耗量；

t ——单位工程有 t 项工作；

z ——t 项工作中资源种类数最多的一项工作的资源种类数。

当某项工作包含的资源种类数少于 z 时以 0 补缺空位。

单项工程（工程子项目/工程项目）资源单位消耗量及合计消耗量描述按所包含的单位工程逐个展开。

6.5.4.4 工程项目资源分类描述

由于工程项目资源数目巨大，通常需要进行分类管理，因此工程项目资源需要进行分类描述。

（1）劳动力资源描述 劳动力资源描述与资源描述完全一致，只是代号做如下替换。

① 劳动力资源一般描述 r_{rg} 替换为 r；R_{rg} 替换为 R。

② 劳动力资源价格描述 p_{rg} 替换为 p；P_{rg} 替换为 P。

③ 劳动力资源配置数量描述 n_{rg} 替换为 n；N_{rg} 替换为 N。

④ 劳动力资源消耗量描述 a_{rg} 替换为 a；ua_{rg} 替换为 ua；A_{rg} 替换为 A；UA_{rg} 替换为 UA。

（2）机械设备资源描述 机械设备资源描述与资源一般描述完全一致，只是代号做如下替换。

① 机械设备资源一般描述 r_{jx} 替换为 r；R_{jx} 替换为 R。

② 机械设备资源价格描述 p_{jx} 替换为 p；P_{jx} 替换为 P。

③ 机械设备资源配置数量描述 n_{jx} 替换为 n；N_{jx} 替换为 N。

④ 机械设备资源消耗量描述 a_{jx} 替换为 a；ua_{jx} 替换为 ua；A_{jx} 替换为 A；UA_{jx} 替换为 UA。

（3）材料资源描述 材料资源描述与资源描述完全一致，只是代号做如下替换。

① 材料资源一般描述 r_{cl} 替换为 r；R_{cl} 替换为 R。

② 材料资源价格描述 p_{cl} 替换为 p；P_{cl} 替换为 P。

③ 材料资源配置数量描述 n_{cl} 替换为 n；N_{cl} 替换为 N。

④ 材料资源消耗量描述 a_{cl} 替换为 a；ua_{cl} 替换为 ua；A_{cl} 替换为 A；UA_{cl} 替换为 UA。

⑤ 管理资源描述 管理资源一般描述与资源一般描述不同，管理资源不再细分个体资源，通常只针对一个整体施工任务（工程子项目或工程项目），不再细分单项工程、单位工程、分部分项工程。管理资源描述更多地以系统的、详细的施工组织设计来反映。代号做如下替换：R_{gl} 替换为 R；P_{gl} 替换为 P。

6.5.4.5 工程项目资源综合描述

为便于对一项工作或一个单位工程甚至一个工程项目的资源情况进行全面的掌握，有时需要对资源进行综合描述。综合描述的内容可根据实际需要自行设计，以下列举几种常用的综合描述。

（1）分部分项工程资源综合描述矩阵 $NPA(w)$

$$NPA(w)=\begin{bmatrix} n_1 & p_1 & a_1 \\ \vdots & \vdots & \vdots \\ n_y & p_y & a_y \\ \vdots & \vdots & \vdots \\ n_z & p_z & a_z \end{bmatrix} y=1,2,\cdots,z$$

式中　$NPA(w)$ ——工作资源综合描述矩阵

n_y ——第 y 种资源配置数量；

p_y ——第 y 种资源价格；

a_y ——第 y 种资源单位消耗量；

z ——工作共有 z 种资源。

（2）单位工程资源综合描述分块矩阵 $|N|P|A|(uP)$

$$|N|P|A|(up)=\begin{bmatrix} n_{11} & \cdots & n_{1y} & \cdots & n_{1z} & p_{11} & \cdots & p_{1y} & \cdots & p_{1z} & a_{11} & \cdots & a_{1y} & \cdots & a_{1z} \\ \vdots & \ddots & \vdots & \ddots & \vdots & \vdots & \ddots & \vdots & \ddots & \vdots & \vdots & \ddots & \vdots & \ddots & \vdots \\ n_{v1} & \cdots & n_{vy} & \cdots & n_{vz} & p_{v1} & \cdots & p_{vy} & \cdots & p_{vz} & a_{v1} & \cdots & a_{vy} & \cdots & a_{vz} \\ \vdots & \ddots & \vdots & \ddots & \vdots & \vdots & \ddots & \vdots & \ddots & \vdots & \vdots & \ddots & \vdots & \ddots & \vdots \\ n_{t1} & \cdots & n_{ty} & \cdots & n_{tz} & p_{t1} & \cdots & p_{ty} & \cdots & p_{tz} & a_{t1} & \cdots & a_{ty} & \cdots & a_{tz} \end{bmatrix}$$

$$v=1,2,\cdots,t;\ y=1,2,\cdots,z$$

式中　$|N|P|A|(up)$ ——单位工程资源综合描述分块矩阵；

n_{vy} ——第 v 项工作中第 y 种资源配置数量；

p_{vy} ——第 v 项工作中第 y 种资价格；

a_{vy} ——第 v 项工作中第 y 种资源单位消耗量；

t ——单位工程共有 t 项工作；

z —— t 项工作中资源种类数最多的一项工作的资源种类数。

当某项工作的资源种类数少于 z 时以0补缺空位。

（3）工程项目资源综合描述纵横分块矩阵 $|\overline{N}|\overline{P}|\overline{A}|(EP)$

$$|\overline{N}|\overline{P}|\overline{A}|(Ep)=\begin{bmatrix} |N|P|A|(up_{11}) & \cdots & |N|P|A|(up_{1k}) & \cdots & |N|p|A|(up_{1s}) \\ \vdots & \vdots & \vdots & \vdots & \vdots \\ |N|P|A|(up_{j1}) & \cdots & |N|P|A|(up_{jk}) & \cdots & |N|p|A|(up_{js}) \\ \vdots & \vdots & \vdots & \vdots & \vdots \\ |N|P|A|(up_{m1}) & \cdots & |N|P|A|(up_{mk}) & \cdots & |N|p|A|(up_{ms}) \end{bmatrix}$$

$$\left|N\right|P\left|A\right|(up_{jk})=\begin{bmatrix} n(j,k)_{11} & \cdots & n(j,k)_{1y} & \cdots & n(j,k)_{1z} & p(j,k)_{11} & \cdots & p(j,k)_{1y} & \cdots & p(j,k)_{1z} & a(j,k)_{11} & \cdots & a(j,k)_{1y} & \cdots & a(j,k)_{1z} \\ \vdots & \ddots & \vdots & \ddots & \vdots & \vdots & \ddots & \vdots & \ddots & \vdots & \vdots & \ddots & \vdots & \ddots & \vdots \\ n(j,k)_{v1} & \cdots & n(j,k)_{vy} & \cdots & n(j,k)_{vz} & p(j,k)_{v1} & \cdots & p(j,k)_{vy} & \cdots & p(j,k)_{vz} & a(j,k)_{v1} & \cdots & a(j,k)_{vy} & \cdots & a(j,k)_{vz} \\ \vdots & \ddots & \vdots & \ddots & \vdots & \vdots & \ddots & \vdots & \ddots & \vdots & \vdots & \ddots & \vdots & \ddots & \vdots \\ n(j,k)_{t1} & \cdots & n(j,k)_{ty} & \cdots & n(j,k)_{tz} & p(j,k)_{t1} & \cdots & p(j,k)_{ty} & \cdots & p(j,k)_{tz} & a(j,k)_{t1} & \cdots & a(j,k)_{ty} & \cdots & a(j,k)_{tz} \end{bmatrix}$$

$$(j=1,2,\cdots,m\ ;\ k=1,2,\cdots,s\ ;\ v=1,2,\cdots,t\ ;\ y=1,2,\cdots,z)$$

式中 $\left|\overline{N}\right|\overline{P}\left|\overline{A}\right|(Ep)$ ——工程项目资源综合描述纵横分块矩阵；

$\left|N\right|P\left|A\right|(up_{jk})$ ——第 j 个单项工程的第 k 类单位工程资源综合描述分块矩阵；

$n(j,k)_{vy}$ ——第 j 个单项工程的第 k 类单位工程中第 v 项工作中第 y 种资源配置数量；

$p(j,k)_{vy}$ ——第 j 个单项工程的第 k 类单位工程第 v 项工作中第 y 种资价格；

$a(j,k)_{vy}$ ——第 j 个单项工程的第 k 类单位工程第 v 项工作中第 y 种资源单位消耗量；

m ——工程项目共有 m 个单项工程；

s ——工程项目共有 s 类单位工程；

t ——第 j 个单项工程的第 k 类单位工程共有 t 项工作；

z ——第 j 个单项工程的第 k 类单位工程的 t 项工作中资源种类数最多的一项工作的资源种类数。

当某项工作的资源种类数少于 z 时以 0 补缺空位，上述描述只展开单位工程 up_{jk} 资源综合描述分块矩阵，其他单位工程资源综合描述依此类推。

6.6 施工过程描述

施工过程由若干参数或参数矩阵决定和反映，施工状况如何、正常与否可以通过参数值大小、偏差情况（实际值与计划值的比较）来衡量和判定。描述施工过程的参数主要包括工程量类、时间类、成本类、质量类和综合类等几个方面。

控制期编号约定：除延续前述 i、j、k、v 编号外，需要约定控制期编号：$g=1,2,\cdots,h$。控制期编号一律出现在参数最后面，单独用“(g)”注明，当缺省标注时指当期。

6.6.1 工程量类

工程量是反映施工任务、工程规模大小的重要参数。

6.6.1.1 分部分项工程工程量

分部分项工程工程量描述属个体描述，主要通过以下一些代号来实现：u 代表工程量；u^p

代表计划完成工程量（当期）；$u^p(g)$ 代表第 g 期计划完成工程量；$\sum u^p$ 代表累计计划完成工程量（当期）；$\sum u^p(g)$ 代表截至第 g 期累计计划完成工程量；u^a 代表实际完成工程量（当期）；$u^a(g)$ 代表第 g 期实际完成工程量；$\sum u^a$ 代表累计已完成工程量（当期）；$\sum u^a(g)$ 代表截至第 g 期累计已完成工程量；Δu 代表工程量偏差（当期）；$\Delta u(g)$ 代表第 g 期工程量偏差；$\sum \Delta u$ 代表累计工程量偏差（当期）；$\sum \Delta u(g)$ 代表截至第 g 期累计工程量偏差；$\Delta u\%$ 代表工程量偏差率（当期）；$\Delta u\%(g)$ 代表第 g 期工程量偏差率；$\sum \Delta u$ 代表累计工程量偏差率（当期）；$\sum \Delta u\%(g)$ 代表截至第 g 期累计工程量偏差率；u^s 代表剩余工程量（当期）；$u^s(g)$ 代表截至第 g 期剩余工程量。

当需要特指某项工作时，在上述代号中注明具体工作代号，例如：$u^p(w_v)$ 代表第 v 项工作当期计划完成工程量，也可简化为u_v^p；$\Delta u\%\left[w(j,k)_v\right](g)$ 代表第 j 个单项工程中第 k 个单位工程中第 v 项工作在第 g 期的工程量偏差率，也可简化为$\Delta u\%(j,k)_v(g)$；$u^s\left[w(i,j,k)_t\right](3)$ 代表第 i 个工程子项目中第 j 个单项工程中第 i 个单位工程中第 t 项工作截至第 3 期的剩余工程量，也可简化为$u^s(i,j,k)_t(3)$。

6.6.1.2　单位工程工程量

单位工程工程量描述属群体描述，有向量、对角矩阵两种形式，对角矩阵为通常形式。

（1）向量形式

$$U(up)=\begin{pmatrix}u_1 & \cdots & u_v & \cdots & u_t\end{pmatrix} \text{或} \begin{pmatrix}u_1 & \cdots & u_v & \cdots & u_t\end{pmatrix}^{\mathrm{T}} \ (v=1,2,\cdots,t)$$

式中　$U(up)$ ——单位工程工程量向量；

u_v ——第 v 项工作工程量；

t ——单位工程共有 t 项工作。

（2）对角矩阵形式

$$U_D(up)=\begin{bmatrix}u_1 & & & & 0\\ & \ddots & & & \\ & & u_v & & \\ & & & \ddots & \\ 0 & & & & u_t\end{bmatrix} (v=1,2,\cdots,t)$$

单项工程（工程子项目/工程项目）工程量描述按所包含的单位工程逐个展开。

6.6.2　时间类

时间类参数是反映工期的重要参数。

6.6.2.1　分部分项工程持续时间

分部分项工程持续时间描述属个体描述，主要有以下参数：t 代表持续时间；t^p 代表计划持续时间（当期）；$t^p(g)$ 代表第 g 期计划计划持续时间；t^a 代表实际持续时间（当期）；$t^a(g)$ 代表第 g 期实际持续时间；Δt 代表持续时间偏差（当期）；$\Delta t(g)$ 代表第 g 期持续时间偏差；$\Delta t\%$ 代表持续时间偏差率（当期）；$\Delta t\%(g)$ 代表第 g 期持续时间偏差率。

当需要特指某项工作时，在上述代号中注明具体工作代号，例如：$t^p(w_v)$代表第v项工作当期计划持续时间，也可简化为t_v^p；$\Delta t\%[w(j,k)_v](g)$代表第j个单项工程中第k个单位工程中第v项工作在第g期的持续时间偏差率，也可简化为$\Delta t\%(j,k)_v(g)$。

6.6.2.2 单位工程持续时间及工期

（1）向量形式

$$T(up)=\begin{pmatrix}t_1 & \cdots & t_v & \cdots & t_t\end{pmatrix} 或 \begin{pmatrix}t_1 & \cdots & t_v & \cdots & t_t\end{pmatrix}^{\mathrm{T}} \ (v=1,2,\cdots,t)$$

式中　$T(up)$——单位工程持续时间向量；

t_v——第v项工作持续时间；

t——单位工程共有t项工作。

（2）对角矩阵形式

$$T_D(up)=\begin{bmatrix}t_1 & & & & 0\\ & \ddots & & & \\ & & t_v & & \\ & & & \ddots & \\ 0 & & & & t_t\end{bmatrix} v=1,2,\cdots,t$$

在这里需要定义一个重要的时间概念——单位工程核心工作合计持续时间$T_{hx}(up)$。

$$T_{hx}(up)=\mathrm{tr}[T_D(up)]=\sum_{v=1}^{t}t_v \qquad (v=1,2,\cdots,t)$$

$$T(up)=\theta T_{hx}(up)$$

式中　$T_{hx}(up)$——单位工程核心工作合计持续时间；

$T(up)$——单位工程工期；

$T_D(up)$——单位工程持续时间对角矩阵；

t_v——第v项工作持续时间；

θ——工期系数（$0<\theta<1$）。

这个概念可推广至单项工程、工程子项目和工程项目，即

$$T=\theta T_{hx}\ (0<\theta<1)$$

$$T_{hx}=\mathrm{tr}(T_D)=\sum_{v=1}^{t}t_v \quad (v=1,2,\cdots,t)$$

单项工程（工程子项目/工程项目）持续时间和工期描述按所包含的单位工程逐个展开。

6.6.3 成本类

6.6.3.1 分部分项工程成本

（1）一般描述　分部分项工程成本是衡量分部分项工程经济性的重要参数，与其他参数类似，在施工过程中主要分为以下几方面描述：c代表分部分项工程成本；c^p代表分部分项

工程计划成本（当期）；$c^p(g)$ 代表分部分项工程第 g 期计划成本；c^a 代表分部分项工程实际成本（当期）；$c^a(g)$ 代表分部分项工程第 g 期实际成本；Δc 代表分部分项工程成本偏差（当期）；$\Delta c(g)$ 代表分部分项工程成本第 g 期成本偏差；$\Delta c\%$ 代表分部分项工程成本偏差率（当期）；$\Delta c\%(g)$ 代表分部分项工程第 g 期成本偏差率。

（2）扩展描述　由于人们对成本的认知更加深入、更为彻底，成本描述与其他参数描述不同，需要描述的内容更多、更广、更具体，其中，uc 代表分部分项工程合计成本；c_{r} 代表分部分项工程资源成本；c_{nr} 代表分部分项工程非资源成本；c_{rg} 代表分部分项工程劳动力成本；c_{jx} 代表分部分项工程机械成本；c_{cl} 代表分部分项工程材料成本；c_{gl} 代表分部分项工程管理成本；c_{qt} 代表人、材、机之外的其他成本；c_0 代表与施工生产能力变化无关的成本。

这九个参数中的后八个参数同样也需要有合计成本描述，在此不再列示。在施工过程中，与前述“c”一样，这九个参数中的每个参数也存在计划值、实际值、偏差值、偏差率等各种情况，当需要描述具体情况时，参数代号作相应替换，例如：c_{rg}^p 代表分部分项工程劳动力计划成本；$\Delta c_{\text{cl}}\%(g)$ 代表分部分项工程第 g 期材料成本偏差率。

（3）分部分项工程 $4c$ 向量

$$4c(w)=(c_{\text{rg}}\ c_{\text{jx}}\ c_{\text{cl}}\ c_{\text{qt}})$$

式中　$4c(w)$ ——分部分项工程 $4c$ 向量；

c_{rg} ——分部分项工程劳动力成本；

c_{jx} ——分部分项工程机械成本；

c_{cl} ——分部分项工程材料成本；

c_{qt} ——人、材、机之外的其他成本。

6.6.3.2　单位工程成本

单位工程成本描述有向量、矩阵和数值形式，主要内容包括：单位工程成本向量、单位工程成本对角矩阵、单位工程合计成本对角矩阵、单位工程成本（合计）、单位工程 $4c$ 矩阵。其他描述可根据实际需要自行设计。

（1）单位工程成本向量

$$C_{1\times t}(up)=(c_1\ \cdots\ c_v\ \cdots\ c_t)$$

$$C_{t\times 1}(up)=(c_1\ \cdots\ c_v\ \cdots\ c_t)^{\text{T}}\ v=1,2,\cdots,t$$

（2）单位工程成本对角矩阵

$$C_D(up)=\begin{bmatrix} c_1 & & & & 0 \\ & \ddots & & & \\ & & c_v & & \\ & & & \ddots & \\ 0 & & & & c_t \end{bmatrix}(v=1,2,\cdots,t)$$

（3）单位工程合计成本对角矩阵

$$UC_D(up)=\begin{bmatrix}u_1 & & & & 0\\ & \ddots & & & \\ & & u_v & & \\ & & & \ddots & \\ 0 & & & & u_t\end{bmatrix}\begin{bmatrix}c_1 & & & & 0\\ & \ddots & & & \\ & & c_v & & \\ & & & \ddots & \\ 0 & & & & c_t\end{bmatrix}$$

$$=\begin{bmatrix}u_1c_1 & & & & 0\\ & \ddots & & & \\ & & u_vc_v & & \\ & & & \ddots & \\ 0 & & & & u_tc_t\end{bmatrix}=\begin{bmatrix}uc_1 & & & & 0\\ & \ddots & & & \\ & & uc_v & & \\ & & & \ddots & \\ 0 & & & & uc_t\end{bmatrix}(v=1,2,\cdots,t)$$

式中　uc_v——第 v 项工作合计成本。

（4）单位工程合计成本的数值形式　当单位工程合计成本对角矩阵包含的工作是该单位工程的全部工作时，单位工程合计成本的数值形式为：

$$UC(up)=tr\left[UC_D(up)\right]=tr\left[U_D(up)C_D(up)\right]$$

式中　$UC(up)$——单位工程合计成本；

$UC_D(up)$——单位工程合计成本对角矩阵；

$U_D(up)$——单位工程工程量对角矩阵；

$C_D(up)$——单位工程成本对角矩阵。

这种运算关系可推广到单项工程、工程子项目、工程项目，上式可简记为：

$$UC=\mathrm{tr}(UC_D)=\mathrm{tr}(U_DC_D)$$

（5）单位工程 4*c* 矩阵

$$4C(up)=\begin{bmatrix}c_{\mathrm{rg}_1} & c_{\mathrm{jx}_1} & c_{\mathrm{cl}_1} & c_{\mathrm{qt}_1}\\ \vdots & \vdots & \vdots & \vdots\\ c_{\mathrm{rg}_v} & c_{\mathrm{jx}_v} & c_{\mathrm{cl}_v} & c_{\mathrm{qt}_v}\\ \vdots & \vdots & \vdots & \vdots\\ c_{\mathrm{rg}_t} & c_{\mathrm{jx}_t} & c_{\mathrm{cl}_t} & c_{\mathrm{qt}_t}\end{bmatrix}(v=1,2,\cdots,t)$$

式中　$4C(up)$——单位工程 4*c* 矩阵；

c_{rg_v}——第 v 项工作劳动力成本；

c_{jx_v}——第 v 项工作机械成本；

c_{cl_v}——第 v 项工作材料成本；

c_{qt_v}——第 v 项工作人、材、机之外的成本。

单项工程（工程子项目/工程项目）成本描述按所包含的单位工程逐个展开。

6.6.4 质量类

分部分项工程质量描述属个体描述，单位工程、单项工程、工程子项目、工程项目质量需要个体和群体两种描述。

6.6.4.1 分部分项工程质量

分部分项工程质量描述主要有以下参数：q 代表分部分项工程质量（一般以优良率表示）；q^p 代表分部分项工程计划质量（当期）；$q^p(g)$ 代表分部分项工程第 g 期计划质量；q^a 代表分部分项工程实际质量（当期）；$q^a(g)$ 代表分部分项工程第 g 期实际质量；Δq 代表分部分项工程质量偏差（当期）；$\Delta q(g)$ 代表分部分项工程第 g 期质量偏差；$\Delta q\%$ 代表分部分项工程质量偏差率（当期）；$\Delta q\%(g)$ 代表分部分项工程第 g 期质量偏差率。

当需要特指某项工作时，在上述代号中注明具体工作代号，例如：$q^p(w_v)$ 代表第 v 项工作当期计划持续时间，也可简化记作 q_v^p；$\Delta q\%\left[w(j,k)_v\right](g)$ 代表第 j 个单项工程中第 k 个单位工程中第 v 项工作在第 g 期的持续时间偏差率，也可简化记作 $\Delta q\%(j,k)_v(g)$。

6.6.4.2 单位工程质量

（1）个体描述　单位工程质量通过两个参数反映：单位工程平均优良率 $\bar{Q}(up)$ 和单位工程最小优良率 $Q_{\min}(up)$。

$$\bar{Q}(up)=\frac{1}{t}\sum_{v=1}^{t}q_v \quad (v=1,2,\cdots,t)$$

$$Q_{\min}(up)=\min\{q_1 \quad \cdots \quad q_v \quad \cdots \quad q_t\} \quad (v=1,2,\cdots,t)$$

式中　$\bar{Q}(up)$——单位工程质量（单位工程平均质量、单位工程平均优良率）；

$Q_{\min}(up)$——单位工程最小优良率（单位工程质量离散极小值）；

q_v——第 v 项工作的质量；

t——单位工程共有 t 项工作。

（2）群体描述

① 向量形式

$$Q(up)=(q_1 \quad \cdots \quad q_v \quad \cdots \quad q_t) \text{ 或 } (q_1 \quad \cdots \quad q_v \quad \cdots \quad q_t)^{\mathrm{T}} \ (v=1,2,\cdots,t)$$

② 对角矩阵形式

$$Q_D(up)=\begin{bmatrix} q_1 & & & & 0 \\ & \ddots & & & \\ & & q_v & & \\ & & & \ddots & \\ 0 & & & & q_t \end{bmatrix} (v=1,2,\cdots,t)$$

单项工程（工程子项目/工程项目）质量描述按所包含的单位工程逐个展开。

6.6.5 工程施工生产能力

工程施工生产能力是施工计划与控制最重要的参数，分部分项工程施工生产能力只需个体描述，单位工程、单项工程、工程子项目、工程项目施工生产能力需要群体描述。

6.6.5.1 分部分项工程施工生产能力

分部分项工程施工生产能力描述主要有以下参数：x代表分部分项工程施工生产能力；x^p代表分部分项工程计划施工生产能力（当期）；$x^p(g)$代表分部分项工程第 g 期计划施工生产能力；x^a代表分部分项工程实际施工生产能力（当期）；$x^a(g)$代表分部分项工程第 g 期实际施工生产能力；Δx代表分部分项工程施工生产能力偏差（当期）；$\Delta x(g)$代表分部分项工程第 g 期施工生产能力偏差；$\Delta x\%$代表分部分项工程施工生产能力偏差率（当期）；$\Delta x\%(g)$代表分部分项工程第g期工程施工生产能力偏差率。

当需要特指某项工作时，在上述代号中注明具体工作代号，例如：$x^p(w_v)$代表第v项工作当期计划工程施工生产能力，也可简化记作x_v^p；$\Delta x\%\left[w(j,k)_v\right](g)$代表第$j$个单项工程中第$k$个单位工程中第$v$项工作在第$g$期的工程施工生产能力偏差率，也可简化记作$\Delta x\%(j,k)_v(g)$。

6.6.5.2 单位工程施工生产能力

（1）向量形式

$$X(up)=\begin{pmatrix}x_1 & \cdots & x_v & \cdots & x_t\end{pmatrix} \text{或} \begin{pmatrix}x_1 & \cdots & x_v & \cdots & x_t\end{pmatrix}^{\mathrm{T}} \ (v=1,2,\cdots,t)$$

（2）对角矩阵形式

$$X_D(up)=\begin{bmatrix}x_1 & & & & 0\\ & \ddots & & & \\ & & x_v & & \\ & & & \ddots & \\ 0 & & & & x_t\end{bmatrix} \ (v=1,2,\cdots,t)$$

单项工程（工程子项目/工程项目）施工生产能力描述按所包含的单位工程逐个展开。

6.6.6 施工过程综合描述

6.6.6.1 xutcq 向量与 XUTCQ 矩阵

（1）分部分项工程 xutcq 向量

$$\mathrm{xutcq}=\begin{pmatrix}x & u & t & c & q\end{pmatrix} \text{或} \begin{pmatrix}x & u & t & c & q\end{pmatrix}^{\mathrm{T}}$$

（2）单位工程 XUTCQ 矩阵

$$\mathrm{XUTCQ}(up)=\begin{bmatrix}x_1 & u_1 & t_1 & c_1 & q_1\\ \vdots & \vdots & \vdots & \vdots & \vdots\\ x_v & u_v & t_v & c_v & q_v\\ \vdots & \vdots & \vdots & \vdots & \vdots\\ x_t & u_t & t_t & c_t & q_t\end{bmatrix}$$

单项工程（工程子项目/工程项目）综合描述按所包含的单位工程逐个展开。

6.6.6.2 xcq 向量与 XCQ 矩阵

在通常情况下，可采用 xcp 向量与 XCQ 矩阵来更加简捷地描述施工过程，XCQ 矩阵与

XUTCQ矩阵完全类似，不再展开叙述。

6.6.7 施工作业方式与组合模式描述

（1）人机组合施工组合模式

$$M(x \quad c_{rg} \quad c_{jx} \quad c_0)$$

$$M_0(x \quad c_{rg} \quad c_{jx} \quad c_0)$$

其中，M ——人机组合施工组合模式；

M_0 ——人机组合施工基准组合模式。

（2）全人工施工作业方式

$$M_r(x \quad c_{rg} \quad c_0)$$

$$M_{r0}(x \quad c_{rg} \quad c_0)$$

其中，M_r ——全人工作业方式；

M_{r0} ——全人工基准作业方式。

（3）全机械施工作业方式

$$M_j(x \quad c_{rg} \quad c_0)$$

$$M_{j0}(x \quad c_{rg} \quad c_0)$$

其中，M_j ——全机械作业方式；

M_{j0} ——全机械基准作业方式。

第7章
工程施工资源、资源价格及其平衡

工程施工资源是工程施工的前提条件，数量、品质、时间满足要求的施工资源是施工目标实现的基本保障。资源价格是资源品质的外在反映，它不仅是施工成本最基本、最主要的构成要素，而且它还与施工质量、工期有着密切的联系。资源价格越低，成本越低，这有利于成本目标的实现，但从质量和工期要求来说，资源必须达到一定品质才可满足目标实现的基本要求。通常，资源价格越高，资源品质越高，施工质量越好，工期越短，在不同目标之间，资源的选择存在矛盾，需要寻求一种平衡。三价比较法、指标控制法、函数计算法是解决资源价格平衡问题的三类基本方法，这些方法各有优缺点，在实际工作中需要根据施工的具体情况灵活运用。

7.1 工程施工资源

7.1.1 工程施工资源的概念

资源的最初含义是指生产制造所需的基本生产要素（对于工程施工来说就是人、材、机），伴随科技进步和全球信息化给生产制造带来的巨大影响和变化，管理方法、管理工具、工艺、技术方法、信息甚至时间都是生产制造的重要资源，这种认知已经成为毋庸置疑、无需争辩的事实。

工程施工资源主要指工程施工所需的基本生产要素（人、材、机）、施工管理团队以及企业拥有的管理方法、管理工具、信息、工艺、技术方法等。

7.1.2 工程施工资源的分类

按资源属性可将工程施工资源划分为A、B、C、D、E、F 6类资源，每类资源分别由多种具体资源构成。

（1）A类资源　项目管理团队R_A：

① 管理人员R_{A1}；

② 施工采用的管理模式、管理方法和管理手段R_{A2}；

③ 其他（①②不能包含的其他管理资源）R_{A3}。

（2）B类资源　施工企业掌握并能付诸实施的工艺、技术和方法R_B：

① 工艺、技术、方法一 R_{B1}；
② 工艺、技术、方法二 R_{B2}；
……
（3）C 类资源　劳动力 R_C：
① 普通工人 R_{C1}；
② 技术工人一 R_{C2}；
③ 技术工人二 R_{C3}；
……
（4）D 类资源　机械设备 R_D：
① 机械设备一 R_{D1}；
② 机械设备二 R_{D2}；
……
（5）E 类资源　材料 R_E：
① 材料一 R_{E1}；
② 材料二 R_{E2}；
……
（6）F 类资源　以上五类不能包含的其他资源 R_F：
① 其他一 R_{F1}；
② 其他二 R_{F2}；
……

7.2　施工资源价格及相关概念

7.2.1　施工资源价格

按工程领域惯例，资源价格指某种具体资源的价格，一般不笼统地使用资源价格的称谓，而以资源的具体名称来界定概念的含义。

（1）人工价格　人工价格，即劳动力价格，指某种具体工种工人的价格，单位为元/工日、元/综合工日。

（2）机械台班价格　机械台班价格指某种具体机械的台班费价格，单位为元/台班；

（3）材料价格　某种具体材料的价格，单位为元/t、元/m^3、元/m^2、元/m、元/个……

（4）管理资源价格　对于管理资源价格，很难针对具体资源给出价格，按现行工程造价计价方法，管理资源价格针对整个工程项目（工程子项目、单项工程、单位工程）或分部分项工程进行计算。

在工程量清单计价模式下，管理资源价格以分部分项工程计算，是一种单价形式的价格。管理资源价格=分部分项工程综合单价中的管理费，单位一般为元/m^3、元/m^2、元/m、元/t、元/个……，其中 m^3、m^2、m、t、个……是分部分项工程的工程量计量单位。

在定额计价模式下，管理资源价格以整个工程项目（工程子项目、单项工程、单位工程）计算，是一种总价形式的价格。管理资源价格=整个工程项目（工程子项目、单项工程、单位工程）管理费，若需要单价，管理资源单价=整个工程项目（工程子项目、单项工程、单位工程）的管理费÷工程项目（单项工程、单位工程）建设规模。

7.2.2 施工资源价格的相关概念

为便于后述资源价格平衡问题的阐述，有必要先对一些相关概念作简要的关联和区分。

7.2.2.1 分部分项工程成本 C_i

第 i 项分部分项工程的工程量是 u_i，该分部分项工程施工需要 $J_1(J_1=1, 2, \cdots, m_1)$种劳动力、$J_2(J_2=1, 2, \cdots, m_2)$种机械、$J_3(J_3=1, 2, \cdots, m_3)$种材料。$J_1(J_1=1, 2, \cdots, m_1)$种劳动力的价格是 $p(i, j_1)$、消耗量是 $a(i, j_1)$；J_2（$J_2=1, 2, \cdots, m_2$）种机械的台班价格是 $p(i, j_2)$、消耗量是 b（i, j_2）；$J_3(J_3=1, 2, \cdots, m_3)$种材料的价格是 $p(i, j_3)$、消耗量是 d（i, j_3）。该分部分项工程各项成本计算如下。

分部分项工程单位成本（C_i）=分部分项工程资源成本（C_{Ri}）+分部分项工程非资源成本（C_{NRi}）

分部分项工程合计成本（UC_i）=工程量（u_i）×分部分项工程单位成本（C_i）

（1）分部分项工程资源成本

分部分项工程资源成本（C_{Ri}）=分部分项工程人工成本（C_{Rgi}）+分部分项工程机械成本（C_{jxi}）+分部分项工程材料成本（C_{cli}）+分部分项工程管理成本（C_{gli}）。

① 分部分项工程人工成本

a．分部分项工程单位人工成本（C_{rgi}）=Σ［人工消耗量 $a(i, j_1)$×人工价格 $p(i, j_1)$］

=人工综合消耗量 a_i×人工综合价格 $p_i(J_1=1, 2, \cdots, m_1)$

b．分部分项工程合计人工成本（C_{rgi}）=工程量（u_i）×单位人工成本

② 分部分项工程机械成本

a．分部分项工程单位机械成本（C_{jxi}）=Σ［机械台班消耗量 $b(i, j_2)$×机械台班价格 $p(i, j_2)$］$(J_2=1,2,\cdots,m_2)$

b．分部分项工程合计机械成本（C_{jxi}）=工程量（u_i）×单位机械成本（C_{jxi}）

③ 分部分项工程材料成本

a．分部分项工程单位材料成本（C_{cli}）=Σ［材料消耗量 $d(i, j_3)$×材料价格 $p(i, j_3)$］$(J_3=1, 2, \cdots, m_3)$

b．分部分项工程合计材料成本（C_{cli}）=工程量（u_i）×单位材料成本

④ 分部分项工程管理成本

a．分部分项工程单位管理成本（C_{gli}）=分部分项工程综合单价中的管理费

b．分部分项工程合计管理成本（C_{gli}）=工程量（u_i）×单位管理成本

（2）分部分项工程非资源成本

① 分部分项工程单位非资源成本（C_{NRi}）等于一个单位工程量计取的下列费用：总价措施费、其他项目费、规费、税金。

② 分部分项工程合计非资源成本（C_{NRi}）=工程量（u_i）×单位成本

7.2.2.2 分部分项工程综合单价与合价

① 分部分项工程单位资源成本（C_{Ri}）=分部分项工程综合单价-利润

② 分部分项工程合计资源成本（C_{Ri}）=分部分项工程综合合计价格-合计利润

7.2.2.3 分部分项工程直接费单价与合价

① 分部分项工程单位资源成本（C_{Ri}）=分部分项工程直接费单价+管理费单价

② 分部分项工程合计资源成本（C_{Ri}）=分部分项工程直接费合价+管理费合价

7.2.2.4　分部分项工程利润

① 分部分项工程单位工程量利润=分部分项工程全费用价格（造价）-分部分项工程单位成本=分部分项工程综合单价-分部分项工程单位资源成本

② 分部分项工程合计利润=工程量（u_i）×单位工程量利润

7.2.2.5　分部分项工程造价（全费用价格）

① 分部分项工程单位造价=分部分项工程单位成本（C_i）+单位工程量利润

② 分部分项工程合计造价=工程量（u_i）×单位造价

7.2.2.6　单位工程（单项工程、工程子项目、工程项目）成本

单位工程成本（C）=单位工程资源成本（C_{R}）+单位工程非资源成本（C_{NR}）；

单位工程单位成本（C）=单位工程成本（C）÷建设规模

（1）单位工程资源成本

单位工程资源成本（C_{R}）=Σ分部分项工程资源成本（$C_{\mathrm{R}i}$）+Σ单价措施项目资源成本（$C_{\mathrm{R}j}$）（i=1, 2, …, n，j=1, 2, …, m，单位工程有 n 项分部分项工程，m 个单价措施项目）

单位工程资源成本（C_{R}）=单位工程人工成本（C_{Rg}）+单位工程机械成本（C_{jx}）+单位工程材料成本（C_{cl}）+单位工程管理成本（C_{gl}）；

单位工程单位资源成本（C_{R}）=单位工程资源成本（C_{R}）÷建设规模

① 单位工程人工成本

a．单位工程人工成本=Σ分部分项工程人工成本（$C_{\mathrm{rg}i}$）+Σ单价措施项目人工成本（$C_{\mathrm{rg}j}$）（i=1, 2, …, n，j=1, 2, …, m，单位工程有 n 项分部分项工程，m 个单价措施项目）；

b．单位工程单位人工成本=单位工程人工成本÷建设规模

② 单位工程机械成本

a．单位工程机械成本=Σ分部分项工程机械成本（$C_{\mathrm{jx}i}$）+Σ单价措施项目机械成本（$C_{\mathrm{jx}j}$）（i=1, 2, …, n，j=1, 2, …, m，单位工程有 n 项分部分项工程，m 个单价措施项目）

b．单位工程单位机械成本=单位工程机械成本÷建设规模

③ 单位工程材料成本

a．单位工程材料成本=Σ分部分项工程材料成本（$C_{\mathrm{cl}i}$）+Σ单价措施项目材料成本（$C_{\mathrm{cl}j}$）（i=1, 2, …, n，j=1, 2, …, m，单位工程有 n 项分部分项工程，m 个单价措施项目）

b．单位工程单位材料成本=单位工程材料成本÷建设规模

④ 单位工程管理成本

a．工程量清单计价模式

单位工程管理成本=Σ分部分项工程管理成本（$C_{\mathrm{gl}i}$）+Σ单价措施项目管理成本（$C_{\mathrm{gl}j}$）（i=1, 2, …, n，j=1, 2, …, m，单位工程有 n 项分部分项工程，m 个单价措施项目）

b．定额计价模式

单位工程管理成本=单位工程管理费

单位工程单位管理成本=单位工程管理成本÷建设规模

（2）单位工程非资源成本

① 单位工程非资源成本=总价措施费+其他项目费+规费+税金

② 单位工程单位非资源成本=单位工程非资源成本÷建设规模

（3）单位工程造价

① 单位工程造价=单位工程成本+单位工程利润

② 单位工程单位造价=单位工程造价÷建设规模

以上分析得出的结论是：资源价格是分部分项工程（单价措施项目）成本及工程项目（工程子项目、单项工程、单位工程）成本最基本的构成要素。

7.3 施工资源价格与施工目标的关系

7.3.1 施工资源价格与成本的关系

资源价格直接反映资源成本，资源成本是工程成本最主要的组成部分，对工程成本具有决定性影响。资源价格 $P(p)$与成本 $C(c)$是线性关系，即

$$C = F(P) = UAP + IC_{nr} = \sum_{i=1}^{n} c_i \quad (i = 1,2\cdots n)$$

$$c_i = f(p) = \sum_{j=1}^{m} ua_j p_j + c_{i0} \quad (j = 1,2\cdots m)$$

$$UA = (ua_1 \cdots ua_k \cdots ua_r)\text{；} \quad P = (p_1 \cdots p_k \cdots p_r)^{\mathrm{T}} \quad (k = 1,2\cdots r)$$

$$I_{1\times n} = (1\cdots 1\cdots 1)\text{；} \quad C_{nr\,n\times 1} = (c_{nr_1} \cdots c_{nr_i} \cdots c_{nr_n})^{\mathrm{T}} \quad (i = 1,2\cdots n)$$

式中 C——工程项目成本；

UA——资源消耗量，r 维行向量（合计消耗量）；

P——资源价格 r 维列向量；

I——n 维单位行向量；

C_{nr}——n 维非资源成本列向量；

c_i——第 i 项工作的成本；

ua_j——第 i 项工作对第 j 种资源的消耗量（合计消耗量）；

p_j——第 i 项工作中第 j 种资源的价格；

c_{i0}——第 i 项工作的非资源成本；

n——项目有 n 项工作；

r——项目需要消耗 r 种资源；

m——第 i 项工作需要 m 种资源。

资源价格与成本的关系如图 7-1 所示。

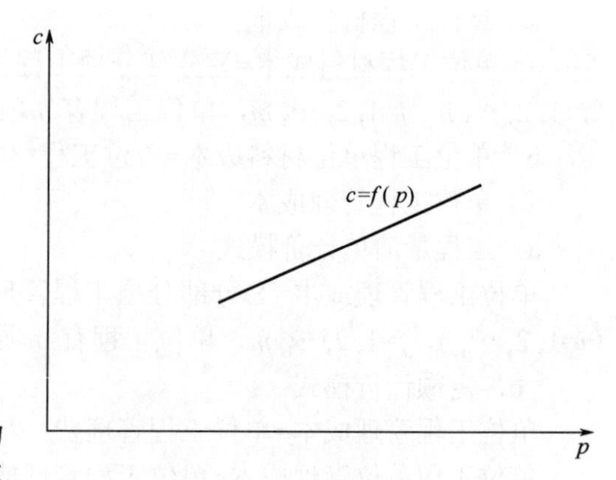

图 7-1 资源价格与成本的线性关系

7.3.2 施工资源价格与工期的关系

资源价格与工期的关系并不直接，相对较为复杂。要分析资源价格与工期的关系，首先需要分析工期与资源成本的关系，工期不是资源成本（价格）的函数（像不唯一），但资源成本是工期的函数。资源成本与工期的关系如图 7-2 所示，记该函数为 $C/C_{\mathrm{R}}=C(T)$。函数是一个分段函数，一般分为四段（根据项目具体情况及实

际需要可分更多段)，定义域 $T\in[T_{min}, T_{max}]$，值域 $C\in[C_{min}, C_2]$。

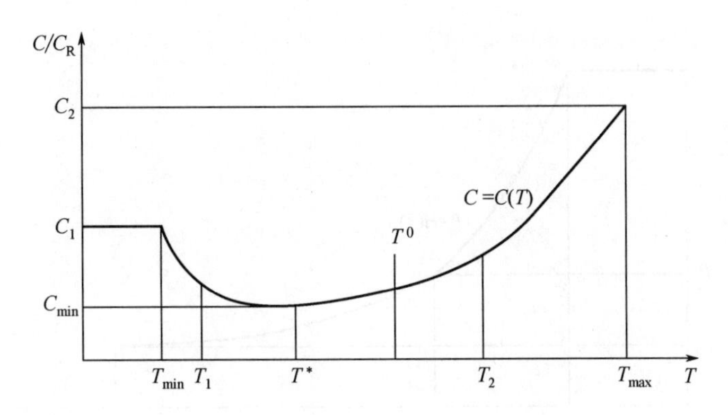

图 7-2　资源成本与工期的关系示意

图 7-2 表明：在接近极限工期的一定范围 $[T_{min}, T_1]$ 内，资源成本随工期的增大迅速递减，此后，在一定范围 $(T_1, T^*]$ 内，资源成本随工期的增大而缓慢递减，当资源成本减小至 C_{min} 时，不再减小，相反，在 $(T^*, T_2]$ 内资源成本随工期的增大而缓慢递增，在工期大于 T_2 的一定范围 $(T_2, T_{max}]$ 内，资源成本随工期的增大而迅速递增。T_{min} 表示最短工期，即所有核心工作施工生产能力均达到 x_{ul} 时的工期，T_{max} 表示最长工期，即所有核心工作施工生产能力均为 1 时的工期。

根据图 7-2，还可作出进一步分析，并得到以下结论：

(1) T^* 为成本最优工期，理论上讲，任何项目都存在成本最优工期；

(2) (T_1, T_2) 为正常工期范围，或者说是合理工期范围；

(3) (T_2, T_{max}) 为不合理工期范围；

(4) (T_{min}, T_1) 为有特殊要求的工期范围；

(5) 在进行资源价格多目标平衡分析时，当给定工期 T^0 处于 (T^*, T_{max}) 范围内时，不需要考虑工期对资源价格的要求；当给定工期 T^0 处于 (T_{min}, T^*) 范围，尤其是处于 (T_{min}, T_1) 时需充分考虑工期对资源价格的约束。

T^* 为成本最优工期并不意味 T^* 为项目最优工期，当压缩工期带来的价值增值大于压缩工期产生的成本上升差额或不压缩（改变）工期导致的损失大于压缩工期产生的成本上升差额时，人们只会选择压缩工期。

为什么当给定工期 T^0 处于 (T^*, T_{max}) 范围内时，不需要考虑工期对资源价格的要求？当 $T^0\in(T^*, T_{max})$，工期要求 $T\leqslant T^0$（工期不超过给定工期），满足该要求的解的可行域是垂直线 $T=T^0$ 左侧区域，显然，临近 T^0 的资源成本（价格）都低于 T^0 对应的资源成本（价格），即对于所有解都满足 $T\leqslant T^0$ 的要求。

根据以上分析，结合本书 7.3.1 资源价格与成本的关系可得到资源价格与工期的关系，如图 7-3（只需画出 $T\leqslant T^*$ 部分）所示。

资源成本是关于 P_{rg}、P_{jx}、P_{cl}、P_{gl} 的多元线性函数，当分析 P_{rg} 与 T 的关系时，将另外三个视为常数，以此类推，逐个分析。对于人机组合施工的分部分项工程情况较为复杂，由于受到机利法则的约束，人工成本和机械成本相互制约，导致 P_{rg}、P_{jx} 不是独立变量，而是相互关联变量，此时需利用机利法则作更具体的分析，在此不再展开讨论。

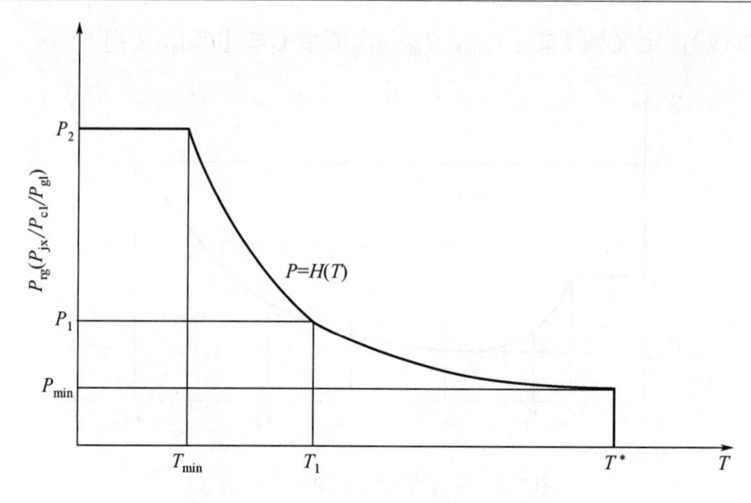

图 7-3 资源价格与工期的关系示意

7.3.3 施工资源价格与质量的关系

资源价格间接反映资源品质，实质性地反映管理团队的管理水平，人员素质，劳动力品质（责任心、专业水平、知识技能、熟练程度），工艺、技术、方法的先进程度，建筑材料和机械设备性能的优劣。这些因素对工程项目施工质量至关重要，对工程施工质量具有决定性影响。排除市场供求关系与通货膨胀对价格的影响，资源价格与质量的关系如图 7-4 所示。

图 7-4 表明：质量随资源价格的增加而变好，随资源价格的下降而变差；在质量值较低范围内，质量随资源价格的变化较为敏感，当质量处于较高水平时，资源价格变化对质量的影响将减弱；资源价格对质量的影响是有限的，质量值不可能被无限增大，最后将趋于一个极大值（优良率 100%，此时的质量也不能说是绝对最好的）。

7.3.4 施工资源价格与进度的关系

排除市场供求关系与通货膨胀对价格的影响，资源价格与进度的关系如图 7-5 所示。

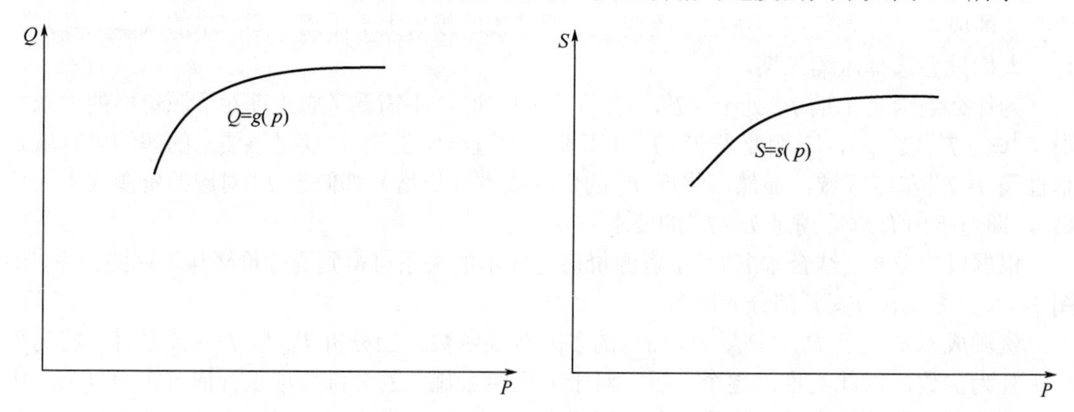

图 7-4 资源价格与质量的关系示意

图 7-5 资源价格与进度的关系示意

图 7-5 表明：进度随资源价格的增加而变快，随资源价格的下降而变慢；在进度值较低范围内，进度随资源价格的变化较为敏感，当进度处于较快水平时，资源价格变化对进度的

影响将减弱；资源价格对进度的影响是有限的，进度值不可能被无限增大，最后将趋于一个极大值。

7.3.5 资源配置确定之后资源价格与施工目标的关系

资源配置确定后（施工过程中），资源价格只对成本有影响，而与工期、进度、质量几乎无关。资源价格与成本的关系仍然保持本书 7.3.1 所述线性关系。

7.4 工程施工多目标决策的资源价格平衡问题

根据本书 7.3 节的分析结论，从成本角度，资源价格越低，成本越低，有利于成本目标的实现；从工期（进度）和质量角度，资源价格越高，质量越好，工期越短，有利于工期目标和质量目标的实现。在资源价格（准确说是资源的品质）的选择问题上存在矛盾，需要寻求平衡（适宜的资源价格），才能确保全部目标均能实现。

上述资源价格平衡问题的求解，是否可采用与求解施工生产能力类似的规划模型？

工程项目有 $i(i=1, 2, \cdots, n)$ 项工作，第 i 项工作需要 $j(j=1, 2, \cdots, m)$种资源，该项目有 $i_1(i_1=1, 2, \cdots, k)$项关键工作，第 i_1 项关键工作需要 $j_1(j_1=1, 2, \cdots, r)$种资源。

$$\text{Min}C=\text{Min}\sum_{i=1}^{n}C_i=\text{Min}\sum_{i=1}^{n}f_i(p_i)=\text{Min}\sum_{i=1}^{n}\left\{\sum_{j=1}^{m}[a(i,j)^*p(i,j)]+c_{i0}\right\}(i=1,2,\cdots,n;\ j=1,2,\cdots,m)$$

$$\text{s.t.}\quad T=\sum_{i_1=1}^{k}\sum_{j_1=1}^{r}h_{i_1}[p(i_1,j_1)]\leqslant T_0\quad(i_1=1,2,\cdots,k;\ j_1=1,2,\cdots,r)$$

$$p(i,j)>0;\ p(i_1,j_1)>0$$

$$q_i=g_i(p_i)=\sum_{j=1}^{m}g_i[p(i,j)]$$

检验条件：$q_i=\sum_{j=1}^{m}g_i[p^*(i,j)]\geqslant q_i^0$

上述计算模型没有太多实际意义，在现实中根本无法实现。原因是：资源种类复杂、数目巨大，导致需要求解的未知变量数目远远超出可求解数目；工期计算、质量计算的实现也比较困难。因此，直接建立上述模型不能解决问题，要解决资源价格平衡问题需要寻找新的方法。

7.5 施工资源价格平衡问题的解决方法

工程项目资源价格平衡问题的解决方法有 3 类：三价比较法、资源成本指标控制法和函数计算法。

7.5.1 三价比较法

三价比较法是一种定性与定量相结合，定性为主的办法。

在特定时期、特定项目属地，对于某种具体资源，一般存在三个价格：最高价、平均价、最低价（当然也有特例是三价相同或只有两价）。对于特例的决策就比较简单：①三价相等无需决策，或者说存在的决策就是，当现有可交易资源无法满足项目要求时选择放弃，跨越项目属地寻求外地资源；②两价相等即没有平均价（只有两个交易对象），要么选择高，要么选择低，对于有一定经验的项目管理者来说，根据目标态势及目标主导类型，一般可以做出正确的判断。

具体资源存在三种价格说明有多个交易对象及多种标的，此时存在多种选择，要做出正确选择需要按照一定程序，采用合理有效的方法来实现。

（1）三价比较法的实施过程　以表 7-1 来表述。

表 7-1　关键资源价格平衡分析表

序号	资源名称	资源归类	计量单位	资源价格		规格型号	品牌	对项目管理目标的满足性分析与比较			最终确定价	最终确定品牌	备注
								成本	质量	工期			
				最高价 P_M									
				平均价									
				最低价 P_m									

对该表需要说明几点：①平均价并非最高价和最低价的平均值，而是指该种资源的大多数潜在供货商实际成交价的平均值；②最终确定价不一定是三价之一，最终确定的品牌也不一定是表中列出的品牌；③当最高价或最低价不能满足目标要求时，需要放弃所有，考虑外地资源；④表中内容可根据实际需要进行扩展，比如增加资源总用量、资源合计成本等数据。

（2）需要采用三价比较法实施控制的资源　三价比较法实施对象是关键资源，对一般工程项目宜包括以下内容：

① 核心工作劳动力资源；

② 主要设备操作人员及特种作业人员；

③ 核心工作主要设备；

④ 核心工作主要材料。

7.5.2 资源成本指标控制法

资源成本指标控制法是一种通过确定一些资源成本指标来实现资源价格平衡的定量与定性结合、定量为主的办法，根据指标设置对象的不同，分为工程项目（工程子项目、单项工程、单位工程）资源成本指标控制法和分部分项工程成本指标控制法两类。前者，指标是针对整个工程项目（工程子项目、单项工程、单位工程）进行设置，后者，指标是针对分部分项工程进行设置。

7.5.2.1 工程项目（工程子项目、单项工程、单位工程）资源成本指标控制法

工程项目（工程子项目、单项工程、单位工程）资源成本指标控制法实施过程以表 7-2 反映。

表 7-2　资源成本指标控制表

项目名称：　　　　　　　　　　　　　　　　　　　　建设规模：

序号	指标名称	预算值（合同值）	确定值		差额		备注
			参考值	实际采用	单差	合差	
1	资源成本 C_R						
2	人工成本 C_{rg}						
3	机械成本 C_{jx}						
4	材料成本 C_{cl}						
5	管理成本 C_{gl}						
	合计						

注：1．全部成本指标均为单位成本；

2．预算值是指根据预算或合同价计算的成本指标值；

3．参考值为：①工程造价咨询单位（或研究机构）提供的数据；②本企业积累的类似工程经验数据；

4．单差=实际采用值-预算值；合差=单差×建设规模。

7.5.2.2　分部分项工程资源成本指标控制法

分部分项工程资源成本指标控制法实施过程以表 7-3 反映。

表 7-3　分部分项工程资源成本指标控制表

项目名称：××单位工程　　　　　　　　　　　　　　建设规模：

序号	核心工作名称	计量单位	工程量	指标			差额		备注
				预算（合同）成本 $C(C_R)$	确定值				
					参考	实际采用	单价	合价	
1	核心工作 1								
2	核心工作 2								
	⋮								
n	核心工作 n								
	合计								

注：1．预算成本栏的数据可根据数据获取的难易采用：①工程量清单中的综合单价；②分部分项工程成本；③分部分项工程资源成本；④分部分项工程单位造价等多种形式；

2．其他说明同表 7-2。

7.5.3　函数计算法

函数计算法是一种在预先确定（设定）资源价格（资源成本）与工期、质量的函数关系的基础上，通过约束分析，精确计算可行（较优）的资源价格或资源成本以解决工程项目资源价格平衡问题为目的的定量计算方法。根据计算对象的不同，分为分部分项工程函数计算法和工程项目函数计算法。

7.5.3.1　分部分项工程函数计算法

为了阐述分部分项工程资源价格平衡问题，首先需要引入两个概念，即分部分项工程综

合资源价格 p_{zh} 和分部分项工程综合资源消耗量 a_{zh}。

$$C_R=p_{zh}a_{zh}=\sum a_j p_j \quad (j=1,2,\cdots,r)$$

a_{zh} 对应 $(a_1,a_2,\cdots,a_r)$，p_{zh} 对应 $\begin{pmatrix} p_1 \\ p_2 \\ \vdots \\ p_r \end{pmatrix}$，$p_{zh}$ 是各个 p_j 的代数组合，特别地，当 p_j 恰好按照 a_j 的取值方式进行代数组合时，a_{zh}=1，此时 $p_{zh}=C_R$，即 C_R（单位成本）可以看作是分部分项工程的一个综合资源价格。分部分项工程综合资源价格 p_{zh} 指不区分各种具体资源，把全部资源视为一个综合整体进行分析和计算的价格。

分部分项工程资源价格平衡问题按照分析深度的不同，可分为综合资源价格平衡和具体资源价格平衡，下面就各类不同的平衡展开讨论。

（1）综合资源价格平衡

① 工期目标对综合资源价格的要求　$p_{zh}(p_{zh}=C_R)$表示分部分项工程 W 的综合资源价格，t 表示分部分项工程持续时间，t^0 表示按工期 T^0 分解的持续时间，当 $t^0 \leqslant t^*$时（t^*为成本最低的持续时间），持续时间与综合资源价格存在以下函数关系：

$$p_{zh}=C_R=C-C_{NR}=bt^{-\frac{m_1}{n_1}} \quad (t>1，b>0 \text{ 且为常数，} m_1、n_1 \in \mathrm{N})$$

求反函数得到 $t=\left(\dfrac{b}{p_{zh}}\right)^{\frac{n_1}{m_1}}$，工期要求为 $t \leqslant t^0$，即

$$p_{zh} \geqslant b(t^0)^{-\frac{m_1}{n_1}}$$

这就是工期目标对综合资源价格的约束，当 $t^0>t^*$时，可以不考虑工期目标对综合资源价格的约束。

② 质量目标对综合资源价格的要求　综合资源价格 p_{zh} 与质量 q 的函数关系是

$$q=d(p_{zh})^{\frac{m_2}{n_2}}+q_0$$

（$d>0$，$q_0>0$ 且均为常数，m_2、$n_2 \in \mathrm{N}$），质量要求为 $q \geqslant q^0$，即

$$p_{zh} \geqslant \left(\frac{q^0-q_0}{d}\right)^{\frac{n_2}{m_2}}$$

q^0 为质量目标要求，通常以优良率表示，例如 q^0=85%。q_0 为与资源无关的因素对质量优良率的贡献值。

③ 满足质量、工期要求的综合资源价格优解是：

$$p_{zh}^*=\mathrm{Max}\left\{\left(\frac{q^0-q_0}{d}\right)^{\frac{n_2}{m_2}},bt_0^{-\frac{m_1}{n_1}}\right\}$$

（2）具体资源价格平衡　某分部分项工程施工需要 n 种资源 $R_j(j=1,2,\cdots,n)$，这 n 种资源的价格矩阵 $P=\begin{pmatrix} p_1 \\ p_2 \\ \vdots \\ p_n \end{pmatrix}$，资源消耗量矩阵 $A=(a_1,a_2,\cdots,a_n)$，质量为 q，持续时间为 t，资源成本

为 C_R（单位成本），其计算公式为

$$C_R=AP$$

$$t=\left(\frac{b}{C_R}\right)^{\frac{n_1}{m_1}}$$

$$q=d(C_R)^{\frac{m_2}{n_2}}+q_0$$

具体资源价格平衡问题采用直接求解方法不能实现。在以上变(常)量中，若 $A=(a_1\ a_2,\cdots,a_n)$、b、d、q_0、m_1、n_1、m_2、n_2、t^0、q^0 全为已知条件，则可通过以下方法求解一个相对最优或可行的资源价格矩阵：

$$P^*=\begin{pmatrix}p_1^*\\p_2^*\\\vdots\\p_n^*\end{pmatrix}$$

① 设定一个基准资源价格矩阵

$$P^0=\begin{pmatrix}p_1^0\\p_2^0\\\vdots\\p_n^0\end{pmatrix}$$

② 给定 p_j 变化范围

$$p_1=(\alpha_1\%\sim\beta_1\%)p_1^0$$
$$p_2=(\alpha_2\%\sim\beta_2\%)p_2^0$$
$$\vdots$$
$$p_n=(\alpha_n\%\sim\beta_n\%)p_n^0$$

③ 给定搜索步距@（例如@=0.1，p 值每变化 0.1，进行一次计算）

④ 利用计算机搜索计算　在给定 p_j 的变化范围内，每间隔@，进行一次 $P=\begin{pmatrix}p_1\\p_2\\\vdots\\p_n\end{pmatrix}$，$C_R$、$t$、$q$ 值计算并对计算结果进行存储，直至完成全部间隔计算。选出满足 $t\leqslant t^0$ 且 $q\geqslant q^0$ 的全部 $P=\begin{pmatrix}p_1\\p_2\\\vdots\\p_n\end{pmatrix}$ 及 C_R，比较 C_R，当

$$p_1=\gamma_1p_1^0$$
$$p_2=\gamma_2p_2^0$$
$$\vdots$$
$$p_n=\gamma_np_n^0$$

时，C_R为最小，此时

$$P^*=\begin{pmatrix} p_1^* \\ p_2^* \\ \vdots \\ p_n^* \end{pmatrix}=\begin{pmatrix} \gamma_1 p_1^0 \\ \gamma_2 p_2^0 \\ \vdots \\ \gamma_n p_n^0 \end{pmatrix}$$

至此完成分部分项工程资源价格的平衡计算。

7.5.3.2 工程项目函数计算法

工程项目资源价格平衡问题按照分析深度的不同，可分为以工程项目资源成本反映的资源价格平衡和以具体资源价格反映的资源价格平衡。具体资源价格平衡包括全部具体资源价格平衡和部分具体资源价格平衡。部分具体资源价格平衡包括主要人、材、机价格平衡、主要劳动力价格平衡、主要机械台班价格平衡、主要材料价格平衡等。下面就各类不同的平衡展开讨论。

（1）以工程项目资源成本反映的资源价格平衡　工程施工工期目标、质量目标对资源价格的要求，最终将集中以工程项目施工资源成本来反映，工程项目资源成本是工程项目资源价格的综合反映。

① 工期目标对资源价格的要求　s 表示工程项目建设规模，C_R表示工程项目施工资源成本（合计成本），T表示施工工期，T^0表示给定工期，当 $T^0 \leqslant T^*$时（T^*为成本最低工期），工期与资源成本存在以下函数关系：

$$C_R = C - C_{NR} = sBT^{-\frac{m_3}{n_3}} \quad (B>0\text{ 且为常数，}m_3、n_3 \in N)$$

求反函数得到$T=\left(\dfrac{sB}{C_R}\right)^{\frac{n_3}{m_3}}$，工期要求为$T \leqslant T^0$，即：

$$C_R \geqslant sB(T^0)^{-\frac{m_3}{n_3}}$$

这就是工期目标对资源价格的约束，当$T^0 > T^*$时，可以不考虑工期目标对资源价格的约束。

② 质量目标对工程项目资源价格的要求　工程项目施工资源成本C_R与工程项目施工质量Q的函数关系是：

$$Q = D\left(\frac{C_R}{s}\right)^{\frac{m_4}{n_4}} + Q_0 \quad (D>0，Q_0>0\text{ 且均为常数，}m_4、n_4 \in \mathrm{N})$$

质量要求为$Q \geqslant Q^0$，即：

$$C_R \geqslant s\left(\frac{Q^0 - Q_0}{D}\right)^{\frac{n_4}{m_4}}$$

Q^0为质量目标要求，通常以优良率表示，例如Q^0=85%；Q_0为与资源无关的因素对质量优良率的贡献值。

③ 满足质量、工期要求的工程项目资源价格优解是：

$$C_{\mathrm{R}}^{*}=\mathrm{Max}\left\{s\left(\frac{Q^{0}-Q_{0}}{D}\right)^{\frac{n_4}{m_4}},sB(T^{0})^{-\frac{m_3}{n_3}}\right\}$$

（2）以具体资源价格反映的资源价格平衡 根据整体与局部控制原理：工程项目或工程子项目资源价格平衡的充分条件是其所包含的分部分项工程资源价格平衡。因此，逐项或整体求解分部分项工程资源平衡价格是实现工程项目资源价格平衡的基本途径，本书 7.5.3.1 节讨论了逐项求解方法，下面讨论整体求解方法。

工程项目（工程子项目、单项工程、单位工程）有 n 项分部分项工程工作：$\mathrm{W}_1, \mathrm{W}_2, \cdots,$ W_{n}。这 n 项工作的工程量分别为 $u_1, u_2, \cdots, u_j, \cdots, u_n$。工程项目建设规模为 s。

W_1 施工需要 k_1 种资源：

$$R_1=\begin{pmatrix}R_{11}\\R_{21}\\\vdots\\R_{k_11}\end{pmatrix}，资源价格\ P_1=\begin{pmatrix}p_{11}\\p_{21}\\\vdots\\p_{k_11}\end{pmatrix}，资源消耗量\ A_1=(a_{11}\ \ a_{12}\ \cdots\ a_{1k_1})$$

W_2 施工需要 k_2 种资源：

$$R_2=\begin{pmatrix}R_{12}\\R_{22}\\\vdots\\R_{k_22}\end{pmatrix}，资源价格\ P_2=\begin{pmatrix}p_{12}\\p_{22}\\\vdots\\p_{k_22}\end{pmatrix}，资源消耗量\ A_2=(a_{21}\ \ a_{22}\ \cdots\ a_{2k_2})$$

W_j 施工需要 k_j 种资源：

$$R_j=\begin{pmatrix}R_{1j}\\R_{2j}\\\vdots\\R_{k_jj}\end{pmatrix}，资源价格\ P_j=\begin{pmatrix}p_{1j}\\p_{2j}\\\vdots\\p_{k_jj}\end{pmatrix}，资源消耗量\ A_j=(a_{j1}\ \ a_{j2}\ \cdots\ a_{jk_j})$$

⋮

W_n 施工需要 k_n 种资源：

$$R_{\mathrm{n}}=\begin{pmatrix}R_{1n}\\R_{2n}\\\vdots\\R_{k_nn}\end{pmatrix}，资源价格\ P_2=\begin{pmatrix}p_{1n}\\p_{2n}\\\vdots\\p_{k_nn}\end{pmatrix}，资源消耗量\ A_{\mathrm{n}}=(a_{n1}\ \ a_{n2}\ \cdots\ a_{nk_n})$$

$$m=\mathrm{Max}\{k_1,k_2,\cdots,k_n\}$$

当 $k_j<m$ 时，在 k_j 行或 k_j 列会出现元素空缺，此时在空缺处以 0 为元素补缺，于是得到工程项目资源消耗量和资源价格矩阵：

$$A_{n\times m}=\begin{bmatrix}a_{11}&a_{12}&\cdots&a_{1m}\\a_{21}&a_{22}&\cdots&a_{2m}\\\vdots&\vdots&\vdots&\vdots\\a_{n1}&a_{n2}&\cdots&a_{nm}\end{bmatrix};\quad P_{m\times n}=\begin{bmatrix}p_{11}&p_{12}&\cdots&p_{1n}\\p_{21}&p_{22}&\cdots&p_{2n}\\\vdots&\vdots&\vdots&\vdots\\p_{m1}&p_{m2}&\cdots&p_{mn}\end{bmatrix}$$

工程项目工程量矩阵为：

$$U_{n\times n}=\begin{bmatrix} u_1 & 0 & 0 & 0 \\ 0 & u_2 & 0 & 0 \\ 0 & 0 & \ddots & 0 \\ 0 & 0 & 0 & u_n \end{bmatrix}$$

工程项目资源成本 C_{R} （合计成本）为 n 阶方阵 APU 的迹。

$$C_{\mathrm{R}}=\mathrm{tr}(APU)$$

工程项目工期 T，质量 Q 与资源成本 C_{R} 的函数关系是：

$$T=\left(\frac{sB}{C_{\mathrm{R}}}\right)^{\frac{n_3}{m_3}}$$ （B 为正实数常数，m_3、$n_3 \in N$）

$$Q=D\left(\frac{C_{\mathrm{R}}}{s}\right)^{\frac{m_4}{n_4}}+Q_0$$ （D、Q_0 为正实数常数，m_4、$n_4 \in N$）

式中 s——工程项目建设规模；

Q_0——与资源无关的其他因素对质量优良率的贡献值。

当给定工期 T^0 及质量要求 Q^0，若已知 s、B、D、Q_0、m_3、n_3、m_4、n_4 及

$$A_{n\times m}=\begin{bmatrix} a_{11} & a_{12} & \cdots & a_{1m} \\ a_{21} & a_{22} & \cdots & a_{2m} \\ \vdots & \vdots & \vdots & \vdots \\ a_{n1} & a_{n2} & \cdots & a_{nm} \end{bmatrix} \quad U_{n\times n}=\begin{bmatrix} u_1 & 0 & 0 & 0 \\ 0 & u_2 & 0 & 0 \\ 0 & 0 & \ddots & 0 \\ 0 & 0 & 0 & u_n \end{bmatrix}$$

工程项目资源价格平衡问题就是求解一个最优或可行的资源价格矩阵：

$$P^*_{m\times n}=\begin{bmatrix} p^*_{11} & p^*_{12} & \cdots & p^*_{1n} \\ p^*_{21} & p^*_{22} & \cdots & p^*_{2n} \\ \vdots & \vdots & \vdots & \vdots \\ p^*_{m1} & p^*_{m2} & \cdots & p^*_{mn} \end{bmatrix}$$

具体实现过程如下。

① 设定一个基准资源价格矩阵

$$P^0_{m\times n}=\begin{bmatrix} p^0_{11} & p^0_{12} & \cdots & p^0_{1n} \\ p^0_{21} & p^0_{22} & \cdots & p^0_{2n} \\ \vdots & \vdots & \vdots & \vdots \\ p^0_{m1} & p^0_{m2} & \cdots & p^0_{mn} \end{bmatrix}$$

② 给定 p_{ij} 变化范围　变化范围设定可以有多种方式。

a．按工程项目给定，以矩阵数乘方式：

$$(\alpha\%\sim\beta\%)\ P^0_{m\times n}$$

b．按分部分项工程给定，以列数乘方式：

$$(\alpha_j\%\sim\beta_j\%)\begin{pmatrix}p_{1j}\\p_{2j}\\\vdots\\p_{mj}\end{pmatrix}(j=1,2,\cdots,n)$$

c．按具体资源给定，以元素方式：

$$(\alpha_{ij}\%\sim\beta_{ij}\%)p_{ij}\quad(i=1,2,\cdots,m;\ j=1,2,\cdots,n)$$

③ 给定搜索步距@（例如@=0.1）

④ 利用计算机搜索计算　在给定 p_{ij} 的变化范围内，每间隔@进行一次

$P_{m\times n}=\begin{bmatrix}p_{11}&p_{12}&\cdots&p_{1n}\\p_{21}&p_{22}&\cdots&p_{2n}\\\vdots&\vdots&\vdots&\vdots\\p_{m1}&p_{m2}&\cdots&p_{mn}\end{bmatrix}$，$C_R$、$T$、$Q$ 值计算并对计算结果进行存储，直至完成全部间隔计算。选出满足 $T\leqslant T^0$ 且 $Q\geqslant Q^0$ 的全部 $P_{m\times n}=\begin{bmatrix}p_{11}&p_{12}&\cdots&p_{1n}\\p_{21}&p_{22}&\cdots&p_{2n}\\\vdots&\vdots&\vdots&\vdots\\p_{m1}&p_{m2}&\cdots&p_{mn}\end{bmatrix}$ 及 C_{R}，比较 C_{R}，

当 $p_{ij}=\gamma_{ij}p_{ij}^0\,(i=1,2,\cdots,m;\ j=1,2,\cdots,n)$ 时，C_{R} 为最小，此时

$$P_{m\times n}^*=\begin{bmatrix}p_{11}^*&p_{12}^*&\cdots&p_{1n}^*\\p_{21}^*&p_{22}^*&\cdots&p_{2n}^*\\\vdots&\vdots&\vdots&\vdots\\p_{m1}^*&p_{m2}^*&\cdots&p_{mn}^*\end{bmatrix}=\begin{bmatrix}\gamma_{11}p_{11}^0&\gamma_{12}p_{12}^0&\cdots&\gamma_{1n}p_{1n}^0\\\gamma_{21}p_{21}^0&\gamma_{22}p_{22}^0&\cdots&\gamma_{2n}p_{2n}^0\\\vdots&\vdots&\vdots&\vdots\\\gamma_{m1}p_{m1}^0&\gamma_{m2}p_{m2}^0&\cdots&\gamma_{mn}p_{mn}^0\end{bmatrix}$$

至此完成工程项目资源价格的平衡计算。

工程项目具体资源数目巨大，对所有资源都进行平衡计算几乎是不可能实现的，因此解决工程项目资源价格平衡问题重在主要资源的平衡计算。在实际应用中，每项工作只能选取少数几种主要资源，如综合人工、主要施工机械、主要材料等资源进行平衡计算，只有这样才能保证工作的有效性与及时性。

（3）工程项目主要人、材、机价格平衡　工程项目施工需要 n 种主要资源（包括人、材、机）R_1、R_2、……、R_n，对应的主要人、材、机需要量矩阵为 $A_{\mathrm{rcj}}=(a_1\ \ a_2\ \cdots\ a_n)$（整个工程合计用量），资源价格矩阵为 $P_{\mathrm{rcj}}=\begin{pmatrix}p_1\\p_2\\\vdots\\p_n\end{pmatrix}$，工程项目主要人、材、机成本（合计成本）：

$$C_{\mathrm{rcj}}=A_{\mathrm{rcj}}P_{\mathrm{rcj}}$$

工期 T，质量 Q 与主要资源成本 C_{rcj} 的函数关系是：

$T=\left(\dfrac{sB_1}{C_{\mathrm{rcj}}}\right)^{\frac{n_5}{m_5}}$（$B_1$ 为正实数常数，m_5、$n_5\in N$）

$$Q = D_1\left(\frac{C_{\rm rcj}}{s}\right)^{\frac{m_6}{n_6}} + Q_{01}\text{ （}D_1\text{、}Q_{01}\text{为正实数常数，}m_6\text{、}n_6 \in N\text{）}$$

式中　s——工程项目建设规模。

Q_{01}——人、材、机之外的其他因素对质量优良率的贡献值。

当给定工期 T^0 及质量要求 Q^0，若已知 s、B_1、D_1、Q_{01}、m_5、n_5、m_6、n_6 及 $A_{\rm rcj} = (a_1\ \ a_2 \cdots\ a_n)$，则可按照本书7.5.3.1分部分项工程具体资源价格平衡方法求解最优或可行的主要资源价格矩阵：

$$P_{\rm rcj} = \begin{pmatrix} p_1{}^* \\ p_2{}^* \\ \vdots \\ p_n{}^* \end{pmatrix}$$

从而实现主要人、材、机价格平衡。

（4）工程项目主要劳动力价格平衡　劳动力资源在绝大多数工程项目的施工质量和工期形成中发挥着关键作用，专门针对劳动力资源进行价格平衡计算具有重要的现实意义。

工程项目施工需要 n 种主要劳动力资源 $R_{\rm rg1}$、$R_{\rm rg2}$、……、$R_{{\rm rg}n}$，对应的需要量矩阵为 $A_{\rm rg} = (a_{\rm rg1}\ \ a_{\rm rg2} \cdots\ a_{{\rm rg}n})$，资源价格矩阵为 $P_{\rm rg} = \begin{pmatrix} p_{\rm rg1} \\ p_{\rm rg2} \\ \vdots \\ p_{{\rm rg}n} \end{pmatrix}$，工程项目主要劳动力资源成本（合计成本）

$$C_{\rm rg} = A_{\rm rg} P_{\rm rg}$$

工期 T，质量 Q 与主要劳动力资源成本 $C_{\rm rg}$ 的函数关系是：

$$T = \left(\frac{sB_2}{C_{\rm rg}}\right)^{\frac{n_7}{m_7}}\text{ （}B_2\text{为正实数常数，}m_7\text{、}n_7 \in N\text{）}$$

$$Q = D_2\left(\frac{C_{\rm rg}}{s}\right)^{\frac{m_8}{n_8}} + Q_{02}\text{ （}D_2\text{、}Q_{02}\text{为正实数常数，}m_8\text{、}n_8 \in N\text{）}$$

式中　s——工程项目建设规模；

Q_{02}——劳动力之外的其他因素对质量优良率的贡献值。

当给定工期 T^0 及质量要求 Q^0，若已知 s、B_2、D_2、Q_{02}、m_7、n_7、m_8、n_8 及 $A_{\rm rg} = (a_{\rm rg1}\ \ a_{\rm rg2} \cdots\ a_{{\rm rg}n})$，则可按照本书7.5.3.1分部分项工程具体资源价格平衡方法求解最优或可行的主要劳动力资源价格矩阵：

$$P_{\rm rg}^* = \begin{pmatrix} p_{\rm rg1}^* \\ p_{\rm rg2}^* \\ \vdots \\ p_{{\rm rg}n}^* \end{pmatrix}$$

（5）工程项目主要机械台班价格平衡　某些工程项目，施工机械在整个施工中占有主导地位，发挥关键作用，对于这类工程施工，专门针对施工机械进行价格平衡计算显得十分必要。

工程项目施工需要 n 种主要施工机械 R_{jx1}、R_{jx2}、…、R_{jxn}，对应的机械台班需要量矩阵为 $A_{jx}=(a_{jx1}\ a_{jx2}\cdots\ a_{jxn})$，机械台班价格矩阵为 $P_{jx}=\begin{pmatrix}p_{jx1}\\p_{jx2}\\\vdots\\p_{jxn}\end{pmatrix}$，工程项目机械成本（合计成本）：

$$C_{jx}=A_{jx}P_{jx}$$

工期 T、质量 Q 与主要机械成本 C_{jx} 的函数关系是：

$$T=\left(\frac{sB_3}{C_{jx}}\right)^{\frac{n_9}{m_9}}\quad（B_3\text{为正实数常数，}m_9、n_9\in N）$$

$$Q=D_3\left(\frac{C_{jx}}{s}\right)^{\frac{m_{10}}{n_{10}}}+Q_{03}\quad（D_3、Q_{03}\text{为正实数常数，}m_{10}、n_{10}\in N）$$

式中 s——工程项目建设规模；

Q_{03}——机械之外的其他因素对质量优良率的贡献值。

当给定工期 T^0 及质量要求 Q^0，若已知 s、B_3、D_3、Q_{03}、m_9、n_9、m_{10}、n_{10} 及 $A_{jx}=(a_{jx1}\ a_{jx2}\cdots\ a_{jxn})$，则可按照本书 7.5.3.1 分部分项工程具体资源价格平衡方法求解最优或可行的主要机械台班价格矩阵：

$$P_{jx}^*=\begin{pmatrix}p_{jx1}^*\\p_{jx2}^*\\\vdots\\p_{jxn}^*\end{pmatrix}$$

（6）工程项目主要材料价格平衡　在工程施工成本构成中，材料成本占比最大（通常超过施工总成本的 60%）。相比其他资源，施工消耗的材料不仅种类数目较多，而且价格变化及可选择性问题突出，对材料价格进行平衡计算是资源价格平衡问题中最重要、最有价值的一个方面。对于通常的工程项目，解决材料价格平衡问题几乎是一项必不可少的工作。

工程项目施工需要 n 种主要材料 R_{cl1}、R_{cl2}、…、R_{cln}，对应的材料需用量矩阵为 $A_{cl}=(a_{cl1}\ a_{cl2}\cdots\ a_{cln})$，材料价格矩阵为 $P_{cl}=\begin{pmatrix}p_{cl1}\\p_{cl2}\\\vdots\\p_{cln}\end{pmatrix}$，工程项目主要材料成本（合计成本）：

$$C_{cl}=A_{cl}P_{cl}$$

工期 T、质量 Q 与主要材料成本 C_{cl} 的函数关系是：

$$T=\left(\frac{sB_4}{C_{cl}}\right)^{\frac{n_{11}}{m_{11}}}\quad（B_4\text{为正实数常数，}m_{11}、n_{11}\in N）$$

$$Q = D_4\left(\frac{C_{\mathrm{cl}}}{s}\right)^{\frac{m_{12}}{n_{12}}} + Q_{04}$$（D_4、Q_{04} 为正实数常数，m_{12}、$n_{12} \in \mathrm{N}$）

式中　s——工程项目建设规模；

　　Q_{04}——材料之外的其他因素对质量优良率的贡献值。

当给定工期 T^0 及质量要求 Q^0，若已知 s、B_4、D_4、Q_{04}、m_{11}、n_{11}、m_{12}、n_{12} 及 $A_{\mathrm{cl}} = (a_{\mathrm{cl1}} \ a_{\mathrm{cl2}} \cdots a_{\mathrm{cl}n})$，则可按照本书 7.5.3.1 分部分项工程具体资源价格平衡方法求解最优或可行的主要材料价格矩阵：

$$P_{\mathrm{cl}}^* = \begin{pmatrix} p_{\mathrm{cl1}}^* \\ p_{\mathrm{cl2}}^* \\ \vdots \\ p_{\mathrm{cl}n}^* \end{pmatrix}$$

第8章
工程施工二元影响及目标结构图

8.1 工程施工二元影响

8.1.1 施工二元影响的基本概念

工程施工的二元影响指工程项目施工生产能力X和资源价格P对工程施工结果和施工过程的影响。施工结果以最终实现的工期、成本和质量来反映，施工结果是无数施工过程的积累和集成，特定施工过程将被特定的X和特定的P所反映，换句话说，特定的X和特定的P在一定程度上决定了特定的施工过程。

工程施工进度、成本、质量的影响因素种类繁多、数目巨大，可以说数不胜数。除不可抗力、不可预见、突发事件、人为无法改变的客观实际（政策、制度、环境、文化、习俗、惯例等)外的各种因素对工程施工的影响绝大多数可归结到X和P两个最本质的因素来反映，它们要么以X反映，要么以P反映、要么以X和P共同反映。工程施工成本、质量、工期分别是X与P的二元函数：

$$C = F(X, P)$$

$$Q = G(X, P)$$

$$T = H(X, P)$$

式中　C、Q、T——分别表示工程施工成本、质量、工期。

8.1.2 成本二元函数

8.1.2.1 分部分项工程成本二元函数

（1）人机组合施工的分部分项工程　一般项目，人机组合施工的分部分项工程，一般形式的成本二元函数是：

$$C = f(x, p) = \alpha_1 x^{\frac{1}{n_1}} A_{jx} P_{jx} + \beta_1 x^{-\lambda n_1} A_{rg} P_{rg} + \gamma_1 A_{cl} P_{cl} + c_0$$

（$x \geqslant 1$，α_1、β_1、γ_1、λ为正实数常数，$n_1 \in N$，$n_1 > 1$）

式中 C ——分部分项工程成本（单位成本）；

x ——分部分项工程施工生产能力；

P_{jx} ——分部分项工程施工机械台班价格矩阵，$P_{jx}=\begin{pmatrix} p_{jx_1} \\ \vdots \\ p_{jx_{y_1}} \\ \vdots \\ p_{jx_{z_1}} \end{pmatrix}$；

P_{rg} ——分部分项工程人工价格矩阵，$P_{rg}=\begin{pmatrix} p_{rg_1} \\ \vdots \\ p_{rg_{y_2}} \\ \vdots \\ p_{rg_{z_2}} \end{pmatrix}$；

P_{cl} ——分部分项工程材料价格矩阵，$P_{cl}=\begin{pmatrix} p_{cl_1} \\ \vdots \\ p_{cl_{y_3}} \\ \vdots \\ p_{cl_{z_3}} \end{pmatrix}$；

A_{jx} ——分部分项工程施工机械消耗量常数矩阵，$A_{jx}=(a_{jx_1} \quad \cdots \quad a_{jx_{y_1}} \quad \cdots \quad a_{jx_{z_1}})$；

A_{rg} ——分部分项工程人工消耗量常数矩阵，$A_{rg}=(a_{rg_1} \quad \cdots \quad a_{rg_{y_2}} \quad \cdots \quad a_{rg_{z_2}})$；

A_{cl} ——分部分项工程材料消耗量常数矩阵，$A_{cl}=(a_{cl_1} \quad \cdots \quad a_{cl_{y_3}} \quad \cdots \quad a_{cl_{z_3}})$；

c_0 ——分部分项工程人、材、机之外的其他成本。

只考虑一种主要材料、一种主要机械、人工按综合价格时，分部分项工程成本二元函数可简化为：

$$C=f(x,p)=\alpha_2 x^{\frac{1}{n_1}} p_{jx}+\beta_2 x^{-\lambda n_1} p_{rg}+\gamma_2 p_{cl}+c_0$$

（$x \geqslant 1$，α_2、β_2、γ_2、λ 为正实数常数，$n_1 \in N$，$n_1>1$）

式中 p_{jx} ——最主要的一种施工机械的台班价格；

p_{rg} ——综合人工价格；

p_{cl} ——最主要的一种材料价格；

c_0 ——分部分项工程最主要机械、最主要材料及人工之外的其他成本；

其他符号含义同前。

（2）全人工施工的分部分项工程　一般项目，全人工施工的分部分项工程，一般形式的成本二元函数是：

$$C=f(x,p)=\beta_3 x^{-\frac{1}{n_2}} A_{rg}P_{rg}+\gamma_3 A_{cl}P_{cl}+c_0$$

（$x \geqslant 1$，β_3、γ_3 为正实数常数，$n_2 \in N$，$n_2>1$）

式中 C ——分部分项工程成本（单位成本）；

x ——分部分项工程施工生产能力；

P_{rg} ——分部分项工程人工价格矩阵，$P_{rg}=\begin{pmatrix} p_{rg_1} \\ \vdots \\ p_{rg_{y_2}} \\ \vdots \\ p_{rg_{z_2}} \end{pmatrix}$；

P_{cl} ——分部分项工程材料价格矩阵，$P_{cl}=\begin{pmatrix} p_{cl_1} \\ \vdots \\ p_{cl_{y_3}} \\ \vdots \\ p_{cl_{z_3}} \end{pmatrix}$；

A_{rg} ——分部分项工程人工消耗量常数矩阵，$A_{rg}=(a_{rg_1} \quad \cdots \quad a_{rg_{y_2}} \quad \cdots \quad a_{rg_{z_2}})$；

A_{cl} ——分部分项工程材料消耗量常数矩阵，$A_{cl}=(a_{cl_1} \quad \cdots \quad a_{cl_{y_3}} \quad \cdots \quad a_{cl_{z_3}})$；

c_0 ——分部分项工程人、材、机之外的其他成本。

只考虑一种主要材料、人工按综合价格时，分部分项工程成本二元函数可简化为：

$$C=f(x,p)=\beta_4 x^{\frac{1}{n_2}} p_{rg}+\gamma_4 p_{cl}+c_0$$

$$（x \geqslant 1，\beta_4、\gamma_4 \text{为正实数常数}，n_2 \in N，n_2>1）$$

式中　p_{rg} ——综合人工价格；

p_{cl} ——最主要的一种材料价格；

c_0 ——分部分项工程最主要材料及人工之外的其他成本；

其他符号含义同前。

（3）全机械施工的分部分项工程　一般项目，全机械施工的分部分项工程，一般形式的成本二元函数是：

$$C=f(x,p)=\alpha_5 x^{-\frac{1}{n_3}} A_{jx} P_{jx}+\gamma_5 A_{cl} P_{cl}+c_0$$

$$（x \geqslant 1，\alpha_5、\gamma_5 \text{为正实数常数}，n_3 \in N，n_3>1）$$

式中　C ——分部分项工程成本（单位成本）；

x ——分部分项工程施工生产能力指标；

P_{jx} ——分部分项工程施工机械台班价格矩阵，$P_{jx}=\begin{pmatrix} p_{jx_1} \\ \vdots \\ p_{jx_{y_1}} \\ \vdots \\ p_{jx_{z_3}} \end{pmatrix}$；

P_{cl} ——分部分项工程材料价格矩阵，$P_{cl}=\begin{pmatrix} p_{cl_1} \\ \vdots \\ p_{cl_{y_3}} \\ \vdots \\ p_{cl_{z_3}} \end{pmatrix}$；

A_{jx}——分部分项工程施工机械消耗量常数矩阵，$A_{jx}=(a_{jx_1} \quad \cdots \quad a_{jx_{y_1}} \quad \cdots \quad a_{jx_{z_1}})$；

A_{cl}——分部分项工程材料消耗量常数矩阵，$A_{cl}=(a_{cl_1} \quad \cdots \quad a_{cl_{y_3}} \quad \cdots \quad a_{cl_{z_3}})$；

c_0——分部分项工程人、材、机之外的其他成本。

只考虑一种主要施工机械、一种主要材料时，分部分项工程成本二元函数可简化为：

$$C=f(x,p)=\alpha_6 x^{-\frac{1}{n_3}} p_{jx}+\gamma_6 p_{cl}+c_0$$

（$x \geqslant 1$，α_6、γ_6为正实数常数，n_3为>1的自然数）

式中 p_{jx}——最主要的一种施工机械的台班价格；

p_{cl}——最主要的一种材料价格；

c_0——分部分项工程最主要机械、最主要材料之外的其他成本；

其他符号含义同前。

8.1.2.2 工程项目成本二元函数

工程项目（工程子项目、单项工程、单位工程）有 n 项人、机组合施工的分部分项工程，工程量u_i，施工生产能力x_i，成本c_i，$i=1,2,\cdots,n$；有 m 项全人工施工的分部分项工程，工程量u_j，施工生产能力x_j，成本c_j，$j=1,2,\cdots,m$；有 r 项全机械施工的分部分项工程，工程量u_k，施工生产能力x_k，成本c_k，$j=1,2,\cdots,r$。

工程项目施工成本（合计成本）为：

$$C=F(X,P)=\sum_{i=1}^{n}u_i c_i+\sum_{j=1}^{m}u_j c_j+\sum_{k=1}^{r}u_k c_k$$

$$c_i=\alpha_i x_i^{\frac{1}{n_i}} A_{jx}(i)\ P_{jx}(i)+\beta_i x_i^{-\lambda_i n_i} A_{rg}(i)\ P_{rg}(i)+\gamma_i A_{cl}(i)\ P_{cl}(i)+c_{i0} \quad (i=1,2,\cdots,n)$$

$$c_j=\beta_j x_j^{-\frac{1}{n_j}} A_{rg}(j)\ P_{rg}(j)+\gamma_j A_{cl}(j)\ P_{cl}(j)+c_{j0} \quad (j=1,2,\cdots,m)$$

$$c_k=\alpha_k x_k^{-\frac{1}{n_k}} A_{jx}(k)\ P_{jx}(k)+\gamma_k A_{cl}(k)\ P_{cl}(k)+c_{k0} \quad (k=1,2,\cdots,r)$$

式中 $P_{jx}(i)$——第 i 项工作机械台班价格矩阵；

c_{i0}——第 i 项工作人、材、机之外的其他成本。

其他符号依此类推并参照本书 8.1.2.1 节相关内容。另外需要说明的是，若n_i、n_j、n_k不能满足计算精度要求，也可采用μ_i（$0<\mu_i<1$）、μ_j（$0<\mu_j<1$）、μ_k（$0<\mu_k<1$）来分别替换$\frac{1}{n_i}$、$\frac{1}{n_j}$、$\frac{1}{n_k}$。

8.1.3 质量二元函数

8.1.3.1 分部分项工程质量二元函数

（1）一般形式　一般项目，分部分项工程质量二元函数的一般形式是：

$$q = g(x,p) = \eta_1 x^{-\xi_1}(AP)^{\varepsilon_1} + q_0$$

（$x \geqslant 1$，η_1、ξ_1、ε_1为常数，$\eta_1 > 0$，$0 < \xi_1 < 1$，$0 < \varepsilon_1 < 1$）

式中　q——分部分项工程质量，通常以质量优良率表示；

x——分部分项工程施工生产能力；

P——分部分项工程资源价格矩阵，$P = \begin{pmatrix} p_1 \\ \vdots \\ p_y \\ \vdots \\ p_z \end{pmatrix}$；

A——分部分项工程资源消耗量常数矩阵，$A = (a_1 \quad \cdots \quad a_y \quad \cdots \quad a_z)$；

q_0——与资源无关的因素对质量优良率的贡献值。

（2）特殊形式

① 若仅考虑一种最主要资源，则质量二元函数为：

$$q = g(x,p) = \eta_2 x^{-\xi_2} p^{\varepsilon_2} + q_{01}$$

式中　p——最主要的一种资源的价格；

q_{01}——与施工生产能力无关以及与该资源价格无关的因素对质量优良率的贡献值。

② 通常 $AP \geqslant 1$，若 $AP < 1$，则质量二元函数为：

$$q = g(x,p) = \eta_1 x^{-\xi_1}(AP)^{-\varepsilon_1} + q_0$$

8.1.3.2　工程项目质量二元函数

（1）数值形式　数值形式的工程项目质量指工程项目包含的所有分部分项工程质量的平均值。工程项目（工程子项目、单项工程、单位工程）有 n 项工作，每项工作的质量为q_i、施工生产能力为 x_i，资源价格矩阵 $P(i) = \begin{pmatrix} p_1 \\ \vdots \\ p_{yi} \\ \vdots \\ p_{zi} \end{pmatrix}$，资源消耗量矩阵 $A(i) = (a_1 \quad \cdots \quad a_{y_i} \quad \cdots \quad a_{z_i})$，$i = 1,2,\cdots n$。工程项目质量二元函数为：

$$Q = G(X,P) = \frac{1}{n}\sum_{i=1}^{n} q_i$$

$$q_i = \eta_i x_i^{-\xi_i}\left[A(i)\ P(i)\right]^{\varepsilon_i} + q_{0i}\quad (i = 1,2,\cdots,n)$$

（2）矩阵形式

$$Q = G(X,P) = \begin{pmatrix} q_1 \\ \vdots \\ q_i \\ \vdots \\ q_n \end{pmatrix}$$

$$q_i = \eta_i x_i^{-\xi_i} \left[A(i)\ P(i)\right]^{\varepsilon_i} + q_{0i}\text{；}\ i = 1,2,\cdots,n$$

8.1.4 工期二元函数

8.1.4.1 分部分项工程持续时间二元函数

（1）一般形式　一般项目，分部分项工程持续时间二元函数的一般形式是：

$$t = h(x,p) = \frac{\delta_1}{x(AP)^{\tau_1}} \quad (x \geqslant 1\text{，}\delta_1\text{、}\tau_1\text{为常数，}\delta_1 > 0\text{，}0 < \tau_1 < 1)$$

式中　t——分部分项工程持续时间；

x——分部分项工程施工生产能力；

P——分部分项工程资源价格矩阵，$P = \begin{pmatrix} p_1 \\ \vdots \\ p_y \\ \vdots \\ p_z \end{pmatrix}$；

A——分部分项工程资源消耗量常数矩阵，$A = (a_1 \ \cdots \ a_y \ \cdots \ a_z)$。

（2）特殊形式

① 若仅考虑一种最主要资源，则持续时间二元函数为：

$$t = h(x,p) = \frac{\delta_2}{xp^{\tau_2}}$$

式中　p——最主要的一种资源的价格。

② 通常 $AP \geqslant 1$，若 $AP < 1$，则持续时间二元函数为：

$$t = h(x,p) = \frac{\delta_1 (AP)^{\tau_1}}{x}$$

8.1.4.2 工程项目工期二元函数

（1）以关键工作反映的工期二元函数　工程项目（工程子项目、单项工程、单位工程）有 n 项关键工作，每项关键工作的持续为 t_i、施工生产能力指 x_i，资源价格矩阵 $P(i) = \begin{pmatrix} p_1 \\ \vdots \\ p_{yi} \\ \vdots \\ p_{zi} \end{pmatrix}$，资源消耗量矩阵 $A(i) = (a_1 \ \cdots \ a_{y_i} \ \cdots \ a_{z_i})$，$i = 1,2,\cdots,n$。工程项目工期二元函数为：

$$T = H(X,P) = \sum_{i=1}^{n} t_i$$

$$t_i = \frac{\delta_i}{x_i\left[A(i)P(i)\right]^{\tau_i}}\text{；}\quad i = 1,2,\cdots,n$$

（2）以核心工作反映的工期二元函数　工程项目施工生产能力计算一般只针对核心工作，上述以关键工作反映的工期二元函数在现实中应用有一定困难，为此需要建立以核心工作反映的工期二元函数。工程项目（工程子项目、单项工程、单位工程）有 m 项核心工作，每项核心工作的持续时间为 t_j、施工生产能力为 x_j，资源价格矩阵 $P(j) = \begin{pmatrix} p_1 \\ \vdots \\ p_{yj} \\ \vdots \\ p_{zj} \end{pmatrix}$，资源消耗量矩阵 $A(j) = (a_1 \quad \cdots \quad a_{yj} \quad \cdots \quad a_{zj})$，$j = 1,2,\cdots,m$。工程项目工期二元函数为：

$$T = H(X,P) = \theta T_{hx} = \theta\sum_{i=1}^{m} t_j \quad (0 < \theta < 1)$$

$$t_j = \frac{\delta_j}{x_j\left[A(j)P(j)\right]^{\tau_j}}\text{（}j = 1,2,\cdots,m\text{）}$$

式中　T_{hx}——全部核心工作持续时间合计。

8.1.5　施工二元影响的比较和总结

在第2章、第3章和第7章中分别阐述了 X 和 P 对施工成本、质量、工期的影响，为便于综合分析问题，需要对施工二元影响进行比较和归纳。

8.1.5.1　资源配置确定之前

（1）X 对施工目标的影响　资源配置确定之前，X 对全部目标都有影响，相比较而言，影响侧重于工期和进度，其次是成本。X 是工程施工的效率保障。

（2）P 对施工目标的影响　资源配置确定之前，P 对全部目标都有影响，相比较而言，影响侧重于成本和质量，P 是工程施工的资源品质保障。

8.1.5.2　资源配置确定后

（1）X 对施工目标的影响　资源配置确定后（且不作改变），X 对全部目标都有影响，对三个目标的影响都比较强烈，可以说不分主次。

（2）P 对施工目标的影响　资源配置确定后（且不作改变），P 只对成本目标有影响，对工期、质量目标几乎影响（忽略人工价格调整对工人的激励作用和消极影响）。

计划阶段解决 P 的问题非常重要，P 的选择控制应着重在计划阶段。若要充分考虑资源价格对施工的影响，则需要在计划阶段落实，在计划中解决 P 的平衡问题，这个问题到了施工中已经不能完全解决。施工过程中，X 的控制更为重要，因为它对各项目标的影响将超过 P 对目标的影响。

8.2 目标结构图

8.2.1 目标结构图

二元函数反映工期、质量、成本都是 X、P 的函数，这说明工期、质量、成本之间存在必然联系，目标之间的这种必然联系可以用目标结构图更为直观地表达。反映目标结构的图形称为目标结构图。

目标结构图可以从目标影响因素、目标价值等方面反映目标情况，因此目标结构图分为因素结构图和价值结构图两大类别。鉴于本书内容的需要仅结合因素结构图作一定介绍。

目标结构图分为绝对数目标结构图和相对数目标结构图，绝对数目标结构图指目标圆以绝对目标值绘制，相对数目标结构图指目标圆以相对目标值绘制，相对数目标结构图又称为权重式目标结构图。没有数值表示的称为目标结构示意图。因素结构图为相对数目标结构图。

目标结构可以通过形如 8-1 的图形反映，用三个圆圈分别表示工期、质量、成本三个目标，圆圈面积分别为 A_1、A_2、A_3，圆心分别为 O_1、O_2、O_3。圆圈大小表示目标大小或目标的重要性权重大小，圆圈大小还反映影响因素的多少（或影响性程度大小），圆圈越大表示目标越大，越重要，影响因素越多（或程度越深）。圆心位置（圆心距）反映目标之间的对立与相容及相互影响的关系，通常，三个圆圈是交叉重叠的，表明目标之间存在关联、存在相容，三个圆圈不可能完全重合，表明三个目标不可或缺，彼此不可替代，存在对立。相容关系在目标结构图中表现为圆圈的交叉重叠，对立关系则以分离和互不包容来反映。圆心距反映目标之间对立与相容及相互影响的程度。距离越大、关联越少、相容越少、对立越大。反之亦然。

由于目标圆圈的交叉重叠，图形形成七个不规则部分，分别反映不同的目标影响因素。七个部分反映的影响因素分为三类：三重影响因素、双重影响因素和单一影响因素。

如图 8-2 所示，中间阴影部分为三重影响因素，面积为 B。

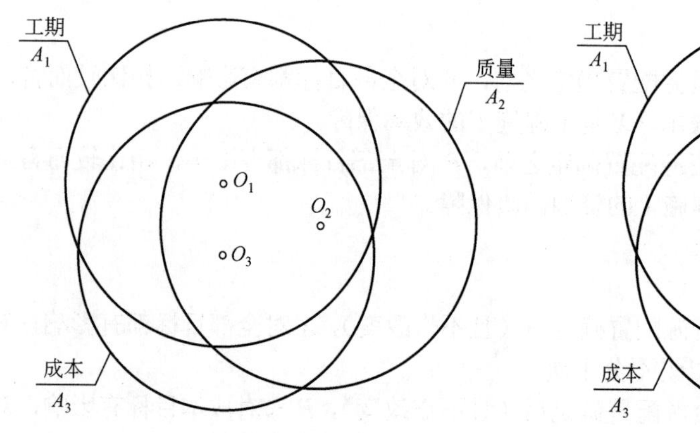

图 8-1　施工目标结构示意

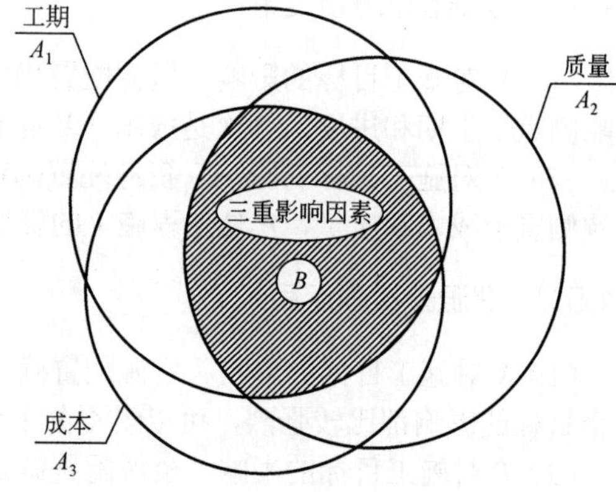

图 8-2　三重影响因素示意

如图 8-3 所示，图中阴影表示双重影响因素，分三部分，面积分别为 C_1、C_2、C_3。$C = C_1 + C_2 + C_3$ 为双重影响因素面积。

如图 8-4 所示，图中阴影表示单一影响因素，分三部分，面积分别为 D_1、D_2、D_3。$D = D_1 + D_2 + D_3$ 为单一影响因素面积。

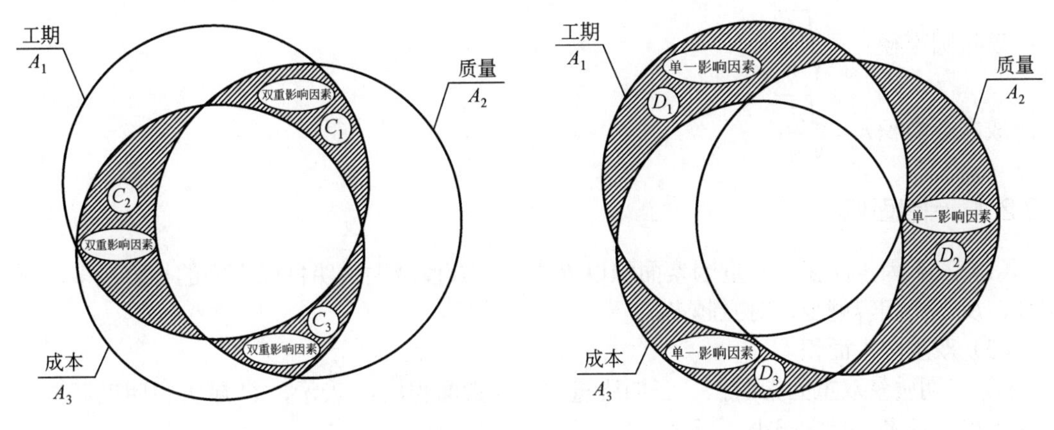

图 8-3　双重影响因素示意　　　　图 8-4　单一影响因素示意

决定目标结构图的因素分为两方面：一方面是三个圆的半径，分别以r_1、r_2、r_3表示；另一方面是三个圆心O_1、O_2、O_3的位置关系，即圆心距O_1O_2、O_1O_3、O_1O_3。确定了这两方面因素，目标结构图随之确定。

8.2.2　因素目标结构图参数

8.2.2.1　目标重要性权重

由于工程项目的独特性，对于特定工程项目，其目标要求也是独特的，在工期、质量、成本三个方面可能要求是均衡并重的，也可能要求会有侧重，这完全取决于工程项目（项目投资人）的实际需要，这种需要最终以建设方（项目投资人）给定的目标值来反映，即对于特定工程项目，当建设方（项目投资人）明确给定了目标值，相当于隐含给定了目标重要性权重。工期权重以a_1表示，质量权重以a_2表示，成本权重以a_3表示。

目标重要性权重简称目标权重，也可称为目标相对数，指目标圆面积的相对大小，在图 8-1 中，A_1、A_2、A_3为目标圆面积，目标相对数为：

$$a_1=\frac{A_1}{A_1+A_2+A_3}，\ a_2=\frac{A_2}{A_1+A_2+A_3}，\ a_3=\frac{A_3}{A_1+A_2+A_3}$$

在因素结构图中，$A_1+A_2+A_3=100$。

8.2.2.2　目标圆面积

工期圆面积 $A_1=a_1\times 100$

质量圆面积 $A_2=a_2\times 100$

成本圆面积 $A_3=a_3\times 100$

8.2.2.3　目标圆半径

工期圆半径 $r_1=\sqrt{\dfrac{A_1}{\pi}}$

质量圆半径 $r_2 = \sqrt{\dfrac{A_2}{\pi}}$

成本圆面积 $r_3 = \sqrt{\dfrac{A_3}{\pi}}$

8.2.2.4 因素面积

（1）三重因素面积　三重因素面积以 B 表示，B 值越大说明目标之间的相容越多，对立越少，反之，相容越少，对立越多。

（2）双重因素面积

① 工期质量双重因素面积　工期质量双重因素面积以 C_1 表示，C_1 越大说明工期与质量之间的相容越多，对立越少；反之，相容越少，对立越多。

② 工期成本双重因素面积　工期成本双重因素面积以 C_2 表示，C_2 越大说明工期与成本之间的相容越多，对立越少；反之，相容越少，对立越多。

③ 质量成本双重因素面积　质量成本双重因素面积以 C_3 表示，C_3 越大说明质量与成本之间的相容越多，对立越少；反之，相容越少，对立越多。

双重因素面积以 C 表示，$C = C_1 + C_2 + C_3$。

（3）单一因素面积

① 工期单一因素面积　工期单一因素面积以 D_1 表示，D_1 越大说明工期对项目影响越大，工期与其他目标的相容越少，对立越多；反之，工期对项目影响越小，工期与其他目标的相容越多，对立越少。

② 质量单一因素面积　质量单一因素面积以 D_2 表示，D_2 越大说明质量对项目影响越大，质量与其他目标的相容越少，对立越多；反之，质量对项目影响越小，质量与其他目标的相容越多，对立越少。

③ 成本单一因素面积　成本单一因素面积以 D_3 表示，D_3 越大说明成本对项目影响越大，成本与其他目标的相容越少，对立越多；反之，成本对项目影响越小，成本与其他目标的相容越多，对立越少。

单一因素面积以 D 表示，$D = D_1 + D_2 + D_3$。

8.2.2.5 目标圆圆心距

工期、质量、成本圆圆心分别记为 O_1、O_2、O_3。

（1）工期、质量圆心距　工期、质量圆心距以 $b = O_1O_2$ 表示，b 越大，说明工期目标和质量目标之间对立越大；反之，对立越小。

（2）工期、成本圆心距　工期、成本圆心距以 $c = O_1O_3$ 表示，c 越大，说明工期目标和成本目标之间对立越大；反之，对立越小。

（3）质量、成本圆心距　质量、成本圆心距以 $d = O_2O_3$ 表示，d 越大，说明质量目标和成本目标之间对立越大；反之，对立越小。

8.2.2.6 目标难度角

（1）工期、质量目标难度角　如图 8-5 所示，A 为工期、质量两圆交点（位于 b 上方的交点），O_2O_1 延长线与 O_1A 形成的夹角称为工期、质量目标难度角，记为 φ_1。当 r_1、r_2 确定，b 随 φ_1 的增大而递增，b 增大意味着施工管理难度增加，因此，称 φ_1 为目标难度角。

（2）工期、成本目标难度角　与工期、质量目标难度角同理，如图 8-6 所示，C 为工期、成本两圆交点（位于 c 上方的交点），O_3O_1 延长线与 O_1C 形成的夹角称为工期、成本目标难度角，记为 φ_2。

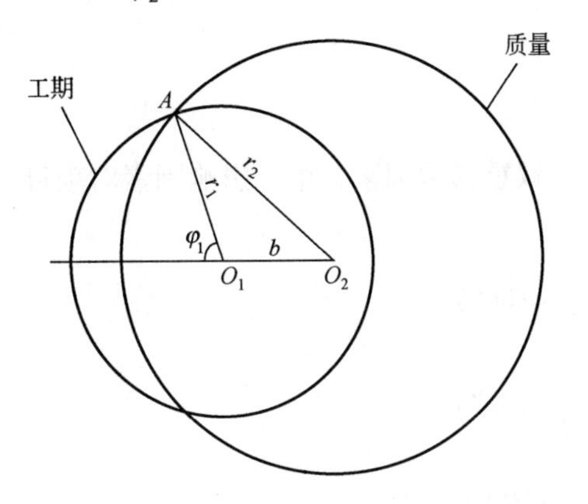

图 8-5　工期、质量难度角示意

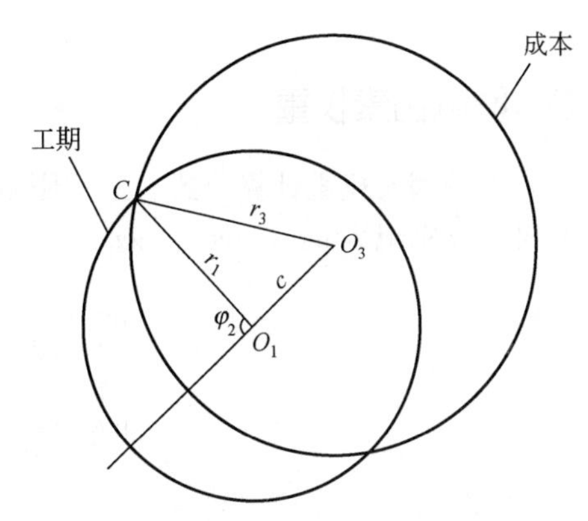

图 8-6　工期、成本难度角示意

（3）质量、成本目标难度角　与 φ_1、φ_2 相似，如图 8-7 所示，E 为质量、成本两圆交点（位于 d 上方的交点），O_3O_2 延长线与 O_2E 形成的夹角称为质量、成本目标难度角，记为 φ_3。

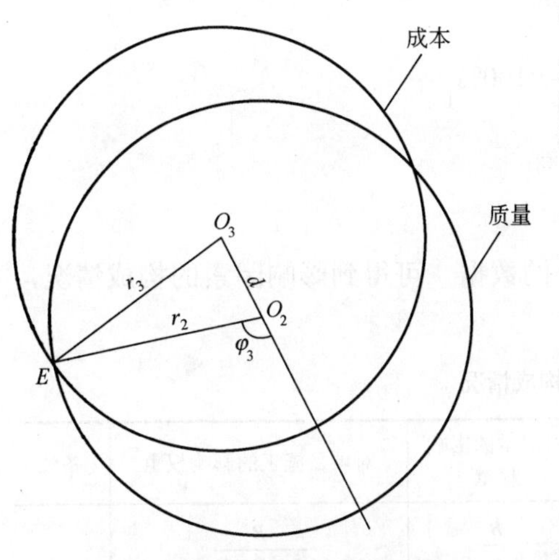

图 8-7　质量、成本难度角示意

8.2.2.7　目标分散度

目标分散度指目标结构图中全部因素面积之和与全部目标圆面积之和的比的百分数，以 dp 表示。目标分散度是目标结构图最重要的参数。

$$dp=\frac{B+C+D}{A_1+A_2+A_3}\times100\%$$

$$dp=\frac{B+C+D}{3B+2C+D}\times100\%$$

通常项目，$33.33\%<dp<100\%$；目标主导型项目（后述），$50\%<dp<100\%$。

dp 是项目固有的重要特性，主要取决于项目投资人所做出的项目实施决定（工期、质量、成本要求），此外，还与工程设计和项目环境有一定关系。

对于施工企业来说，dp 值大，表明目标分散，项目协调性、包容性差，对立关系多且矛盾分散，施工管理难度大，目标实现困难。反之，dp 值小，表明项目协调性、包容性好，对立关系少且矛盾集中，施工管理难度小，目标实现容易。

对于项目投资人来说，通常，dp 值越大，实现的综合投资价值越大。dp 是影响和衡量综合投资价值的重要指标，dp 与投资收益率存在函数关系。当然，dp 的取值并非越大越好，工期、质量、成本目标值的设定必须考虑项目各方面的实施条件，需要根据项目的实际情况，以可实现为前提来确定。dp 越大，项目风险越大，dp 过大，可能导致项目失败，不仅不能实现很好地综合投资收益，甚至连基本的投资收益都无法实现。

施工目标之间的相容与对立关系还可以用目标集中度来反映，以 dc 表示。

$$dc = \frac{2B+C}{3B+2C+D} \times 100\%$$

$$dc = 1 - dp$$

8.2.3 影响因素权重

（1）影响因素权重计算公式　三重影响因素、双重影响因素、单一影响因素对项目施工的影响权重分别记为wt_3、wt_2、wt_1。

$$wt_3 = \frac{B}{B+C+D} \times 100\%$$

$$wt_2 = \frac{C}{B+C+D} \times 100\%$$

$$wt_1 = \frac{D}{B+C+D} \times 100\%$$

$$dp = \frac{1}{3wt_3 + 2wt_2 + wt_1} \times 100\%$$

$$dp = \frac{1}{2wt_3 + wt_2 + 1} \times 100\%$$

令$S = B + C + D$，对于目标完全均衡型项目，有

$$S = 3A_1 \times dp$$

（2）影响因素构成情况　根据图 8-2～图 8-4 的数据，可得到影响因素的构成情况，如表 8-1 所示。

表 8-1　影响因素的构成情况

因素名称		阴影面积	对工期的影响权重	对质量的影响权重	对成本的影响权重	对项目施工的影响权重	备注
三重影响因素		B	$\frac{B}{A_1}$	$\frac{B}{A_2}$	$\frac{B}{A_3}$	$\frac{B}{B+C+D}$	
双重影响因素	工期与质量	C_1	$\frac{C_1}{A_1}$	$\frac{C_1}{A_2}$	—	$\frac{C_1}{B+C+D}$	
	工期与成本	C_2	$\frac{C_2}{A_1}$	—	$\frac{C_2}{A_3}$	$\frac{C_2}{B+C+D}$	
	成本与质量	C_3	—	$\frac{C_3}{A_2}$	$\frac{C_3}{A_3}$	$\frac{C_3}{B+C+D}$	
单一影响因素	工期	D_1	$\frac{D_1}{A_1}$	—	—	$\frac{D_1}{B+C+D}$	
	质量	D_2	—	$\frac{D_2}{A_2}$	—	$\frac{D_2}{B+C+D}$	
	成本	D_3	—	—	$\frac{D_3}{A_3}$	$\frac{D_3}{B+C+D}$	

表与图是一一对应的关系，理论上，如果有了表中数据，通过反推计算，可得到图8-2～图8-4的影响因素图及图8-1的目标结构图。这个问题较为复杂，在此不展开讨论。

（3）X、P对目标的影响程度　X、P对目标的影响权重记为$wt(x,p)$，$wt(x,p)$对wt_3、wt_2、wt_1同时具有决定性影响，即

$$wt_3 = \xi_3 \times wt(x,p)$$

$$wt_2 = \xi_2 \times wt(x,p)$$

$$wt_1 = \xi_1 \times wt(x,p)$$

ξ_1、ξ_2、ξ_3均为常数，将以上三式代入目标分散度公式，得

$$dp = \frac{1}{3wt_3 + 2wt_2 + wt_1} = \frac{1}{(3\xi_3 + 2\xi_2 + \xi_1)wt(x,p)}\text{，令}\frac{1}{(3\xi_3 + 2\xi_2 + \xi_1)} = \omega\text{，}\ wt(x,p) = \frac{\omega}{dp}$$

这个等式表明，X、P对目标的影响程度由目标分散度决定，X、P对目标的影响程度随目标分散度增大而降低，随目标分散度减小而提高。

8.2.4　目标结构类型

由于目标圆半径及圆心位置关系变化，目标结构图有很多种形式，这决定了项目存在多种目标结构形式。

按目标圆半径大小，可分为均衡型目标结构和非均衡型目标结构。按圆心位置关系可分为直线式目标结构和三角式目标结构。各种不同半径与各种不同圆心位置关系的组合将形成多种形式的目标结构。

8.2.4.1　均衡型目标结构

均衡型目标结构指目标结构图中目标圆半径相等或接近的目标结构，$r_1 = r_2 = r_3$或$a_1 = a_2 = a_3 = 33.33\%$称为完全均衡型目标结构，$r_1$、$r_2$、$r_3$接近，三者极差不超过10%，称为基本均衡型目标结构。

8.2.4.2　非均衡型目标结构

非均衡型目标结构指目标结构图中目标圆半径不相等且极差超过10%的目标结构。非均衡型目标结构分为目标主导型结构和非目标主导型结构。非均衡型目标结构是项目目标结构的通常形式。

目标主导型结构指目标权重a_1、a_2、a_3中任意某个数超过50%的目标结构。非目标主导型结构指目标权重a_1、a_2、a_3均未超过50%的目标结构。目标主导型结构分为工期主导型、质量主导型、成本主导型。

（1）工期主导型　在项目实施中，工期目标为首要目标，$a_1 > 50\%$，具有主导地位。比如既定开幕日期的体育场馆项目，工期目标具有完全主导地位。该类项目称为工期主导型项目。

（2）质量主导型　在项目实施中，质量目标为首要目标，$a_2 > 50\%$，具有主导地位。比如城市地标建筑或某些具有历史纪念意义的建设项目，质量目标具有主导地位。该类项目称为质量主导型项目。

（3）成本主导型　在项目实施中，成本目标为首要目标，$a_3 > 50\%$，具有主导地位。比

如捐赠项目或某些绝对固定投资额的建设项目，成本目标具有主导地位。该类项目称为成本主导型项目。

8.2.4.3 直线式目标结构

直线式目标结构指三个目标圆圆心位于同一直线的目标结构。当O_1O_2、O_1O_3、O_2O_3中有任意两者相等时，称为等距直线式目标结构；O_1O_2、O_1O_3、O_1O_3均不相等时，称为不等距直线式目标结构。

8.2.4.4 三角式目标结构

三角式目标结构指三个目标圆圆心不共线的目标结构。按三个圆心构成的三角形及圆心距情况的不同，三角式目标结构还可分为直角式、斜角式（锐角、钝角）、等边式、等腰式、等腰直角式等多种形式目标结构，三角形分类是人们非常熟悉的内容，各种细分的三角式目标结构不再一一定义。斜角式目标结构是项目目标结构的通常形式。

由上述分类的不同组合可以形成 32 种基本目标结构类型。

8.2.5 非均衡斜角式目标结构特点

非均衡斜角式目标结构是工程项目通常的目标结构形式，结构图由r_1、r_2、r_3和b、c、d共 6 个参数决定，如图 8-8 所示。此类结构有以下特点：

① r_1、r_2、r_3不全相等且极差超过 10%；

② b、c、d不相等，三个圆心构成的三角形为斜三角形；

③ 通常C_1、C_2、C_3不相等；

④ 通常D_1、D_2、D_3不相等。

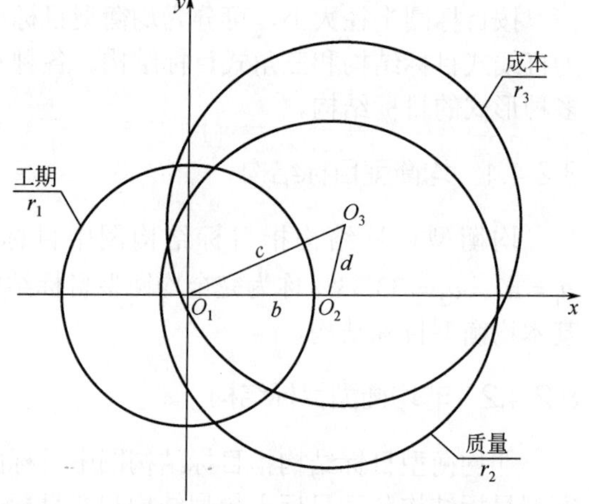

图 8-8 非均衡斜角式目标结构图

8.2.6 几种特殊的目标结构

8.2.6.1 完全均衡的等边式目标结构

（1）完全均衡的等边式目标结构图 完全均衡的等边式目标结构如图 8-9 所示，目标结构只取决于两个要素：目标半径r（$r_1 = r_2 = r_3$）和圆心距b（$O_1O_2 = O_1O_3 = O_2O_3 = b$），此类结构为最特殊、最简单的目标结构。

（2）完全均衡的等边式目标结构特点 完全均衡的等边式目标结构有以下特点：

① $r_1 = r_2 = r_3$，$A_1 = A_2 = A_3$，$a_1 = a_2 = a_3$；

② $O_1O_2 = O_1O_3 = O_2O_3 = b$；

③ $C_1 = C_2 = C_3$；

④ $D_1 = D_2 = D_3$。

（3）完全均衡的等边式目标结构的影响因素权重 如果已知目标圆半径r和圆心距b，则可绘出如图 8-10 所示的完全均衡的等边式目标结构图，通过绘图应用程序的面积测量功能，很快能得到各影响因素权重。影响因素权重也可通过平面解析几何和定积分方法计算获得，在此不展开讨论。

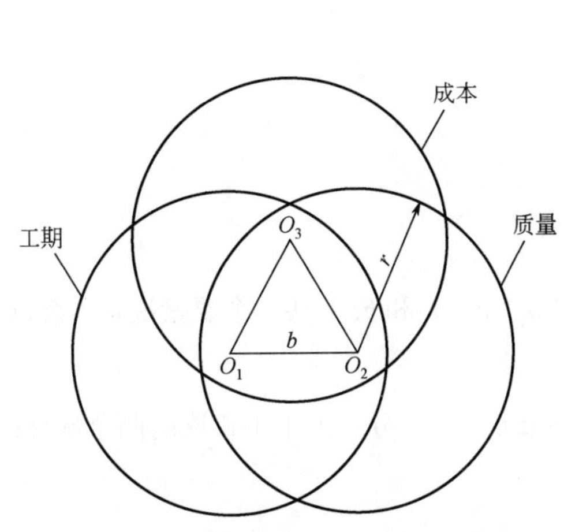

图 8-9 完全均衡的等边式目标结构图

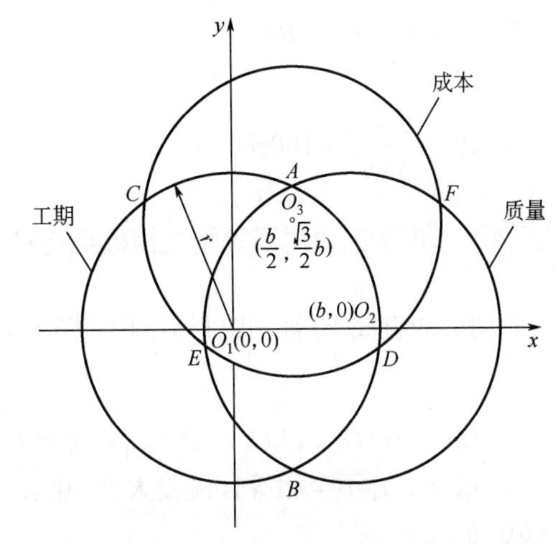

图 8-10 建立坐标的完全均衡的等边式目标结构图

（4）完全均衡的等边式目标结构目标分散度 完全均衡的等边式目标结构目标分散度为

$$dp = \frac{B + 3C_1 + 3D_1}{3\pi r^2}$$

8.2.6.2 目标主导型结构特点

图 8-11 为目标主导型结构图图例，此类结构除了具有非均衡斜角式目标结构特点外，a_1、a_2、a_3三者中有一个大于 50%。

8.2.6.3 完全均衡的直线等距式目标结构特点

完全均衡的直线等距式目标结构是一种比较特殊的目标结构，该结构只取决于两个要素 r 和 b。以图 8-12 为例，质量圆位于中间（现实中也有可能是工期圆或成本圆位于中间），此类结构除了具有直线式结构共有的基本特点（见本书 8.2.6.4 第①）外，还有以下特点：

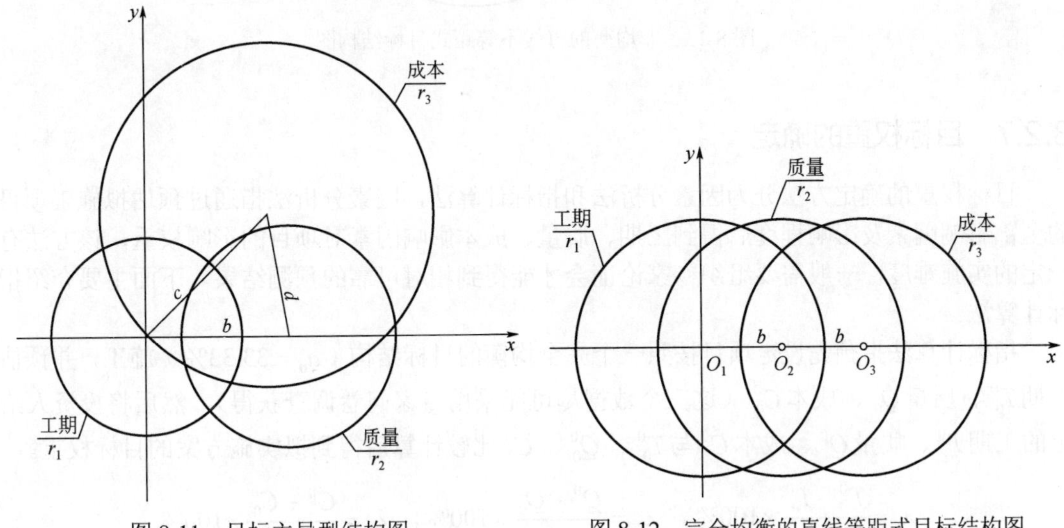

图 8-11 目标主导型结构图　　图 8-12 完全均衡的直线等距式目标结构图

① $r_1 = r_2 = r_3$， $A_1 = A_2 = A_3$， $a_1 = a_2 = a_3$；
② $O_1O_3 = 2O_1O_2 = 2O_2O_3 = 2b$；
③ $C_1 = C_3 > C_2 = B$；
④ $D_1 = D_3 > D_2$；
⑤ $dp = \dfrac{C + D}{3\pi\, r^2} \times 100\%$。

8.2.6.4 非均衡的直线不等距式目标结构特点

非均衡的直线不等距式目标结构（图 8-13）由r_1、r_2、r_3和b、c共 5 个要素决定，有以下特点：

① $O_1O_3 = O_1O_2 + O_2O_3$， $B = C_1$， $B \subset C_2$， $B \subset C_3$， D_2分为上下不相连的两个部分；
② r_1、r_2、r_3不全相等且极差大于 10%；
③ $b \neq c$；
④ 通常C_1、C_2、C_3不相等；
⑤ 通常D_1、D_2、D_3不相等；
⑥ $dp = \dfrac{C + D}{\pi(r_1^{\ 2} + r_2^{\ 2} + r_3^{\ 2})} \times 100\%$。

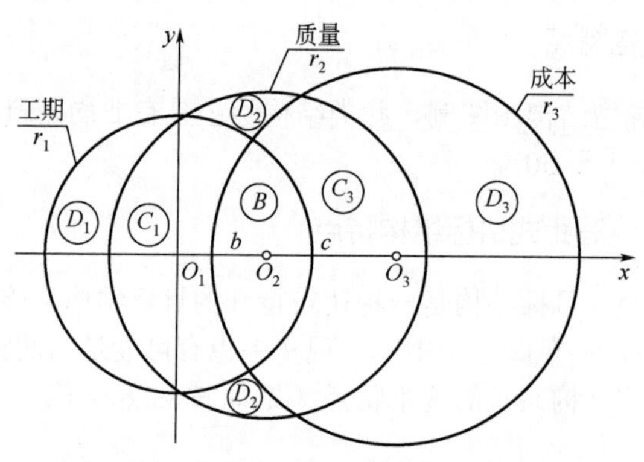

图 8-13 非均衡的直线不等距式目标结构图

8.2.7 目标权重的确定

目标权重的确定方法分为因素分析法和指标计算法，因素分析法指通过预估拟施工项目的全部影响因素及影响程度后得到工期、质量、成本影响因素对项目的影响权重，该方法有一定的实施难度，一般需要组织专家论证会才能得到相对可靠的预测结果。下面主要介绍指标计算法。

指标计算法指预先设定项目按照一个完全均衡的目标结构（$a_0 = 33.33\%$）施工，并预估工期T_0^0、质量Q_0^0、成本C_0^0（这三个数据尽可能采用专家问卷调查获得），然后将投资人给定的工期T^0、质量Q^0、成本C^0与T_0^0、Q_0^0、C_0^0比较计算后得到拟实施方案的目标权重。

$$\lambda_1 = \frac{T^0 - T_0^0}{T_0^0} \times 100\%，\quad \lambda_2 = \frac{Q^0 - Q_0^0}{Q_0^0} \times 100\%，\quad \lambda_3 = \frac{C^0 - C_0^0}{C_0^0} \times 100\%$$

$$\beta_1 = a_0 - \lambda_1 \times 0.3333$$

$$\beta_2 = a_0 + \lambda_2 \times 0.3333$$

$$\beta_3 = a_0 - \lambda_3 \times 0.3333$$

拟实施方案的目标权重为：

$$a_1 = \frac{\beta_1}{\beta_1 + \beta_2 + \beta_3} \times 100\%$$

$$a_2 = \frac{\beta_2}{\beta_1 + \beta_2 + \beta_3} \times 100\%$$

$$a_3 = \frac{\beta_3}{\beta_1 + \beta_2 + \beta_3} \times 100\%$$

8.2.8　圆心距的确定

圆心距 b、c、d 是反映工期、质量、成本三者之间关系的参数，数值越小表明关系越密切，相互影响程度越大；数值越大表明关系越远，相互影响程度越低。b、c、d 趋近最小值时，可以理解为三者可以不分彼此，相互可以替代，b、c、d 趋近最大值时，可以理解为三者毫不相干，完全独立。工期、质量、成本三者之间的关系主要由客观决定，人们可以采取某些措施（人为增大 b、c、d，比如，在不增加成本的前提下解决质量与成本之间的矛盾，在不延长工期的前提下缓解工期和质量之间的冲突，在不增加成本的前提下，解决工期与成本之间的对立等）调整这种关系，但这种人为调整是局限的，人们不可能完全改变甚至消除它们彼此之间的影响。因此，在现实中 b、c、d 趋近最大或最小都是不存在的。b、c、d 三者之间除了满足三角形构成条件或直线相等关系外，还存在某种函数关系，比如，b 较大，则 c、d 可能会小一些，c 较大则 b、d 可能会小一些等，这是事物的自然存在状态。

b、c、d 对目标分散度 dp 有决定性影响，$l = b + c + d$ 越大，则 dp 越大，b、c、d 反映目标之间的相容与对立程度以及项目的实施难度，目标之间的对立程度及施工的实施难度随 b、c、d 的增大而增加。

对于特定施工时期、特定施工环境、特定的施工主体，当投资人给定了工期、质量、成本，则特定施工主体所面临的施工难度将随之确定，即 dp 是确定的，相同的 dp 在工期、质量、成本相同的情况可以对应多种目标结构，此时，施工企业面临的 b、c、d 取值问题是：在 dp 不变的条件下，选择何种 b、c、d 组合能够较好地结合企业实际，能够扬长避短，尽可能发挥企业优势，避让企业劣势，顺利实现各项目标。

8.2.8.1　b、c、d 函数及取值范围

（1）函数及取值范围　如图 8-14 所示，以 O_1 为原点，以 O_1O_2 为 x 轴建立直角坐标。O_1 固定，O_2 变动，x 随 φ（目标难度角）的变化而变化，当设定两圆必定相交时，O_2 的变化轨迹是在 x 轴上的一条线段，x 是 φ 的函数：

$$x = f(\varphi) = r_2\sqrt{1-\left(\frac{r_1}{r_2}\sin\varphi\right)^2} - r_1\cos\varphi \qquad \varphi\text{的分析区间为}(0,\pi)$$

函数定义域要求$1-\frac{r_1}{r_2}\sin\varphi \geqslant 0$，即

当$r_1 \leqslant r_2$时，$\varphi \in (0,\pi)$；

当$r_1 > r_2$时，$\varphi \in \left(0, \arcsin\frac{r_2}{r_1}\right]$或$\varphi \in \left[\pi - \arcsin\frac{r_2}{r_1}, \pi\right)$

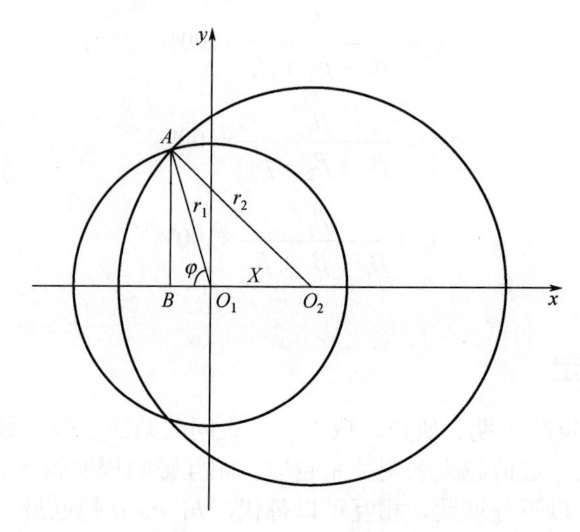

图 8-14　b、c、d 取值问题

当$r_1 = r_2$时，两圆相交的充分必要条件是$\varphi \in \left(\frac{\pi}{2}, \pi\right)$，当$r_1 > r_2$时，两圆相交的充分必要条件是$\varphi \in \left[\pi - \arcsin\frac{r_2}{r_1}, \pi\right)$，因此函数定义域设定为：

$$\varphi \in \begin{cases} (0,\pi) & r_1 < r_2 \\ (\frac{\pi}{2},\pi) & r_1 = r_2 \\ \left(\pi - \arcsin\frac{r_2}{r_1}, \pi\right) & r_1 > r_2 \end{cases}$$

线段长度$b = |x|$，b取值范围是$(|r_2 - r_1|, r_1 + r_2)$，同理，可得到c、d的函数及变化范围，为区别b、c、d，分别用φ_1、φ_2、φ_3表示

$$x_1 = f(\varphi_1) = r_2\sqrt{1-\left(\frac{r_1}{r_2}\sin\varphi_1\right)^2} - r_1\cos\varphi_1$$

$$b = x_1,\ b \in (|r_2 - r_1|, r_1 + r_2)$$

$$\varphi_1 \in \begin{cases} (0,\pi) & r_1 < r_2 \\ \left(\frac{\pi}{2},\pi\right) & r_1 = r_2 \\ \left(\pi - \arcsin\frac{r_2}{r_1}, \pi\right) & r_1 > r_2 \end{cases}$$

$$x_2 = f(\varphi_2) = r_3\sqrt{1-\left(\frac{r_1}{r_3}\sin\varphi_2\right)^2} - r_1\cos\varphi_2$$

$$c = x_2，\quad c \in (|r_3 - r_1|, r_1 + r_3)$$

$$\varphi_2 \in \begin{cases} (0,\pi) & r_1 < r_3 \\ \left(\dfrac{\pi}{2},\pi\right) & r_1 = r_3 \\ \left(\pi - \arcsin\dfrac{r_3}{r_1},\pi\right) & r_1 > r_3 \end{cases}$$

$$x_3 = f(\varphi_3) = r_3\sqrt{1-\left(\frac{r_2}{r_3}\sin\varphi_3\right)^2} - r_2\cos\varphi_3$$

$$d = x_3，\quad d \in (|r_3 - r_2|, r_2 + r_3)$$

$$\varphi_3 \in \begin{cases} (0,\pi) & r_2 < r_3 \\ \left(\dfrac{\pi}{2},\pi\right) & r_2 = r_3 \\ \left(\pi - \arcsin\dfrac{r_3}{r_2},\pi\right) & r_2 > r_3 \end{cases}$$

（2）函数图像　函数图像分三种情况：$r_2>r_1$、$r_2<r_1$、$r_2=r_1$ 分别绘制。

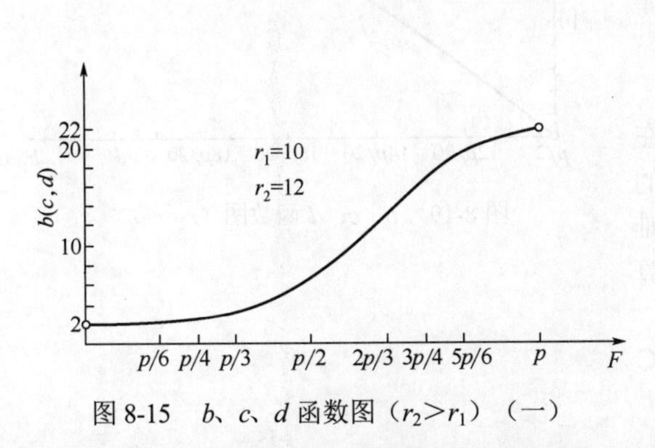

图 8-15　b、c、d 函数图（$r_2>r_1$）（一）

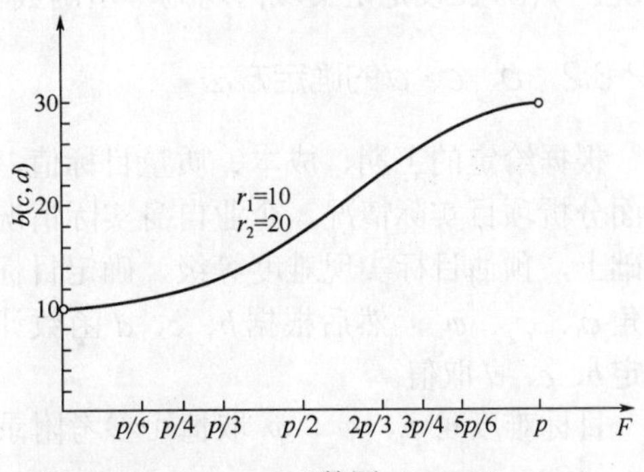

图 8-16　b、c、d 函数图（$r_2>r_1$）（二）

从图 8-15、图 8-16 中可看出，当 $r_2>r_1$（动圆半径大于定圆半径）时，函数为单增函数，在接近 π 处取得最大值，在接近 0 处取得最小值。b、c、d 的取值范围为 $b \in (|r_2 - r_1|, r_1 + r_2)$、$c \in (|r_3 - r_1|, r_1 + r_3)$、$d \in (|r_3 - r_2|, r_2 + r_3)$。

从图 8-17、图 8-18 中可看出，当 $r_2<r_1$（动圆半径小于定圆半径）时，函数为单增函数，在接近 π 处取得最大值，在接近 $\varphi = \pi - \arcsin\dfrac{r_1}{r_2}$ 处取得最小值。b、c、d 取值范围为 $b \in (|r_2 - r_1|, r_1 + r_2)$。

从图 8-19 中可看出，当 $r_2=r_1$ 时，函数为单增函数，在接近 π 处取得最大值，在接近 0 处取得最小值。

$$\frac{\mathrm{d}b}{\mathrm{d}\varphi} = f'(\varphi) = -\frac{r_1^2\sin(2\varphi_1)}{2r_2\sqrt{1-\left(\dfrac{r_1}{r_2}\sin\varphi_1\right)^2}} + r_1\sin\varphi_1$$

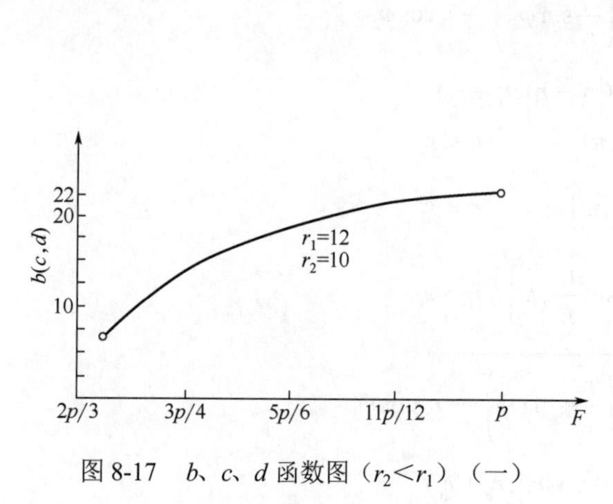

图 8-17　b、c、d 函数图（$r_2<r_1$）（一）

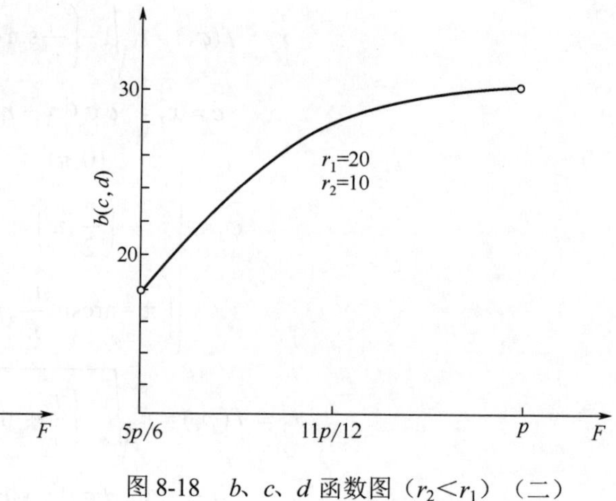

图 8-18　b、c、d 函数图（$r_2<r_1$）（二）

可以证明（证明过程省略），当 $r_2>r_1$ 时，在 $\varphi\in(0,\pi)$ 内，$f'(\varphi)>0$，当 $r_2<r_1$ 时，在 $\varphi\in\left[\pi-\arcsin\dfrac{r_2}{r_1},\ \pi\right)$ 内，$f'(\varphi)>0$；当 $r_2=r_1$ 时，在 $\varphi\in\left(\dfrac{\pi}{2},\pi\right)$ 内，$f'(\varphi)>0$，即不论何种情况，$f(\varphi)$ 在设定定义域内均为单增函数。

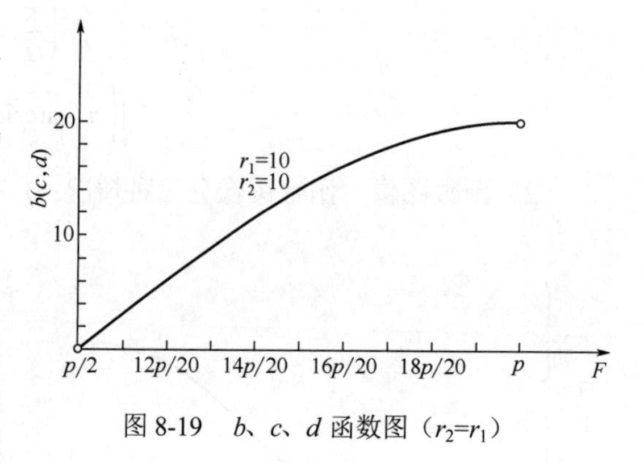

图 8-19　b、c、d 函数图（$r_2=r_1$）

8.2.8.2　b、c、d的确定方法

根据给定的工期、成本、质量目标值，在全面分析项目实际情况、企业自身实际情况的基础上，预估目标实现难度等级，确定目标难度角 φ_1、φ_2、φ_3，然后根据 b、c、d 函数计算确定 b、c、d 取值。

目标难度角 φ_1、φ_2、φ_3 取值可参考附录 C。

8.2.9 目标结构图的现实意义

8.2.9.1　为施工管理提供依据

工程施工管理的基本方法是目标管理，掌握目标结构情况是有效目标管理的基本要求，是一切目标管理活动的基础和前提。

施工企业根据给定的工期、质量、成本约束，采用因素目标结构图分析目标结构，判定目标态势，分析目标影响因素、计算影响程度、判定施工难度，这一系列工作可为施工管理战略与施工实施计划的制定提供依据。

8.2.9.2　二元影响分析的具体工具

目标结构图是二元影响分析的具体应用工具。

第9章
基于二元影响的主要施工计划与控制

前面章节主要介绍施工计划与控制、二元影响及其相关的一些基本知识，自本章起将详细阐述如何利用这些知识进行系统、规范、有效的工程施工计划与控制。

9.1 基于二元影响的主要施工计划与控制综述

9.1.1 基于二元影响的主要施工计划与控制的综合定义

基于二元影响的主要施工计划与控制指在工程项目施工中，以二元影响基本原理和相关知识为基础，以多目标整合平衡为出发点和归属、以数据决策为核心、以工程进度管理为主线、以资源配置和全过程动态控制为主要手段，采用规范、完整的方法体系，利用工程施工过程中的两个关键影响因素 X（工程施工生产能力）和 P（资源价格），针对工程施工计划与控制的主要方面——资源、进度、质量和成本，进行持续的（从始至终的）、相互关联的、不断调整和改进的一系列活动的总称。

基于二元影响的主要施工计划与控制包括资源计划与配置、施工进度计划与控制、施工成本计划与控制、施工质量计划与控制、工程施工综合控制。

9.1.2 基于二元影响的主要施工计划与控制的基本活动过程

基于二元影响的主要施工计划与控制的基本活动过程可以用图 9-1 概括说明，整个过程包括 7 个方面的活动：二元影响分析、目标结构分析、资源计划与配置、进度计划与控制、成本计划与控制、质量计划与控制、综合控制。二元影响分析的活动成果主要包含 3 个方面：确定核心工作、X 和 P 的计算结果，这三方面的活动成果是资源计划与配置、进度计划与控制、成本计划与控制、质量计划与控制、综合控制的基本依据。目标结构分析的活动成果是目标结构图，目标结构图不仅是施工战略分析的工具，也是对工程施工实施综合控制的依据。二元影响分析和目标结构分析相互说明、互为补充。进度计划与控制、成本计划与控制、质量计划与控制、综合控制需要根据施工实际情况进行不断调整和改进。

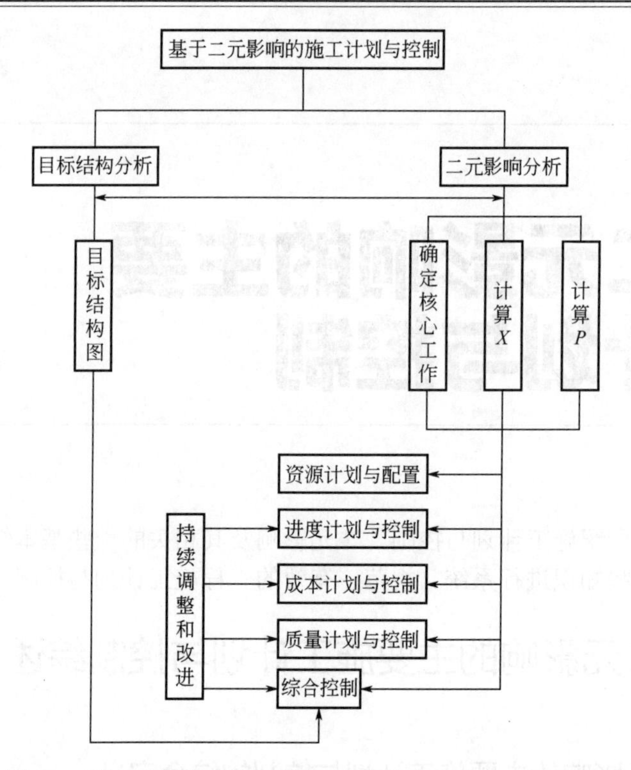

图 9-1　基于二元影响的主要施工计划与控制的基本活动过程

9.1.3　基于二元影响的主要施工计划与控制的基本原理

除了采用系统原理、反馈原理、PDCA 循环原理外，基于二元影响的主要施工计划与控制还采用整体与局部控制原理（分部分项工程充分性原理）、资源配置原理、进度控制原理、成本控制原理等基本原理来整体解决工程施工中的主要计划与控制问题。

9.1.3.1　分部分项工程充分性原理

工程项目进度、质量、成本目标实现的充分条件是所有工程子项目进度、质量、成本满足目标要求，单项工程进度、质量、成本满足目标要求是工程子项目目标实现的充分条件，单位工程进度、质量、成本满足目标要求是单项工程目标实现的充分条件，分部分项工程进度、质量、成本满足目标要求是单位工程目标实现的充分条件，由此可得，工程项目进度、质量、成本目标实现的充分条件是其所包含的分部分项工程满足进度、质量、成本满足目标要求。

（1）工期充分性

① 如果单位工程包含的核心工作的持续时间都不超过按工期目标分解的持续时间，则单位工程工期不会超过目标工期。

若 $t_v \leqslant t_v^0$，$v=1,2,\cdots,t$，则

$$T_{\mathrm{hx}}(up) \leqslant T_{\mathrm{hx}}^0(up)\text{；}\ T(up) \leqslant T^0(up)$$

式中　t_v ——第 v 项工作的持续时间；

t_v^0 ——第 v 项工作按工期目标分解的持续时间；

$T_{hx}(up)$ ——单位工程核心工作合计持续时间；
$T_{hx}^0(up)$ ——单位工程按工期目标分解的核心工作合计持续时间；
$T(up)$ ——单位工程工期；
$T^0(up)$ ——单位工程目标工期；
t ——单位工程有 t 项核心工作。

② 如果工程项目包含的单位工程工期都不超过按工期目标分解的工期，则工程项目工期不会超过目标工期。

若 $T(up_k) \leqslant T^0(up_k) \quad k=1,2,\cdots,s$ ，则

$$T(EP) \leqslant T^0(EP)$$

式中　$T(up_k)$ ——第 k 个单位工程工期；
$T^0(up_k)$ ——第 k 个单位工程目标工期；
$T(EP)$ ——工程项目工期；
$T^0(EP)$ ——工程项目工期目标；
s ——工程项目有 s 个单位工程。

③ 如果工程项目包含的核心工作的持续时间都不超过按工期目标分解的持续时间，则工程项目工期不会超过目标工期。

若 $t_v \leqslant t_v^0$， $v=1,2,\cdots,t$ ，则

$$T(EP) \leqslant T^0(EP)$$

其中，t 代表工程项目有 t 项核心工作。

（2）质量充分性

① 如果单位工程包含的核心工作的质量都不小于质量目标，则单位工程质量不会低于质量目标。

若 $q_v \geqslant q_v^0$， $v=1,2,\cdots,t$ ，则

$$Q(up) \geqslant Q^0(up)$$

式中　q_v ——第 v 项工作的质量；
q_v^0 ——第 v 项工作质量目标值；
$Q(up)$ ——单位工程质量；
$Q^0(up)$ ——单位工程质量目标值；
t ——单位工程有 t 项核心工作。

② 如果工程项目包含的单位工程质量都不低于质量目标值，则工程项目质量不会低于质量目标。

若 $Q(up_k) \leqslant Q^0(up_k) \quad k=1,2,\cdots,s$ ，则

$$Q(EP) \leqslant Q^0(EP)$$

式中　$Q(up_k)$ ——第 k 个单位工程质量；
$Q^0(up_k)$ ——第 k 个单位工程质量目标值；
$Q(EP)$ ——工程项目质量；
$Q^0(EP)$ ——工程项目质量目标；

s ——工程项目有 s 个单位工程。

③ 如果工程项目包含的核心工作的质量都不低于质量目标值，则工程项目质量不会低于质量目标。

若 $q_v \geqslant q_v^0$， $v=1,2,\cdots,t$ ，则

$$Q(EP) \geqslant Q^0(EP)$$

其中，t 代表工程项目有 t 项核心工作。

（3）成本充分性

① 如果单位工程包含的核心工作的成本都不超过成本目标值，则单位工程成本不会超过成本目标。

若 $c_v \leqslant c_v^0$， $v=1,2,\cdots,t$ ，则

$$C(up) \leqslant C^0(up)$$

式中 c_v ——第 v 项工作的成本；

c_v^0 ——第 v 项工作成本目标值；

$C(up)$ ——单位工程成本；

$C^0(up)$ ——单位工程成本目标值；

t ——单位工程有 t 项核心工作。

② 如果工程项目包含的单位工程成本都不超过成本目标值，则工程项目成本不会超过成本目标。

若 $C(up_k) \leqslant C^0(up_k)$ $k=1,2,\cdots,s$ ，则

$$C(EP) \leqslant C^0(EP)$$

式中 $C(up_k)$ ——第 k 个单位工程成本；

$C^0(up_k)$ ——第 k 个单位工程成本目标值；

$C(EP)$ ——工程项目成本；

$C^0(EP)$ ——工程项目成本目标；

s ——工程项目有 s 个单位工程。

③ 如果工程项目包含的核心工作的成本都不超过成本目标值，则工程项目成本不会超过成本目标。

若 $c_v \leqslant c_v^0$， $v=1,2,\cdots,t$ ，则

$$C(EP) \leqslant C^0(EP)$$

其中，t 代表工程项目有 t 项核心工作。

9.1.3.2 资源配置原理

工程施工生产资源配置首先取决于分部分项工程施工组合模式（作业方式），当确定了施工组合模式，资源配置问题是一个确定性问题，各种具体资源的配置数量由 X 决定，资源的品质以 P 反映。

（1）分部分项工程资源配置 分部分项工程 w_v 在既定施工组合模式下施工，需要 $r_1,r_2,\cdots,r_y,\cdots,r_z$ 共 z 种资源，既定施工组合模式决定了 z 种资源的消耗量为 $A(w_v)=(a_1,a_2,\cdots,$

$a_y,\cdots,a_z)$ 或 z 种资源的台班（工日）产量为 $B(w_v)=(b_1,b_2,\cdots,b_y,\cdots,b_z)$。设 z 种资源的配置数量为 $N(w_v)=(n_1,n_2,\cdots,n_y,\cdots,n_z)$，经 X 平衡计算，该分部分项工程施工生产能力为 x_v，则

$$n_y=\frac{a_y x_v}{\lambda}=\frac{x_v}{\lambda b_y}$$

$$N(w_v)=\frac{x_v A(w_v)}{\lambda}=\frac{x_v}{\lambda}B^{-1}(w_v)$$

式中　λ——资源每天工作的台班数（或工日数），以每台班（工日）为 8h 计，$1\leqslant\lambda<3$。

经 P 平衡计算，该分部分项工程资源价格为 $P(w_v)=(p_1^*,p_2^*,\cdots,p_v^*,\cdots,p_z^*)$，从而得到分部分项工程资源配置方案为：

$$N(w_v)=\frac{x_v A(w_v)}{\lambda}；\quad P(w_v)=(p_1^*,p_2^*,\cdots,p_v^*,\cdots,p_z^*)。$$

（2）单位工程资源配置　单位工程 up_k 有 t 项核心工作 $w_v\ (v=1,2,\cdots,t)$，第 1 项工作 w_1 共需要 z_1 种资源，既定施工组合模式决定了 z_1 种资源的消耗量为 $A(w_1)=(a_{11},\cdots,a_{1y_1},\cdots,a_{1z_1})$ 或 z_1 种资源的台班（工日）产量为 $B(w_1)=(b_{11},\cdots,b_{1y_1},\cdots,b_{1z_1})$，……，第 v 项工作 w_v 共需要 z_v 种资源，既定施工组合模式决定了 z_v 种资源的消耗量为 $A(w_v)=(a_{v1},\cdots,a_{vy_v},\cdots,a_{vz_v})$ 或 z_v 种资源的台班（工日）产量为 $B(w_v)=(b_{v1},\cdots,b_{vy_v},\cdots,b_{vz_v})$，……，第 t 项工作 w_t 共需要 z_t 种资源，既定施工组合模式决定了 z_t 种资源的消耗量为 $A(w_t)=(a_{t1},\cdots,a_{ty_t},\cdots,a_{tz_t})$ 或 z_t 种资源的台班（工日）产量为 $B(w_t)=(b_{t1},\cdots,b_{ty_t},\cdots,b_{tz_t})$，令 $z=\max\{z_1,\cdots,z_v,\cdots,z_t\}$，得到单位工程 up_k 的资源消耗量矩阵或台班（工日）产量矩阵，即

$$A(up_k)=\begin{bmatrix} a_{11} & \cdots & a_{1y} & \cdots & a_{1z} \\ \vdots & \ddots & \vdots & \ddots & \vdots \\ a_{v1} & \cdots & a_{vy} & \cdots & a_{vz} \\ \vdots & \ddots & \vdots & \ddots & \vdots \\ a_{t1} & \cdots & a_{ty} & \cdots & a_{tz} \end{bmatrix}$$

$$B(up_k)=\begin{bmatrix} b_{11} & \cdots & b_{1y} & \cdots & b_{1z} \\ \vdots & \ddots & \vdots & \ddots & \vdots \\ b_{v1} & \cdots & b_{vy} & \cdots & b_{vz} \\ \vdots & \ddots & \vdots & \ddots & \vdots \\ b_{t1} & \cdots & b_{ty} & \cdots & b_{tz} \end{bmatrix}$$

经 X 计算，单位工程 up_k 的工程施工生产能力为 $X(up_k)=(x_1,\cdots,x_v,\cdots,x_t)$，资源每天工作台班数为 $\lambda(up_k)=(\lambda_1,\cdots,\lambda_v,\cdots,\lambda_t)$，设单位工程 up_k 的资源配置数量矩阵为：

$$N(up_k)=\begin{bmatrix} n_{11} & \cdots & n_{1y} & \cdots & n_{1z} \\ \vdots & \ddots & \vdots & \ddots & \vdots \\ n_{v1} & \cdots & n_{vy} & \cdots & n_{vz} \\ \vdots & \ddots & \vdots & \ddots & \vdots \\ n_{t1} & \cdots & n_{ty} & \cdots & n_{tz} \end{bmatrix}，则$$

$N^{\mathrm{T}}(up_k)=A^{\mathrm{T}}(up_k)X_D(up_k)\lambda_D^{-1}(up_k)$ 或 $N^{\mathrm{T}}(up_k)=[B^{\mathrm{T}}(up_k)]^{-1}X_D(up_k)\lambda_D^{-1}(up_k)$

$N(up_k)=[N^{\mathrm{T}}(up_k)]^{\mathrm{T}}$，其中

$$X_D(up_k)=\begin{bmatrix} x_1 & & & 0 \\ & \ddots & & \\ & & x_v & \\ & & & \ddots \\ 0 & & & x_t \end{bmatrix} \quad \lambda_D(up_k)=\begin{bmatrix} \lambda_1 & & & 0 \\ & \ddots & & \\ & & \lambda_v & \\ & & & \ddots \\ 0 & & & \lambda_t \end{bmatrix}$$

经 P 计算，单位工程 up_k 的资源价格矩阵是：

$$P^*(up_k)=\begin{bmatrix} p_{11}^* & \cdots & p_{1y}^* & \cdots & p_{1z}^* \\ \vdots & \ddots & \vdots & \ddots & \vdots \\ p_{v1}^* & \cdots & p_{vy}^* & \cdots & p_{vz}^* \\ \vdots & \ddots & \vdots & \ddots & \vdots \\ p_{t1}^* & \cdots & p_{ty}^* & \cdots & p_{tz}^* \end{bmatrix}$$，从而得到单位工程资源配置方案为：

$$N(up_k)=\begin{bmatrix} n_{11} & \cdots & n_{1y} & \cdots & n_{1z} \\ \vdots & \ddots & \vdots & \ddots & \vdots \\ n_{v1} & \cdots & n_{vy} & \cdots & n_{vz} \\ \vdots & \ddots & \vdots & \ddots & \vdots \\ n_{t1} & \cdots & n_{ty} & \cdots & n_{tz} \end{bmatrix}$$

$$P^*(up_k)=\begin{bmatrix} p_{11}^* & \cdots & p_{1y}^* & \cdots & p_{1z}^* \\ \vdots & \ddots & \vdots & \ddots & \vdots \\ p_{v1}^* & \cdots & p_{vy}^* & \cdots & p_{vz}^* \\ \vdots & \ddots & \vdots & \ddots & \vdots \\ p_{t1}^* & \cdots & p_{ty}^* & \cdots & p_{tz}^* \end{bmatrix}$$

（3）工程项目资源配置　工程项目（工程子项目、单项工程）有 s 个单位工程，第 k（$k=1,2,\cdots,s$）个单位工程的源配置为：

$$N(up_k)=\begin{bmatrix} n(k)_{11} & \cdots & n(k)_{1y} & \cdots & n(k)_{1z} \\ \vdots & \ddots & \vdots & \ddots & \vdots \\ n(k)_{v1} & \cdots & n(k)_{vy} & \cdots & n(k)_{vz} \\ \vdots & \ddots & \vdots & \ddots & \vdots \\ n(k)_{t1} & \cdots & n(k)_{ty} & \cdots & n(k)_{tz} \end{bmatrix} P^*(up_k)=\begin{bmatrix} p^*(k)_{11} & \cdots & p^*(k)_{1y} & \cdots & p^*(k)_{1z} \\ \vdots & \ddots & \vdots & \ddots & \vdots \\ p^*(k)_{v1} & \cdots & p^*(k)_{vy} & \cdots & p^*(k)_{vz} \\ \vdots & \ddots & \vdots & \ddots & \vdots \\ p^*(k)_{t1} & \cdots & p^*(k)_{ty} & \cdots & p^*(k)_{tz} \end{bmatrix},$$

工程项目（工程子项目、单项工程）资源配置为：

$$N(EP/EC/sp)=\begin{bmatrix} N(up_1) \\ \vdots \\ N(up_k) \\ \vdots \\ N(up_s) \end{bmatrix}=\begin{bmatrix} & & N(up_1) & & \\ & & \vdots & & \\ n(k)_{11} & \cdots & n(k)_{1y} & \cdots & n(k)_{1z} \\ \vdots & \ddots & \vdots & \ddots & \vdots \\ n(k)_{v1} & \cdots & n(k)_{vy} & \cdots & n(k)_{vz} \\ \vdots & \ddots & \vdots & \ddots & \vdots \\ n(k)_{t1} & \cdots & n(k)_{ty} & \cdots & n(k)_{tz} \\ & & \vdots & & \\ & & N(up_s) & & \end{bmatrix}$$

$$P^*(EP/EC/sp)=\begin{bmatrix} P^*(up_1) \\ \vdots \\ P^*(up_k) \\ \vdots \\ P^*(up_s) \end{bmatrix}=\begin{bmatrix} & & P^*(up_1) & & \\ & & \vdots & & \\ p^*(k)_{11} & \cdots & p^*(k)_{1y} & \cdots & p^*(k)_{1z} \\ \vdots & \ddots & \vdots & \ddots & \vdots \\ p^*(k)_{v1} & \cdots & p^*(k)_{vy} & \cdots & p^*(k)_{vz} \\ \vdots & \ddots & \vdots & \ddots & \vdots \\ p^*(k)_{t1} & \cdots & p^*(k)_{ty} & \cdots & p^*(k)_{tz} \\ & & \vdots & & \\ & & P(up_s) & & \end{bmatrix}$$

9.1.3.3 进度控制原理

工程施工生产能力是工程进度的源泉，工程进度快慢取决于工程施工生产能力大小，满足工期目标要求的工程施工生产能力是工程施工具有足够工程进度的必要条件，工程施工生产能力可作为工程进度的基本控制目标。

（1）分部分项工程施工进度　分部分项工程进度与工程施工生产能力的关系是：

$$s_t=\frac{u_t}{u}\times 100\%=\frac{x_t t_e}{u}\times 100\% \tag{9-1}$$

$$s_t=\frac{uc_t}{uc}\times 100\%=\frac{x_t t_e c_t}{uc}\times 100\% \tag{9-2}$$

式中　s_t——t时刻分部分项工程进度；

u_t——t时刻已完工程量；

u——图纸或实际应完成工程量（总计工程量）；

x_t——t时刻计算期内分部分项工程施工生产能力；

t_e——t时刻计算期内分部分项工程有效施工天数；

uc_t——t时刻已完工程合计成本（或造价）；

uc——图纸或实际应完成的预算成本（或造价）；

c_t——t时刻计算期内分部分项工程单位成本（造价）。

式（9-1）为以工程量计算的工程进度，式（9-2）为以工程成本（造价）计算的工程进度。二者的差别在于c_t和c的差异，当忽略单位成本变化时，二者没有差别。

上述等式表明，工程进度由三个参数决定：x_t、t_e、u。当施工实际与工程设计吻合，施工中没有异常水文和地质条件变化，没有设计变更时，图纸工程量等于施工工程量，u为确定数。当施工没有遭受不可预见、不可抗力、突发事件的影响时，即施工处于正常过程时，t_e为确定数。因此，对于正常的施工过程，在正常的施工自然环境和条件下，工程进度由x_t决定。

对于短期的进度计划与控制，u和t_e为确定常数，若$x_t^a \geqslant x_t^p$，则$s_t^a \geqslant s_t^p$，即控制了工程施工生产能力就控制了工程进度，工程施工生产能力可作为工程进度的基本控制目标。

（2）单位工程施工进度　单位工程进度可以用矩阵和数值两种形式表示。

① 矩阵形式

$$S_t(up_k)=\frac{U_{tD}}{U_D}\times 100\%=\frac{X_{tD}T_{eD}}{U_D}\times 100\%$$

式中 $S_t(up_k)$ ——单位工程 up_k t 时刻工程进度；

U_{tD} ——t 时刻已完核心工作工程量对角矩阵；

U_D ——核心工作图纸工程量对角矩阵；

X_{tD} ——核心工作 t 时刻计算期内工程施工生产能力对角矩阵；

T_{eD} ——核心工作 t 时刻计算期内有效施工时间对角矩阵。

② 数值形式

$$s_t(up_k)=\frac{uc_t(up_k)}{uc(up_k)}\times 100\%=\frac{U_t\times C_t}{U\times C}\times 100\%$$

$$=\frac{\mathrm{tr}(U_{tD}C_{tD})}{\mathrm{tr}(U_D C_D)}\times 100\%$$

式中 $s_t(up_k)$ ——单位工程 up_k t 时刻工程进度（数值形式）；

$uc_t(up_k)$ ——单位工程 up_k t 时刻已完工程成本（造价）；

$uc(up_k)$ ——单位工程 up_k 图纸预算成本（造价）；

U_t ——t 时刻已完核心工作工程量行向量；

U_t ——t 时刻已完核心工作单位成本列向量；

U ——核心工作图纸工程量行向量；

C ——核心工作预算单位成本列向量；

U_{tD} ——t 时刻已完核心工作工程量对角矩阵；

C_{tD} ——t 时刻已完核心工作单位成本对角矩阵；

U_D ——核心工作图纸工程量对角矩阵；

C_D ——核心工作预算单位成本对角矩阵。

（3）工程项目施工进度　工程项目（工程子项目、单项工程）施工进度一般以数值形式表示。工程项目（工程子项目、单项工程）有 s 个单位工程 up_k ($k=1,2,\cdots,s$)。

$$s_t(EP/EC/sp)=\frac{uc_t(EP/EC/sp)}{uc(EP/EC/sp)}\times 100\%=\frac{\sum_{k=1}^{s}uc_t(up_k)}{\sum_{k=1}^{s}uc(up_k)}\times 100\%$$

9.1.3.4 成本控制原理

在施工过程中，资源配置既定（一般不做大的改变），施工成本主要受两方面因素的影响，一方面是资源价格 P，另一方面是工程施工生产能力 X，施工成本控制的关键在于 P 和 X 的控制。

（1）分部分项工程施工成本

$$c_t=P_tA_t+c_{nr} \tag{9-3}$$

式中 c_t ——t 时刻计算期内分部分项工程单位成本；

P_t ——t 时刻计算期内资源价格行向量；

A_t ——t 时刻计算期内资源消耗量列向量；

c_{nr} ——分部分项工程非资源成本。

任何一种资源价格的上涨（下降）均会导致单位成本增加（减少），任何一种资源消耗量的增加（减少）均会导致单位成本上升（下降）。A_t完全由x_t决定和反映。相比既定资源配置的标准消耗量来说，x_t增大（减少）意味着资源的实际消耗量比标准消耗量减少（增多）。A_t对施工成本的影响可以用x_t和x_r来度量，对于通常的人机组合施工的分部分项工程有：

$$c_t=\begin{cases} c(x_r)-(x_t-x_r)\dfrac{c(x_r)-c_{\mathrm{cl}}-(0.6\sim0.8)c_{\mathrm{jx}}}{x_t} & x_t\leqslant x_r \\ c(x_r)-(x_t-x_r)\dfrac{c(x_r)-c_{\mathrm{cl}}}{x_t} & x_t>x_r \end{cases} \tag{9-4}$$

式中　c_t——t时刻计算期内分部分项工程单位成本；

$c(x_r)$——既定标准资源消耗量时单位成本；

x_t——t时刻计算期内分部分项工程施工生产能力；

x_r——既定资源配置可实现的分部分项工程施工生产能力；

c_{cl}——分部分项工程材料成本；

c_{jx}——分部分项工程机械成本。

在非资源成本c_{nr}不作为讨论对象的前提下，由式（9-3）和式（9-4）可以得出以下结论。

① 若$p_y^a\leqslant p_y^p$（$y=1,2,\cdots,z$），$x_t^a\geqslant x_t^p$，则$c_t^a\leqslant c_t^p$；

② 若p_y（$y=1,2,\cdots,z$）不变，$x_t^a\geqslant x_t^p$，则$c_t^a\leqslant c_t^p$；

③ 若x_t 不变，$p_y^a\leqslant p_y^p$（$v=1,2,\cdots,t$），则$c_t^a\leqslant c_t^p$；

④ $P_t^aA_t^a\leqslant P_t^pA_t^p$，则$c_t^a\leqslant c_t^p$。

式中　p_y——第y种资源价格；

p_y^a——第y种资源实际价格；

p_y^P——第y种资源计划价格；

x_t——t时刻计算期内分部分项工程施工生产能力；

x_t^a——t时刻计算期内分部分项工程实际施工生产能力；

x_t^p——t时刻计算期内分部分项工程计划施工生产能力；

P_t^p——t时刻计算期内资源计划价格行向量；

A_t^p——t时刻计算期内资源计划消耗量列向量；

P_t^a——t时刻计算期内资源实际价格行向量；

A_t^a——t时刻计算期内资源实际消耗量列向量。

（2）单位工程施工成本　单位工程up_k有t项分部分项工程（工作）w_v（$v=1,2,\cdots,t$），则单位工程施工成本为：

$$c_t(up_k)=\sum_{v=1}^{t}uc_t(w_v)=\mathrm{tr}\left[U_{tD}(up_k)C_{tD}(up_k)\right]$$

式中　$c_t(up_k)$——t时刻单位工程成本；

$uc_t(w_v)$——t时刻第v项工作合计成本；

$U_{tD}(up_k)$——t时刻单位工程工程量对角矩阵；

$C_{tD}(up_k)$——t 时刻单位工程单位成本对角矩阵。

（3）工程项目施工成本　工程项目（工程子项目、单项工程）有 s 个单位工程 $up_k\ (k=1,2,\cdots,s)$，工程项目（工程子项目、单项工程）施工成本为：

$$c_t(EP/EC/sp)=\sum_{k=1}^{s}c_t(up_k)=\mathrm{tr}\left[U_{tD}(EP/EC/sp)C_{tD}(EP/EC/sp)\right]$$

式中　$c_t(EP/EC/sp)$——t 时刻工程项目/工程子项目/单项工程成本；

$U_{tD}(EP/EC/sp)$——t 时刻工程项目/工程子项目/单项工程工程量对角矩阵；

$C_{tD}(EP/EC/sp)$——t 时刻工程项目/工程子项目/单项工程单位成本对角矩阵。

9.1.3.5　多目标整合平衡原理

由于工程项目多目标特性决定了工程施工通常具有工期、质量、成本等多项目标要求，目标之间并非完全相容一致或彼此独立，往往是对立冲突关系。这就要求在许多决策问题上需要同时兼顾各项目标，在多目标之间形成平衡关系。

通过选择并确定适宜的工程施工生产能力和适宜的资源价格可以在一定程度上实现多目标之间的平衡，工程施工生产能力 X 和资源价格 P 是工程施工多目标的两个基本平衡点。

工期由工程施工生产能力 X 决定，增大 X 能缩短工期，减小 X 则导致工期延长。增大 X 意味着投入的资源数量需要增加（或资源品质需要提高改善），通常成本会增加，若不是以更高成本为代价来实现 X 的增大，增大 X 则导致质量下降。工期变化对成本有一定影响，缩短（延长）工期将减少（增加）资源占用成本支出，从这一点来说，X 增大有利于成本降低。因此，X 取值不仅直接决定工期长短，也将影响成本和质量目标，X 是工期、质量、成本的关键平衡点。工期、质量、成本平衡条件下 X 的取值应该是：在工期不超过目标工期、质量符合目标要求的前提下，实现成本最低时的工程施工生产能力，这就是工程施工需要的适宜的 X。

质量在很大程度上由施工采用的资源品质所决定，资源价格是资源品质的外在直观反映，即质量在很大程度上取决于资源价格 P。增大 P 能提高质量，减小 P 则会降低质量。增大（减小）P 将直接导致成本上升（下降），P 的增大（减小）通常有（不）利于缩短工期。因此，P 的取值在对质量和成本造成决定性影响的同时，对工期也有一定影响，P 是工期、质量、成本的另一关键平衡点。质量、成本、工期平衡条件下 P 的取值应该是：在质量不低于目标要求，工期实现没有明显障碍的前提下尽可能低的资源价格。这个资源价格就是工程施工需要的适宜的 P。

9.1.4　基于二元影响的主要施工计划与控制的特点

基于二元影响的主要施工计划与控制和现有施工计划与控制相比，具有以下特点。

（1）定量计控，数据决策　采用基于二元影响的主要施工计划与控制方法进行施工管理将彻底改变诸多“凭经验、靠估计、依传统”的管理决策方式，其整个管理决策活动都建立在一系列相互关联的数据基础之上，使管理者有更大的把握和信心做出各项决策。

（2）系统解决计划与控制中的关键问题　基于二元影响的主要施工计划与控制系统解决了工程施工中的资源配置问题、进度控制问题和多目标平衡问题等关键问题。

（3）突出计控重点　基于二元影响的主要施工计划与控制利用并围绕工程施工生产能力和资源价格这两个（类）关键因素来进行各项计划与控制，抓住关键问题，突出工作重点。

（4）施工管理工作难度提前　采用基于二元影响的主要施工计划与控制方法进行施工管

理，在开工之前，需要进行大量的计划工作，需要确定核心工作、计算 X、计算 P，在此基础上进行系统的资源计划配置，这些工作的完成将会使日后施工作业和施工管理工作更为顺利，工作难度大幅降低。

（5）加大施工管理工作量　与其他计划与控制类似，基于二元影响的主要施工计划与控制不仅在开工前需要进行充分的计划，由于控制的需要，在整个施工全过程还应进行不断跟踪，进行持续的调整和改进。与其他计划与控制不同的是，收集、统计、计算全过程、多方面（进度、质量、成本）的数据将大大增加管理工作量。

（6）需要有一定施工准备时间　正确、客观的数据将促使管理者作出正确的决策，错误的数据将不仅不能使管理者作出正确的决策，而且还会误导管理者作出错误的决策（没有数据，管理者还有可能作出正确决策，错误数据只会导致错误决策），因此，数据的准确可靠非常重要，这就要求有一定足够的施工准备时间，这是确保数据准确可靠的必要条件。

（7）需要高效快速的计算机应用程序　实施基于二元影响的主要施工计划与控制需要有配套的计算机应用程序作为技术支撑，一方面，这是大量计算工作能够在较短时间完成，确保工作效率的前提；另一方面，采用应用程序进行计算和开展工作可以减少和避免计算错误，提高数据的准确性，确保各个环节、各工作步骤的完整和有序。

9.1.5 基于二元影响的主要施工计划与控制适用范围

从基于二元影响的主要施工计划与控制原理和依据来看，这套方法可以适用于各类工程项目的施工计划与控制，但在现实中，从实施收效来说，这套方法比较适用于施工任务（单位工程、单项工程、工程子项目、工程项目）所包含的核心工作较为有限情况，更进一步讲，其更适用于施工任务中分部分项工程重复性较高的项目。

9.2 基于二元影响的主要施工计划与控制方法体系

在基于二元影响的主要施工计划与控制的七个方面的活动中，分别需要多方法、多步骤来完成各项活动职能，实现各项活动目的，这一系列方法形成一套系统的方法体系。

图 9-2 是基于二元影响的主要施工计划与控制方法框架。首先，按解决问题的时间顺序，方法分为两大类：施工准备中和施工过程中采用的方法。施工准备中采用的方法包括二元影响分析方法、目标结构分析方法和资源配置方法。施工过程中采用的方法包括进度控制方法、成本控制方法、质量控制方法和综合控制方法。

二元影响分析是整个计划与控制活动的基础和前提，这个环节主要解决工程施工中的核心工作是什么、工程施工需要的施工生产能力是多少、工程所需资源（或主要资源）价格如何 3 个主要问题。这些问题的解决不仅需要结合工程施工目标，而且需要清楚目标态势和目标结构情况，因此，目标结构分析也是施工准备中的一项重要活动。二元影响分析和目标结构分析的作用可归结于两个方面，一方面是为确定资源配置而服务，另一方面是为施工过程控制创建控制条件。为工程施工提供准确的资源配置是整个计划活动最主要的目的之一，是对工程施工整体实施有效控制的重要手段。资源配置方法在是整个方法体系中占有重要地位，是体现方法特殊性的重要标志。施工过程决定项目的实施结果，施工过程控制是确保目标实现的基本手段。施工过程应该控制什么？如何控制？二元影响分析和目标结构分析在一定程度上给出了答案。

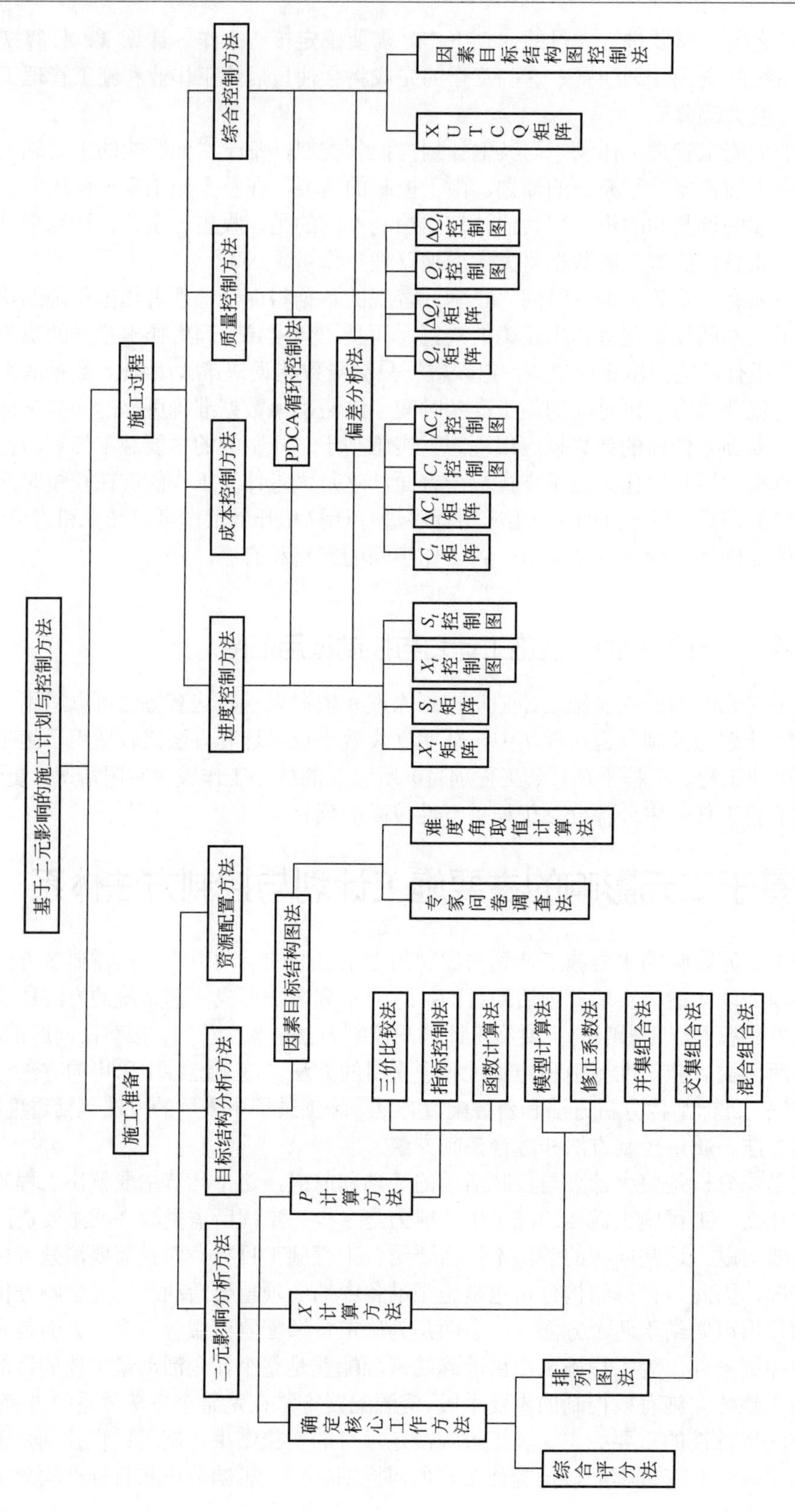

图 9-2 基于二元影响的主要施工计划与控制方法框架

PDCA 循环和偏差分析法是施工过程进度控制、成本控制、质量控制、综合控制中共同采用的两类基本方法。此外，在以二元影响分析和目标结构分析为基础创建的一系列控制参数（X_t、S_t、U_t、ΔX_t、ΔS_t、ΔU_t、c_t、Δc_t、P_t、ΔP_t、Q_t、ΔQ_t、dp_t、θ_t 等）中，可根据需要灵活选用控制指标。由于实现了控制指标的全数据化，在现实控制中，可以方便地采用一系列图（控制图）表（矩阵）进行精准分析和计算，可根据控制需要，对施工过程实施各种精度的控制。

二元影响分析和目标结构分析所采用的各种具体方法在前述章节中已做详细介绍，资源配置方法和施工过程控制方法将在后面章节做详细阐述。

第10章 工程施工资源计划与配置

资源配置是工程施工乃至工程项目管理最为重要的工作之一，它既是一项具有战略意义的全局性决策工作，同时也是一项需要认真、细致落实的具体工作。资源配置准确与否将直接关系施工过程能否顺利进行，直接影响各项目标的实现程度及目标能否实现，甚至决定着项目管理和项目的成败。

10.1 资源配置需要解决的主要问题

由于资源配置在工程项目实施中的重要地位和关键作用，一直以来，资源配置问题都是众多从事工程实践和工程理论的广大业内人士共同关注的热点问题。有关资源配置问题的研究文献众多，范围广泛、研究维度、资源配置方法各异。为便于清楚阐述本章内容，有必要对书中资源配置问题涉及的范围和维度做简要界定说明：

① 资源配置仅指工程施工的资源配置；

② 资源配置的主体是特定的施工企业；

③ 资源配置的对象是特定施工企业的施工任务；

④ 资源仅指施工生产要素，即劳动力、机械设备、材料；

⑤ 工期确定，施工任务明确的资源配置问题。

在界定以上内容的前提下，资源配置需要解决的主要问题是：在明确的施工任务及确定的工期条件下，工程施工应该投入哪些资源？多少资源？投入什么品质的资源？何时投入？投入多久？资源在空间上如何布局安排能在满足工期和质量的同时，成本最低？即资源配置通常需要解决4个基本问题：

① 资源的种类及数量；

② 资源的品质；

③ 资源的投入时间和时限；

④ 资源的空间布置。

10.1.1 资源的种类及数量问题

10.1.1.1 分部分项工程资源种类

分部分项工程施工所需资源的种类主要由分部分项工程施工作业方式或施工组合模式

决定，在垂直运输、水平运输等附属作业（或综合取定）、作业环境差异另计的情况下，资源的种类不会因施工部位、施工逻辑顺序（网络图示意）、构件类型、构件几何形状的不同而发生实质性改变。因此确定资源种类的实质性问题是确定施工作业方式或施工组合模式，一旦确定了施工作业方式或施工组合模式，施工需要哪些资源将随之确定。

一种（类）分部分项工程可以采用多种施工作业方式或施工组合模式来完成，不同的作业方式或施工组合模式将可能导致不同结果的工期、质量和成本。在特定时期、特定项目、特定的施工环境条件下，一定存在某种作业方式或施工组合模式对当下的工程施工来说是最适宜的。因此，资源配置的首要任务就是选择一种或多种施工作业方式或施工组合模式作为工程施工的资源实施方案。

（1）组合模式选择　根据施工作业方式或施工组合模式优劣性判定准则，施工作业方式或施工组合模式通常的选择原则如下。

① 首选全机械作业方式。

② 其次选择机械化程度较高的人机组合模式，单位成本中机械成本含量较高的组合模式。

③ 再次选择机械化程度一般的人机组合模式，单位成本中机械成本含量适中的组合模式。

④ 最后选择机械化程度较低的人机组合模式，单位成本中机械成本含量较低的组合模式。

⑤ 在没有其他适用的作业方式和组合模式可选的情况下选择全人工作业方式。

⑥ 作业方式或组合模式所决定的资源在空间布置上没有障碍。

⑦ 作业方式或组合模式所决定的资源在时间安排上没有障碍。

当然，上述选择原则并非对所有工程，所有企业都适用。举个例子：当企业没有足够的机械设备实力，采用机械施工需要投资购买或租赁，而机械设备投资太大或机械设备的租赁费用太过昂贵，全机械施工成本超过采用人工施工的成本时，选择人工施工将会更为明智。因此，施工作业方式或施工组合模式的选择还需要结合企业实际和工程实际综合考虑。

（2）资源的一般描述　选定施工作业方式或施工组合模式后，需要对所选作业方式或施工组合模式采用的资源进行一般描述，一般描述应当包含以下内容：

① 资源名称；

② 资源属性；

③ 规格、型号；

④ 品牌、产地或来源；

⑤ 计量单位；

⑥ 获得方式；

⑦ 是否属于本工程施工的主要资源。

其中，“资源属性”指资源属于劳动力、机械设备、材料之一，“获得方式”指企业调拨、购买、租赁或融资租赁等。“是否属于本工程施工的主要资源”主要反映该资源对工程施工的重要性，其价格是否纳入 P 计算范畴。

10.1.1.2　分部分项工程资源数量

根据资源配置原理，分部分项工程资源数量按以下公式计算：

$$n_y = \frac{a_y x_r}{\lambda} = \frac{x_r}{\lambda b_y} \quad (y = 1, 2, \cdots, z)$$

$$N(w_v) = \frac{x_r A(w_v)}{\lambda} = \frac{x_r}{\lambda B(w_v)}$$

式中 n_y ——第 y 种资源配置数量；

a_y ——第 y 种资源消耗量；

b_y ——第 y 种资源台班（工日）产量；

x_r ——分部分项工程用于资源配置计算的工程施工生产能力；

λ ——分部分项工程资源每天工作台班（工日）数；

$N(w_v)$ ——分部分项工程 w_v 资源配置数向量；

$A(w_v)$ ——分部分项工程 w_v 资源消耗量向量；

$B(w_v)$ ——分部分项工程 w_v 资源台班（工日）产量向量。

欲得到 n_y、$N(w_v)$，需确定 x_r、λ、$A(w_v)$ 或 $B(w_v)$（包含 a_y 或 b_y），分部分项工程资源配置数量计算需要完成以下 3 个步骤：

① 确定 x_r；

② 确定 λ；

③ 确定 $A(w_v)$ 或 $B(w_v)$。

（1）用于资源配置数量计算的分部分项工程施工生产能力 x_r 的确定　通过二元影响分析中 X 计算，得到分部分项工程施工生产能力均值（初值）$\overline{x}$ 和工程施工生产能力优解 x^*，且 $x^* \geqslant \overline{x}$。显然，用 x^* 配置的资源数量比用 $\overline{x}$ 配置的资源数量要多（绝大多数情况下，$x^* > \overline{x}$），在 X 的计算中，成本计算并未考虑资源投入数量问题，即对总体成本来说，用 x^* 配置资源并不一定能实现总体最优成本。工程施工最理想的情况是：以 $\overline{x}$ 配置资源，实际施工中工程施工生产能力能达到 x^*。因此用于资源配置的 x_r 的取值不能简单地确定为 x^*。通常 x_r 在 $[\overline{x}, x^*]$ 之间取值，$x_r \geqslant \overline{x}$ 是实现工期目标的必要条件，$x_r \leqslant x^*$ 是确保较低成本的必要条件。在时间条件允许、数据资料充分的情况下，可就 x_r 的取值问题展开二次优化计算，在此不深入讨论这个问题。x_r 的取值通常按以下原则：

① $x^* = \overline{x}$ 时，$x_r = \overline{x}$；

② $x^* \neq \overline{x}$ 时，$x_r \in [\overline{x}, x^*]$。

特别地，工期主导型项目，$x_r = x^*$；质量主导型项目，$x_r \geqslant \dfrac{x^* + \overline{x}}{2}$；成本主导型项目，$x_r = \overline{x}$ 或进行二次优化计算。

（2）分部分项工程资源每天工作台班（工日）数 λ 的确定　λ 的取值需根据项目实施的具体要求、项目属地的具体情况，结合项目风险分析、目标主导类型综合考虑。

项目业主、项目属地主管部门或有关部门规定了施工作业时间期间的，按规定取值；当项目实施和项目属地主管部门或有关部门无明确规定，且施工作业不对周边环境造成恶劣影响时，主要结合施工实际、目标主导类型、施工目标风险综合确定。一般原则如下。

① 符合分部分项工程施工工艺要求。有的工艺要求连续作业，不能间断，有的工艺要求间断（间隔）一段时间后再作业。

② 结合目标主导类型。目标主导类型对应的λ值见表 10-1。

表 10-1　目标主导类型对应的λ值

目标主导类型	λ值
工期主导型	$\lambda \leqslant 2$
成本主导型	$2 < \lambda < 3$

续表

目标主导类型	λ值
质量主导型	$\lambda \leq 2$
通常	$1.5 \leq \lambda \leq 2.5$

③ 结合目标风险。λ 取值越大（小），工期和质量目标风险越大（小），λ 取值越小（大），资源利用程度越低（高），资源占用成本越高（低）。λ 取值需要在成本和风险承受能力之间寻求平衡。

此外，λ 取值还与 x_t 离散性有关，当 x_t 离散程度较大时，λ 不应取值过大，宜在1.5～2之间考虑。

（3）分部分项工程资源消耗量向量 $A(w_v)$ 的确定　分部分项工程源消耗量由工程固有特性和资源自身特性两方面要素决定，工程固有特性主要指完成分部分项工程作业需要的基本工艺过程，这个过程决定了生产的复杂程度和劳动强度高低。资源自身特性，主要指资源的作业能力，对于劳动力资源，主要指工人的作业熟练程度，对机械设备主要指设备性能。工艺过程复杂、工序多，劳动强度大，工人操作不熟练、设备性能较差，作业需要的资源数量就多，反之，资源消耗量就少。

除了上述两方面基本要素外，对于某种（类）分部分项工程，资源消耗量还会因构件类型、构件几何形状、作业空间位置、作业环境条件、附属作业等几方面情况的不同而产生差异。因为这些差异会导致工艺复杂性、工艺过程劳动强度、作业难度发生不同程度的变化。在确定资源配置数量时需要充分考虑这些差异对资源消耗量的影响。

资源消耗量 $A(w_v)$ 和资源台班（工日）产量 $B(w_v)$ 是互为倒数关系，计算中只需选择其一，以下以选择资源消耗量 $A(w_v)$ 为例做介绍。

① 资源消耗量 $A(w_v)$ 确定方法　资源消耗量 $A(w_v)$ 的确定采用基准取值法和精确计算法两类基本方法来实现。在实际工作中，通常采用基准取值法。

a. 基准取值法　按照一定原则和方法，事先确定一个取值参照基准，以参照基准的资源消耗量或经系数修正的资源消耗量作为拟配核心工作的资源消耗量。

$$A(w_v) = A^0(w_v) \text{ 或 } A(w_v) = \alpha A^0(w_v)$$

参照基准的选择原则如下。

A. 相同原则。参照基准和拟配核心工作的基本工艺过程完全相同，采用的资源种类相同。参照基准通常是拟配核心工作实际包含的具体分部分项工程之一。

B. 权重原则。参照基准在拟配核心工作中所占工程量权重最大。

C. 多数原则。参照基准的构件类型、构件几何形状、作业环境条件为拟配核心工作中包含的全部多项具体分部分项工程的通常（多数）情况。

D. 中值（均值）原则。作业位置、附属作业情况以整个工程在空间上的中间部位计算。

b. 精确计算法　拟配核心工作 w_v 包含 n 项具体分部分项工程 w_i，这 n 项具体分部分项工程的工程量是 u_i，资源消耗量是 A_i（向量），$i=1,2,\cdots,n$。

$$U=(u_1 \quad \cdots \quad u_i \quad \cdots \quad u_n)\text{，}\quad A_i=(a_{i1} \quad \cdots \quad a_{ij} \quad \cdots \quad a_{im})\ (j=1,2,\cdots,m)$$

$$A=\begin{bmatrix} A_1 \\ \vdots \\ A_i \\ \vdots \\ A_n \end{bmatrix}=\begin{bmatrix} a_{11} & \cdots & a_{1j} & \cdots & a_{1m} \\ \vdots & \ddots & \vdots & \ddots & \vdots \\ a_{i1} & \cdots & a_{ij} & \cdots & a_{im} \\ \vdots & \ddots & \vdots & \ddots & \vdots \\ a_{n1} & \cdots & a_{nj} & \cdots & a_{nm} \end{bmatrix}$$

已知u_i和A_i，则拟配核心工作的资源消耗量向量是：

$$A(w_v)=(a_1 \quad \cdots \quad a_j \quad \cdots \quad a_m)=\frac{UA}{\sum_{i=1}^{n}u_i}$$

由于现实中n值较大，一般难以采用该方法确定资源消耗量，为此不再做更多讨论。

② $A^0(w_v)$及A_i的取值依据　$A^0(w_v)$及A_i取值的主要依据是：

a．针对性的临时性资源消耗量计算书；

b．企业自建数据库；

c．设备说明书；

d．国家统一劳动定额和工程消耗量定额；

e．地方劳动定额和工程消耗量定额。

不论何种取值依据，均需结合工程实际和拟订的施工作业方式和组合模式进行核实。当实际与取值标准的工程施工特征和条件及资源的规格型号等不符时，需要进行适当调整，以确保数据的客观可靠。对于没有参照标准的分部分项工程，则需要针对具体情况编制临时性资源消耗量计算书。

10.1.1.3　单位工程资源种类和数量

（1）单位工程资源种类　根据单位工程核心工作确定结果w_v（$v=1,2,\cdots,t$），按照本书10.1.1.2分部分项工程资源种类的确定方法及资源描述要求，对单位工程所包含的全部核心工作逐项确定作业方式或施工组合模式，汇总统计后得到单位工程施工所需全部主要资源的种类。单位工程资源种类矩阵是：

$$R(up_k)=\begin{bmatrix}R(w_1)\\ \vdots \\ R(w_v)\\ \vdots \\ R(w_t)\end{bmatrix}=\begin{bmatrix}r_{11} & \cdots & r_{1y} & \cdots & r_{1z}\\ \vdots & \ddots & \vdots & \ddots & \vdots\\ r_{v1} & \cdots & r_{vy} & \cdots & r_{vz}\\ \vdots & \ddots & \vdots & \ddots & \vdots\\ r_{t1} & \cdots & r_{ty} & \cdots & r_{tz}\end{bmatrix}\quad (v=1,2,\cdots,t;\ y=1,2,\cdots,z)$$

（2）单位工程资源数量　单位工程资源数量的确定可采用逐项求解法和整体求解法来完成。

① 逐项求解法　根据单位工程核心工作确定结果w_v（$v=1,2,\cdots,t$）和工程施工生产能力计算结果x_v（$v=1,2,\cdots,t$），按照本书10.1.1.2分部分项工程资源数量的确定方法，分别对每项核心工作取定x_r、λ、及$A(w_v)$或$B(w_v)$，然后逐项计算$N(w_v)$，汇总后得到单位工程资源配置数量。

② 整体求解法　根据单位工程核心工作确定结果和工程施工生产能力计算结果

$$X(up_k)_D=\begin{bmatrix}x_1 & & & & 0\\ & \ddots & & & \\ & & x_v & & \\ & & & \ddots & \\ 0 & & & & x_t\end{bmatrix}(v=1,2,\cdots,t)$$

分别确定用于资源配置的施工生产能力对角矩阵、单位工程资源每天工作台班数对角矩阵和资源消耗量矩阵（或台班产量矩阵），得

$$X_r(up_k)_D=\begin{bmatrix} x_{r1} & & & & 0 \\ & \ddots & & & \\ & & x_{rv} & & \\ & & & \ddots & \\ 0 & & & & x_{rt} \end{bmatrix}$$

$$\lambda(up_k)_D=\begin{bmatrix} \lambda_1 & & & & 0 \\ & \ddots & & & \\ & & \lambda_v & & \\ & & & \ddots & \\ 0 & & & & \lambda_t \end{bmatrix}(v=1,2,\cdots,t)$$

$$A(up_k)=\begin{bmatrix} A(w_1) \\ \vdots \\ A(w_v) \\ \vdots \\ A(w_t) \end{bmatrix}=\begin{bmatrix} a_{11} & \cdots & a_{1y} & \cdots & a_{1z} \\ \vdots & \ddots & \vdots & \ddots & \vdots \\ a_{v1} & \cdots & a_{vy} & \cdots & a_{vz} \\ \vdots & \ddots & \vdots & \ddots & \vdots \\ a_{t1} & \cdots & a_{t1} & \cdots & a_{tz} \end{bmatrix}(y=1,2,\cdots,z)\text{或}$$

$$B(up_k)=\begin{bmatrix} B(w_1) \\ \vdots \\ B(w_v) \\ \vdots \\ B(w_t) \end{bmatrix}=\begin{bmatrix} b_{11} & \cdots & b_{1y} & \cdots & b_{1z} \\ \vdots & \ddots & \vdots & \ddots & \vdots \\ b_{v1} & \cdots & b_{vy} & \cdots & b_{vz} \\ \vdots & \ddots & \vdots & \ddots & \vdots \\ b_{t1} & \cdots & b_{t1} & \cdots & b_{tz} \end{bmatrix}\ (y=1,2,\cdots,z)$$

则资源配置的数量矩阵是：

$$N(up_k)=\frac{X_r(up_k)_D}{\lambda(up_k)_D}A(up_k)=\begin{bmatrix} n_{11} & \cdots & n_{1y} & \cdots & n_{1z} \\ \vdots & \ddots & \vdots & \ddots & \vdots \\ n_{v1} & \cdots & n_{vy} & \cdots & n_{vz} \\ \vdots & \ddots & \vdots & \ddots & \vdots \\ n_{t1} & \cdots & n_{t1} & \cdots & n_{tz} \end{bmatrix}\text{或}$$

$$N(up_k)=\frac{X_r(up_k)_D}{\lambda(up_k)_D B(up_k)}=\begin{bmatrix} n_{11} & \cdots & n_{1y} & \cdots & n_{1z} \\ \vdots & \ddots & \vdots & \ddots & \vdots \\ n_{v1} & \cdots & n_{vy} & \cdots & n_{vz} \\ \vdots & \ddots & \vdots & \ddots & \vdots \\ n_{t1} & \cdots & n_{ty} & \cdots & n_{tz} \end{bmatrix}(v=1,2,\cdots,t\,;\,y=1,2,\cdots,z)$$

10.1.1.4　工程项目资源种类和数量

若施工任务是工程项目（工程子项目或单项工程），则按照上述单位工程资源种类和数量确定方法，对工程项目（工程子项目或单项工程）所包含的全部单位工程逐个求解，汇总后得到工程项目（工程子项目或单项工程）资源种类和数量。

$$R(EP/EC_i/sp_j)=\begin{bmatrix}R(up_1)\\ \vdots \\ R(up_k)\\ \vdots \\ R(up_s)\end{bmatrix}=\begin{bmatrix} R(up_1)\\ \vdots \\ \begin{bmatrix} r(k)_{11} & \cdots & r(k)_{1y} & \cdots & r(k)_{1z}\\ \vdots & \ddots & \vdots & \ddots & \vdots \\ r(k)_{v1} & \cdots & r(k)_{vy} & \cdots & r(k)_{vz}\\ \vdots & \ddots & \vdots & \ddots & \vdots \\ r(k)_{t1} & \cdots & r(k)_{ty} & \cdots & r(k)_{tz}\end{bmatrix}\\ \vdots \\ R(up_s)\end{bmatrix}$$

$$N(EP/EC_i/sp_j)=\begin{bmatrix}N(up_1)\\ \vdots \\ N(up_k)\\ \vdots \\ N(up_s)\end{bmatrix}=\begin{bmatrix} N(up_1)\\ \vdots \\ \begin{bmatrix} n(k)_{11} & \cdots & n(k)_{1y} & \cdots & n(k)_{1z}\\ \vdots & \ddots & \vdots & \ddots & \vdots \\ n(k)_{v1} & \cdots & n(k)_{vy} & \cdots & n(k)_{vz}\\ \vdots & \ddots & \vdots & \ddots & \vdots \\ n(k)_{t1} & \cdots & n(k)_{ty} & \cdots & n(k)_{tz}\end{bmatrix}\\ \vdots \\ N(up_s)\end{bmatrix}$$

$$k=1,2,\cdots,s\text{；}\quad v=1,2,\cdots,t\text{；}\quad y=1,2,\cdots,z$$

10.1.2 资源品质问题

资源品质对工程质量和工程成本都具有决定性影响，不仅如此，资源品质还对工期产生一定影响。资源价格是资源品质的基本反映，是工程成本最主要的构成要素，通过控制资源价格解决资源品质问题，将会是一种能实现综合收效的解决办法。

在二元影响分析中需完成一项重要工作——P 计算（资源价格平衡计算），P 计算通常针对整个施工任务，只选择对整个施工任务影响较大的主要资源，即选择主要劳动力、主要设备和主要建筑材料参与 P 计算。如果 P 计算选择的资源控制范围较宽，能够满足工程施工控制需要，则 P 计算结果即为资源配置时解决资源品质问题的依据，即核心工作 w_v 的主要资源价格是：

$$P(w_v)=(p_1 \quad \cdots \quad p_y \quad \cdots \quad p_z)\,(y=1,2,\cdots,z)$$

$p_1\cdots p_y\cdots p_z$ 为 P 计算结果。

若 P 计算选择的资源控制范围不够宽广，尚不能充分满足工程施工控制需要，则在资源配置时可做进一步的细化补充。

$$P(w_v)=(p_1 \quad \cdots \quad p_j \quad \cdots \quad p_m)\,(j=1,2,\cdots,m)\,(m>z)$$

新增补充资源的价格取值通过三价比较法或指标控制法确定，在此不再赘述。

10.1.3 时间问题

资源配置的时间问题主要指如何确定资源进场时间、退场时间和驻场时间问题。资源的进场时间是工程施工能够及时如期进行的基本保障，资源的退场时间和驻场时间关系到资源的占用成本。资源进退场问题不仅直接关系施工生产，还关系到项目管理全局，关系行政、劳资、财务、保卫、后勤等多个管理局部。因此，时间问题是资源配置必须重视的问题。

（1）资源进退场方式　资源进场一般有两种基本方式：开工前一次性进场和施工中途进场。施工中途进场可分为按施工任务量情况分期进场和按工程进度分期分批进场和不定期临时性进场等几种常见方式。资源退场也有两种基本方式：竣工后一次性退场和施工中途退场，施工中途退场可分为按施工任务完成情况分期分批退场和不定期临时性退场。解决资源配置的时间问题首先需要确定资源的进场和退场方式。

确定资源进退场方式的主要原则是：

① 长期使用、经常性使用的主要设备和主要劳动力宜以开工前一次性进场和竣工后一次性退场为主要方式，以施工中途进退场为局部辅助方式；

② 短期使用的资源应考虑施工中途进场和退场；

③ 建筑材料（周转性材料除外）一般宜根据工程进度采用分期分批进场。

（2）资源时间问题的确定　图 10-1 为资源时间关系示意。资源进场需在资源所服务的工作的最先开始时间的基础上考虑一定预备时间，资源退场需结合资源所服务的工作最后结束时间，给定预留时间。各种时间之间的相互关系是：

进场日期=资源所属工作最先开始日期-预备时间

退场日期=资源所属工作最后结束日期+预留时间

驻场时间=退场日期-进场日期

驻场时间=资源所属工作累计工作时间+中途累计停置时间+预备时间+预留时间

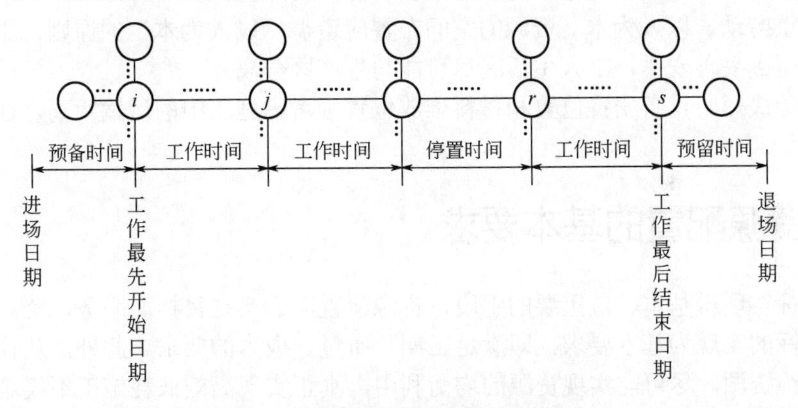

图 10-1　资源进退场及时间关系示意

对于开工前一次性进场资源只需考虑退场时间和驻场时间，对于竣工后一次性退场资源只需考虑进场时间。临时性进退场属于资源配置的意外和补充，其具有不确定性，临时性进退场事件的发生会对施工造成不利影响，施工中应尽量避免。对于预先计划的施工中途进退场资源需要考虑进场时间、退场时间和驻场时间。建筑材料（周转性材料除外）通常为一次性消耗资源，只需考虑进场时间和存放时间。在时间问题上，周转性材料等同设备。

（3）资源利用率　根据以上时间关系，可以定义具体资源的利用率：

$$\text{某种资源利用率}=\frac{\text{资源累计工作时间}}{\text{资源驻场时间}-\text{资源必要的停置时间}}\times 100\%$$

资源必要的停置时间指资源正常的预备时间、预留时间以及机械设备正常的检修、维护保养时间、工人正常的休息时间。以上时间均以“天”为计量单位，不再细分至更小的时间单位，即在此不考虑资源每天的工作台班数问题（这个问题由整体施工实施规定决定），忽略资源在某天因临时性故障造成的短暂停滞（停滞达到一天及以上的不应忽略）以及工人在某天的开工和收工时间（停工达到一天及以上的不应忽略）问题。该定义可以在资源管理中应用，在此顺便提及，不作展开讨论。

10.1.4 空间布置问题

资源的空间布置问题一直受到各方高度重视，任何一份施工组织设计都把这个问题作为重要问题加以考虑，把空间布置作为资源配置最主要的约束进行计划与控制。这个问题的解决不仅在实际工作中已经积累了许多成熟的经验和办法，在理论上也形成了丰富、完善的体系，为此本书就这个问题无需作过多阐述，只提以下几点建设性意见。资源的空间布置应着重注意以下几点。

（1）因地制宜，统筹考虑　资源的空间布置应根据施工可利用场地进行具体项目具体分析和处理，劳动力、设备、材料需统筹考虑、全盘布局。

（2）明确具体，重在落实　资源的空间布置必须明确具体，即每种主要设备的设置位置、主要材料的堆放地点、劳动力进场后的生活食宿等具体问题都需要落实到位，计划应有完全可实施性。

（3）安全第一　资源的空间布置应坚持并贯彻落实“预防为主，安全第一，文明施工”的方针。

（4）先大后小，先主后次　资源的空间布置宜按照“先大后小，先主后次”的布置顺序，即先布置大设备，再布置小设备，先布置主要资源，再布置次要资源。

（5）尊重劳动，以人为本　资源的空间布置应遵循“以人为本”的原则，工人的生产生活应尽可能得到妥善安排，工人生活区尽可能与生产区分离。

（6）运距最短　设备安置位置和材料堆放位置须考虑施工中的运输距离，通常以最短运距为宜。

10.2 资源配置的基本要求

作为目标实现最基本、最重要的手段，资源配置应为实现目标而服务，资源配置应当以满足各项目标的实现为基本要求，即满足工期、质量、成本的要求。此外，从社会可持续发展来说，节约资源，尽可能实现资源的均衡利用，真正实现高效低耗施工不仅是成本要求的具体体现，也是社会长远发展需要重视的问题。

10.2.1 满足工期的要求

资源配置结果能够实现的工程施工生产能力 x_r' [①]不低于满足工期要求的最小施工生产能力 $\overline{x}$ ，即 $x_r' \geqslant \overline{x}$ 。具体表现为：

① 既定 λ 及 A 或 B 时，配置的资源应种类齐全、数量足够；

② 资源时间安排合理可行。

10.2.2 满足质量的要求

各类资源的品质、等级应满足实现质量目标的需要。

① 各种类劳动力的人员职业道德水平、操作技能、熟练程度应符合项目及具体岗位的要求。

② 各类机械设备的性能、技术参数应满足作业质量要求。

③ 各种原材料、周转材料、成品、半成品的质量应满足工程设计及施工验收规范的要求。

除以上具体考核外，主要通过资源价格来控制资源的品质。即

① 施工采用的资源价格=P 计算资源价格；

② 施工采用的资源价格>P 计算资源价格。

10.2.3　满足成本的要求

一个可行的资源配置方案，除了满足工期和质量要求外，还必须具有较低的运行成本，运行成本包括正常作业成本和资源闲置成本两个部分。

$$\text{资源配置方案运行成本}=\text{正常作业成本}+\text{资源闲置成本}$$

正常作业成本指资源处于正常工作状态（机械没有闲置、工人没有窝工、材料没有积压）时形成的成本。资源闲置成本指资源处于停置不工作状态时形成的超出正常工作成本的全部费用。

$$\text{正常作业成本}=\text{资源消耗量}\times\text{资源价格}+\text{非资源成本}$$

$$c_{\text{normal}}=\Sigma a_i p_i+c_{\text{nr}}$$

造成资源闲置的原因很多，在此（资源配置时）只关注一个原因：资源配置可实现的施工生产能力大于某时刻工程所需施工生产能力时造成的资源闲置，即 $x_r'>x_t$ 时导致的资源闲置。资源闲置成本用 c_{unused} 表示，则

$$c_{\text{unused}}=\begin{cases}f(x_t) & x_t<x_r'\\ 0 & x_t\geqslant x_r'\end{cases}\tag{10-1}$$

$$f(x_t)=\beta\left(1-\frac{x_t}{x_r'}\right)c_{\text{normal}}\tag{10-2}$$

其中，β 为资源闲置时产生的费用与正常工作成本的比的百分数。在资源管理中，资源闲置成本可按以下方式计算：

$$\text{资源闲置成本}=\beta(1-\text{资源利用率})\times\text{正常作业成本}\tag{10-3}$$

式（10-2）仅为资源配置 x_r' 和 x_t 差异导致的资源闲置成本，式（10-3）为各种原因导致的资源闲置成本，式（10-2）仅在资源配置时使用，式（10-3）在资源管理中使用。

10.2.4　资源的均衡利用

由于工程项目自身特点决定了通常的工程项目在不同时刻对资源的需求量是不同的，主要表现在两方面：一方面是不同时刻，工程施工需要的 x_t 不同；另一方面是不同时刻，施工作业难度（构件类型、构件几何形状、作业部位、作业环境条件、附属作业情况）不同。这种差异是人们无法完全改变的现实，即资源的均衡利用是相对的，不均衡才是绝对的。对于劳动力和机械设备，如果试图通过调整其投入数量来适时满足资源需求的变化将会导致更多损失，是不现实也是不科学的。值得庆幸的是，提高资源利用率这项工作与工期、质量和成

本目标的实现没有矛盾，通常，提高资源利用率还能降低成本，对加快工程进度起到积极的促进作用。

根据本书 1.3.5 中介绍的施工作业系统的自动调节原理，任何一项工程施工均存在一种理想的资源配置状态，当施工实现了这种理想配置时，整个作业系统将能够长期稳定地保持高效运转，这种理想的资源配置状态有如下基本特征：

① 假定λ可以取值 3 时，整个施工过程从开工至竣工能连续作业，没有间断；

② 当不同核心工作λ取值不同时，不同核心工作之间总能按照施工工艺要求合理搭接，绝大多数核心工作都处于正常作业状态，核心工作作业间断频率较低；

③ 每种核心工作在大多数时间能处于正常作业状态，当由于x_t离散及作业难度变化时，作业间断时间（资源停置时间）最短或总体闲置成本最低。

以上特征①主要取决于λ及不确定事件的影响，在λ没有约束及未遭遇不确定事件影响的情况下，几乎所有资源配置方案都能实现。特征②和③主要由x_t离散性、作业难度离散性、各项核心工作λ取值、核心工作内部各资源数量比例、核心工作之间资源数量比例等多方面因素决定。即理想的资源配置是一个拥有较优的核心工作内部各资源数量比例$N(w_v)$和较优的核心工作之间资源数量比例$N(up_k / sp_j / EC_i / EP)$及较优的$\lambda$的组合。

（1）x_t离散性　$x_t = \dfrac{u_t}{t}$，u_t由项目自身决定，其离散程度完全取决于项目，通过调整t可以在一定程度上降低x_t的离散程度，在一定程度上改善资源利用的均衡性。其主要途径是确定适宜的λ取值。这种调整是局限的，很多时候不能彻底消除x_t离散性的问题。

（2）作业难度离散性　作业难度对特定作业方式或组合模式下的资源消耗量产生一定影响，作业难度离散性完全取决于项目自身特点，解决作业难度离散性问题的主要途径是采用精确计算法计算资源消耗量A_i，进而影响和改变资源配置数量，计算方差σ，根据A_i和σ制订一系列作业难度系数，在工程进度控制中对x_t进行适时调整。

x_r的取值范围是$[\bar{x}, x^*]$，资源利用率将随x_r取值的增大而降低，随x_r取值的减小而提高。资源利用率随λ的增大而提高，随λ的减小而降低。当核心工作内部各资源数量比例较优（符合作业难度客观实际）时，资源利用率较高。反之，资源利用率较低。当核心工作之间资源数量比例较优时，整体资源利用率较高，反之，整体资源利用率较低。

10.2.5　其他基本要求

除上述基本要求外，采用基于二元影响的计划与控制方法进行资源配置还有以下几点基本要求。

（1）工程施工生产能力计算应有足够的准确性　资源配置准确性依赖工程施工生产能力计算的准确性，在实际应用中至少要保证$\bar{x}$（$\bar{X}$）是准确的。

（2）资源消耗量取值准确性　资源消耗量（资源台班产量）取值或计算应有充分可靠的依据，不可随意，必须与工程实际相吻合或结合工程实际进行相应的计算调整。

（3）施工网络图绘制要求　通常需绘制时标网络图，这样便于掌握资源在各个时刻的工作状态，便于确定资源的时间安排。在绘制网络图时应尽量避免核心工作的间断和重叠，间断意味着资源被闲置，重叠导致资源需求的剧增，这两种情况对资源的均衡利用都是不利的。当必须间断或重叠时，应慎重分析，再作决断，并尽可能使间断时间较短，重叠时资源需求增长幅度不致过大。

10.3　资源配置的工作程序

资源配置有两类基本工作程序，一类是无比选的工作程序，另一类是多方案比选的工作程序。无比选的工作程序主要指在多种资源配置方案中，有一种方案的可行性、适宜性、优越性较为突出明显，无需对各方案做更多比较分析，可以直接认定该方案为资源配置实施方案的资源配置方式。当潜在的多个方案的可行性、适宜性和优劣性很难判定时，则需要采用多方案比选的工作程序进行资源配置。

10.3.1　无比选的资源配置程序

图 10-2 为无比选的单位工程（单项工程/工程子项目/工程项目）资源配置程序。通常，资源配置需要 5 个主要步骤：确定施工作业方式或组合模式、确定资源的种类和数量、确定资源品质（价格）、资源的时间安排和资源的空间布置。各步骤均需要一定的基础依据（数据输入），并得到相应的的工作结果，上一步骤的工作结果往往是下一步骤的主要基础依据。资源配置需要的主要依据是：企业数据库、二元影响分析结果（核心工作、*X* 计算结果、*P* 计算结果）、施工网络图和施工场地条件图。资源配置的工作成果最终分为两部分，一部分是反映资源种类、数量、价格和时间安排的系列表格，另一部分是施工平面布置图。

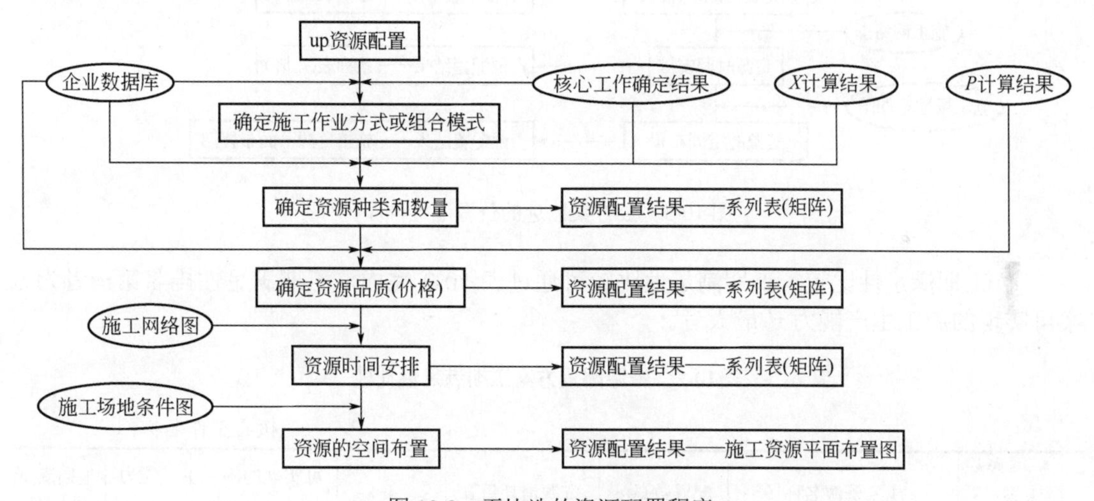

图 10-2　无比选的资源配置程序

10.3.2　多方案比选的资源配置程序

图 10-3 为多方案比选的资源配置程序图，资源配置需要完成 7 个主要步骤，在无比选的资源配置程序基础上，在确定资源种类之前增加两个步骤：拟订资源配置方案和多方案的比较择优。

（1）拟订资源配置方案　针对单位工程所包含的各项核心工作或不能判定作业方式（组合模式）优劣性、适宜性的部分核心工作，分别列出多种作业方式（组合模式）方案作为资源配置备选方案。

（2）多方案的比较择优　通过对各个备选方案的分析计算与比较，从中选择一个最适宜、最优的方案作为资源配置的实施方案，主要从工期满足性、质量满足性和成本满足性等几个方面进行比较。

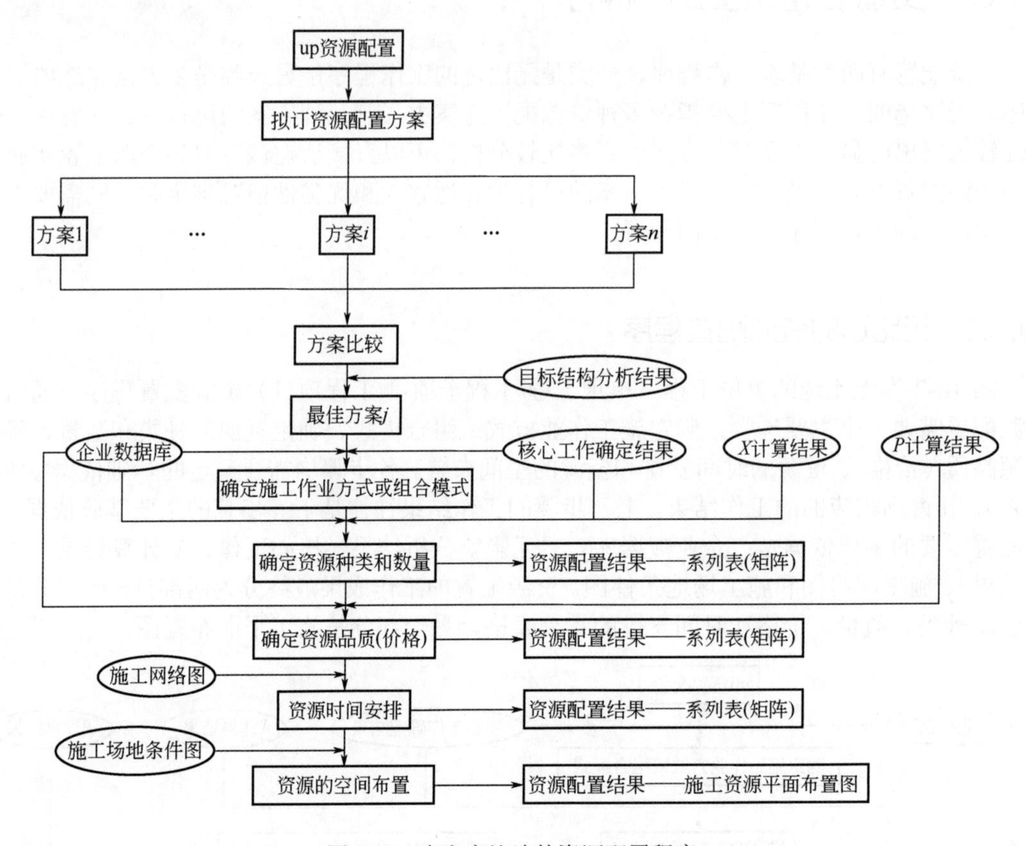

图 10-3　多方案比选的资源配置程序

① 工期满足性比较　工期满足性比较可通过表 10-2 完成，工期满足性排名第一者为方案可实现的施工生产能力 x_r' 最大者。

表 10-2　资源配置方案工期满足性比较

核心工作名称：

方案	主要资源名称		配置数量 n	资源消耗量 a	λ	可实现的施工生产能力 x_r'	工期满足性排名
方案 1	设备	机械 1					
		机械 2					
		⋮					
	劳动力	劳动力 1					
		劳动力 2					
		⋮					
	其他						
⋮	⋮	⋮					

续表

方案	主要资源名称		配置数量 n	资源消耗量 a	λ	可实现的施工生产能力 x'_r	工期满足性排名
方案 i	设备	机械 1					
		机械 2					
		⋮					
	劳动力	劳动力 1					
		劳动力 2					
		⋮					
	其他						
⋮	⋮	⋮					
方案 n	设备	机械 1					
		机械 2					
		⋮					
	劳动力	劳动力 1					
		劳动力 2					
		⋮					
	其他						

② 质量满足性比较　质量满足性比较可通过表 10-3 完成，质量满足性排名第一者为方案可实现的质量水平最高者。

表 10-3　资源配置方案质量满足性比较

核心工作名称：

方案	主要资源名称		配置数量 n	品质状况（性能特点）	可实现的质量评价	质量满足性排名
方案 1	设备	机械 1				
		机械 2				
		⋮				
	劳动力	劳动力 1				
		劳动力 2				
		⋮				
	其他					
⋮	⋮	⋮				
方案 i	设备	机械 1				
		机械 2				
		⋮				

续表

方案	主要资源名称		配置数量 n	品质状况（性能特点）	可实现的质量评价	质量满足性排名
方案 i	劳动力	劳动力 1				
		劳动力 2				
		⋮				
	其他					
⋮	⋮	⋮				
方案 n	设备	机械 1				
		机械 2				
		⋮				
	劳动力	劳动力 1				
		劳动力 2				
		⋮				
	其他					

③ 成本满足性比较　成本满足性比较可通过表 10-4 完成，成本满足性排名第一者为方案运行成本最低者。

表 10-4　资源配置方案成本满足性比较

核心工作名称：

方案	主要资源名称		配置数量 n	运行成本			成本满足性排名
				正常工作成本	闲置成本	合计	
方案 1	设备	机械 1					
		机械 2					
		⋮					
	劳动力	劳动力 1					
		劳动力 2					
		⋮					
	其他						
⋮	⋮	⋮					
方案 i	设备	机械 1					
		机械 2					
		⋮					
	劳动力	劳动力 1					

续表

方案	主要资源名称		配置数量 n	运行成本			成本满足性排名
				正常工作成本	闲置成本	合计	
方案 i	劳动力	劳动力 2					
		⋮					
	其他						
⋮	⋮	⋮					
方案 n	设备	机械 1					
		机械 2					
		⋮					
	劳动力	劳动力 1					
		劳动力 2					
		⋮					
	其他						

通常，表 10-2～表 10-4 的比较结果不尽相同，往往是这样的结果：工期，方案 i 最优，质量，方案 j 最优，成本，方案 k 最优，此时可采取直接确定法或综合评定法确定最佳资源配置方案。

直接确定法指根据目标结构分析确定的目标主导类型，直接确定某个方案为最佳方案，比如成本主导型项目以表 10-4 中排名第一的方案为最佳方案。

综合评定法指，对表 10-2～表 10-4 中各个方案不仅进行排名，还赋予一定分值，根据目标结构分析确定的目标权重计算各个方案的综合得分，综合得分最高者为最佳方案。

10.4　资源配置的主要工作成果

10.4.1　单位工程资源配置表

表 10-5 为单位工程资源配置表样式，该表主要应载明资源名称种类、配置数量和时间安排等基本内容。表中内容可根据实际需要进行扩展或删减。其中资源编号为资源在整个施工任务中的编号，总用量和日均用量主要针对建筑材料。

表 10-5　单位工程资源配置表

单位工程名称：　　　　　　　　　　　　　　　　编制日期：

序号	资源编号	资源名称	规格型号（专业）	品牌	单位	配置数量	所属工作	总用量	日均用量	进场方式	进场时间	退场时间	备注

编制：

校对：

审批：

10.4.2 单位工程劳动力配置表

当配置的资源种类较多时，需要按劳动力、设备、材料分别汇总统计，表 10-6 为单位工程劳动力配置表样式。具体内容可根据实际需要进行扩展或删减。

表 10-6 单位工程劳动力配置表

单位工程名称：　　　　　　　　　　　　　　　　编制日期：

序号	资源编号	劳动力名称	专业	单位	配置数量	所属工作	进场方式	进场时间	退场时间	备注

编制：
校对：
审批：

10.4.3 单位工程机械设备配置表

单位工程机械设备配置表可参照表 10-7 样式，具体内容可根据实际需要进行扩展或删减。

表 10-7 单位工程机械设备配置表

单位工程名称：　　　　　　　　　　　　　　　　编制日期：

序号	资源编号	设备名称	规格型号	品牌	单位	配置数量	所属工作	进场方式	进场时间	退场时间	备注

编制：
校对：
审批：

10.4.4 单位工程主要材料配置表

单位工程主要材料配置表可参照表 10-8 样式，具体内容可根据实际需要进行扩展或删减。

表 10-8 单位工程主要材料配置表

单位工程名称：　　　　　　　　　　　　　　　　编制日期：

序号	资源编号	主要材料名称	规格	型号	品牌	单位	配置数量	所属工作	总用量	日均用量	进场方式	进场时间	备注

编制：
校对：
审批：

10.4.5　核心工作资源配置明细表

核心工作资源配置明细表可参照表 10-9 样式，具体内容可根据实际需要进行扩展或删减。

表 10-9　核心工作资源配置明细表

核心工作名称：　　$x_r=$　　$\lambda=$　　编制日期：

序号	资源名称		规格型号	品牌	单位	消耗量a	配置数量	总用量	日均用量	备注
	劳动力	劳动力 1								
		劳动力 2								
		⋮								
	机械	机械 1								
		机械 2								
		⋮								
	材料	材料 1								
		材料 2								
		⋮								

编制：

校对：

10.4.6　核心工作资源配置基础数据表

表 10-10 为核心工作资源配置基础数据表的基本样式，填表时，一般应包括样表给出的全部内容，可扩展延伸，但不应删减。

表 10-10　核心工作资源配置基础数据表

核心工作名称：　　编制日期：

计量单位	总工程量	累计持续时间	$\overline{x}$	x^*	x_r	x_r'	λ	备注
工作内容描述								
工作特征描述								
资源消耗量取值或计算说明								
资源价格取值或计算说明								
$A(w_v)$ 矩阵								
$N(w_v)$ 矩阵								
$P(w_v)$ 矩阵								

编制：

校对：

10.4.7 资源配置的其他表格

根据使用的实际需要，资源配置还可编制单项工程（工程子项目、工程项目）主要资源配置情况表、按核心工作统计的单位工程（单项工程、工程子项目、工程项目）资源配置表，非核心工作资源配置明细表等其他表格，表格内容根据需要自行设计，在此不再一一介绍。

10.4.8 施工平面布置图

（略）

第11章
工程施工进度计划与控制

11.1　工程进度概述

11.1.1　工程进度含义

工程进度有两种基本含义：①在工程施工整个时间轴的某轴点上已完工程所处的空间位置；②在某轴点上已完工程占全部工程的百分比。第一种含义的工程进度是一个绝对数，即通常所说的形象进度，由于工程项目的复杂性，很难对所有工程的形象进度（绝对进度）给出量化数据，往往只能是一种定性描述。这种定性描述能够直观地告知人们工程的进展情况，因此，用形象进度描述工程进展情况一直是工程领域普遍采用的工程进度描述形式。第二种含义的工程进度是一个相对数，虽然这种描述方式不能直观告知人们在某时刻工程施工至什么位置，但它定量地给出在该时刻的工程进展情况，这种定量描述具有重要的现实意义，所以相对进度也是人们广泛采用的工程进度描述方式。未作特别说明，本章所述工程进度均指相对数工程进度。分部分项工程进度用 s_t、$s_t(w_v)$ 表示，单位工程（单项工程、工程子项目、工程项目）进度用 S_t 表示，需特指时用 $S_t(up_k)$、$S_t(sp_j)$、$S_t(EC_i)$、$S_t(EP)$ 等表示。

11.1.2　工程施工时间轴

工程施工过程可以用以开工时间为起点、竣工时间为终点的时间数轴直观反映。以图 11-1 为例，开工为数轴原点，工期为 T_0，单位为月（根据需要可以采用其他时间单位），中部竖线代表 t 时刻，数轴上方注明第 1 期、第 2 期、…、第 i 期…、第 n−1 期、第 n 期的 n 个时间间隔表示该工程的 n 个控制周期。

11.1.3　工程进度定义

从工程进度的原始含义来说，用已完工程工程量计算工程进度较为准确，即

$$s_t = \frac{u_t}{u} \times 100\%$$

式中　s_t ——t 时刻工程进度；

u_t ——t 时刻已完工程量；

u ——全部工程量。

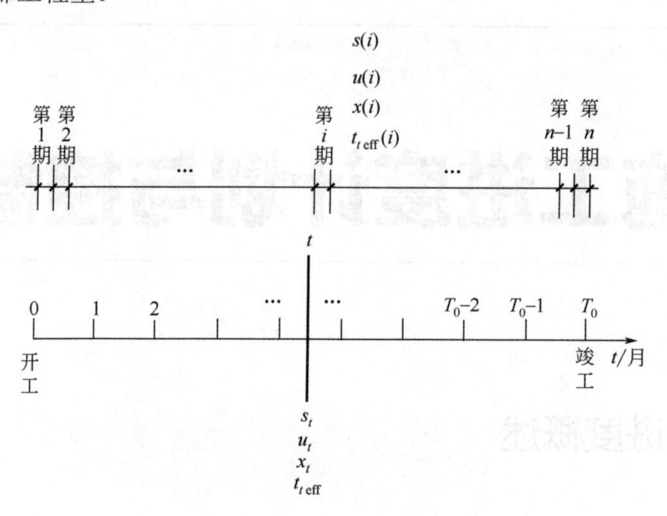

图 11-1　工程施工时间轴示意

用以上方式计算工程进度，对于分部分项工程，计算结果是一个数值，对于单位工程（单项工程、工程子项目、工程项目），计算结果将是一个向量或矩阵，为便于工程进度计算及工程进度管理工作的开展，为保证计算结果均为数值形式，在此对工程进度进行较为狭义的定义。工程进度指某时刻已完工程预算成本占全部预算成本的百分数。这里需要特别注意，所有合计成本计算均按预算单价（预算单位成本）计入，即工程进度计算是以所有单位成本均保持不变为前提进行的比较。

$$\text{分部分项工程进度}=\frac{\text{已完分部分项工程预算成本}}{\text{该分部分项工程全部预算成本}}\times 100\%$$

$$s_t=\frac{uc_t}{uc}\times 100\%$$

$$\text{单位（项）工程进度}=\frac{\text{已完单位（项）工程预算成本}}{\text{该单位（项）工程全部预算成本}}\times 100\%$$

$$\text{工程（子）项目进度}=\frac{\text{已完工程（子）项目预算成本}}{\text{该工程（子）项目全部预算成本}}\times 100\%$$

$$S_t=\frac{UC_t}{UC}\times 100\%$$

$$S_t(up/sp/EC/EP)=\frac{UC_t(up/sp/EC/EP)}{UC(up/sp/EC/EP)}\times 100\%$$

11.1.4　工程进度的延伸定义

上述给出的定义是工程进度的一般定义——t 时刻工程进度，为了满足管理需要，通常需要工程进度的延伸定义——控制期工程进度。

第 i 期工程进度指工程施工在第 i 个控制期（时间间隔）内完成的施工预算产值（预算

成本）占全部预算成本的百分数。分部分项工程控制期工程进度以$s(i)$、$s(w_v)(i)$表示，单位工程（单项工程、工程子项目、工程项目）控制期工程进度用$S(i)$表示，需特指时用$S(up_k)(i)$、$S(sp_j)(i)$、$S(EC_i)(i)$、$S(EP)(i)$等表示。控制期编号i一律出现在符号最后，且用单独括号表示。

$$第i期分部分项工程进度=\frac{第i期完成的分部分项工程预算成本}{该分部分项工程全部预算成本}\times 100\%$$

$$s(i)=\frac{uc(i)}{uc}\times 100\%$$

$$第i期单位（项）工程进度=\frac{第i期完成的单位（项）工程预算成本}{该单位（项）工程全部预算成本}\times 100\%$$

$$第i期工程（子）项目进度=\frac{第i期完成的工程（子）项目预算成本}{该工程（子）项目全部预算成本}\times 100\%$$

$$S(i)=\frac{UC(i)}{UC}\times 100\%$$

$$S(up/sp/EC/EP)(i)=\frac{UC(up/sp/EC/EP)(i)}{UC(up/sp/EC/EP)}\times 100\%$$

11.1.5 工程进度计算

11.1.5.1 t时刻工程进度计算

（1）分部分项工程t时刻工程进度计算

$$s_t=\frac{uc_t}{uc}\times 100\%=\frac{u_t}{u}\times 100\%=\frac{\overline{x}_t t_{t\,\mathrm{eff}}}{u}\times 100\%$$

式中 s_t——t时刻分部分项工程进度；

uc_t——t时刻$[0,t]$内已完分部分项工程预算成本；

uc——分部分项工程全部预算成本；

u_t——t时刻$[0,t]$内已完分部分项工程工程量；

u——分部分项工程全部工程量（图纸预算工程量）；

$\overline{x}_t$——t时刻$[0,t]$内分部分项工程施工生产能力均值；

$t_{t\,\mathrm{eff}}$——t时刻$[0,t]$内分部分项工程有效作业时间。

结合图11-1，进一步对各参数进行说明，s_t指$[0,t]$内累计完成的分部分项工程预算成本与该分部分项工程全部预算成本之比的百分数。u_t指$[0,t]$区间内累计完成的分部分项工程工程量，$\overline{x}_t$指$[0,t]$区间内分部分项工程施工生产能力均值，$t_{t\,\mathrm{eff}}$指$[0,t]$区间内分部分项工程累计持续时间（有效施工时间）。

如图11-2所示，某分部分项工程开始作业时间为开工后一月余，在竣工前两月余结束，在该分部分项工程作业期间（开始至结束）有多次间断，多次重叠。已知施工至t时刻共进行m次数据统计（$i=1,2,\cdots,m$），该分部分项工程各参数计算如下。

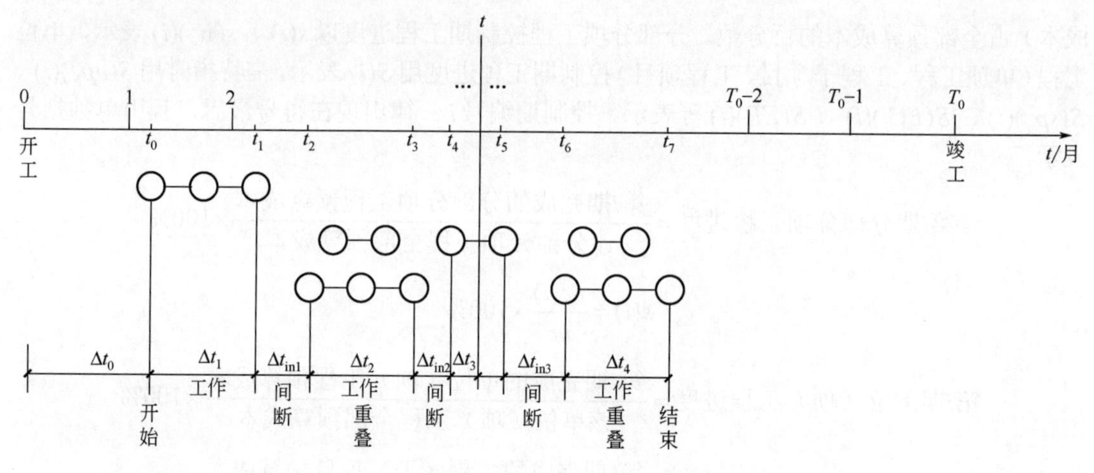

图 11-2　某分部分项工程在施工时间轴上示例

① t 时刻 $[0,t]$ 内已完分部分项工程工程量

$$u_t = \sum_{i=1}^{m} u(i)$$

式中　$u(i)$ ——第 i 期已完分部分项工程工程量。

② t 时刻 $[0,t]$ 内分部分项工程施工生产能力均值

$$\overline{x}_t = \frac{\sum_{i=1}^{m} x(i)}{m}$$

式中　$x(i)$ ——第 i 期已完分部分项工程施工生产能力。

③ t 时刻 $[0,t]$ 内分部分项工程有效作业时间

$$t_{t\ \text{eff}} = \Delta t_1 + \Delta t_2 + \Delta t_3$$

$$t_{t\ \text{eff}} = t - \Delta t_0 - \sum \Delta t_{in} = t - \Delta t_0 - \Delta t_{in1} - \Delta t_{in2}$$

$$\Delta t_0 = t_0,\quad \Delta t_1 = t_1 - t_0,\quad \Delta t_2 = t_3 - t_2,\quad \Delta t_3 = t - t_4$$

$$\Delta t_{in1} = t_2 - t_1,\quad \Delta t_{in2} = t_4 - t_3$$

（2）单位工程 t 时刻工程进度计算　单位工程 up 有 r 项核心工作 w_v，$v = 1,2,\cdots,r$，单位工程 t 时刻工程进度是：

$$S_t(up) = \frac{UC_t(up)}{UC(up)} \times 100\% = \frac{U_t(up)C(up)}{U(up)C(up)} \times 100\% = \frac{\text{tr}[X_{tD}(up)T_{t\ \text{eff}D}(up)C_D(up)]}{U(up)C(up)} \times 100\%$$

式中　$S_t(up)$ ——单位工程 t 时刻工程进度；

$UC_t(up)$ ——t 时刻 $[0,t]$ 内已完核心工作的预算成本；

$UC(up)$ ——全部核心工作全部预算成本；

$U_t(up)$ ——t 时刻 $[0,t]$ 内所完成核心工作的工程量行向量；

$C(up)$ ——全部核心工作全部预算单位成本列向量；

$U(up)$——全部核心工作全部预算工程量行向量（图纸工程量）；

$X_{tD}(up)$——t 时刻 $[0,t]$ 内所完成核心工作施工生产能力对角矩阵；

$T_{t\,\mathrm{eff}\,D}(up)$——$t$ 时刻 $[0,t]$ 内所完成核心工作有效作业时间对角矩阵；

$C_D(up)$——全部核心工作全部预算单位成本对角矩阵。

$$UC_t(up)=\sum_{v=1}^{r}uc_t(w_v)$$

$$UC(up)=\sum_{v=1}^{r}uc(w_v)$$

$$U_t(up)=\begin{bmatrix}u_t(w_1) & \cdots & u_t(w_v) & \cdots & u_t(w_r)\end{bmatrix}$$

$$C(up)=\begin{bmatrix}c(w_1)\\ \vdots \\ c(w_v)\\ \vdots \\ c(w_r)\end{bmatrix}$$

$$U(up)=\begin{bmatrix}u(w_1) & \cdots & u(w_v) & \cdots & u(w_r)\end{bmatrix}$$

$$X_{tD}(up)=\begin{bmatrix}x_t(w_1) & & & & 0\\ & \ddots & & & \\ & & x_t(w_v) & & \\ & & & \ddots & \\ 0 & & & & x_t(w_r)\end{bmatrix}$$

$$T_{t\,\mathit{eff}\,D}(up)=\begin{bmatrix}t_{t\,\mathrm{eff}}(w_1) & & & & 0\\ & \ddots & & & \\ & & t_{t\,\mathrm{eff}}(w_v) & & \\ & & & \ddots & \\ 0 & & & & t_{t\,\mathrm{eff}}(w_r)\end{bmatrix}$$

$$C_D(up)=\begin{bmatrix}c(w_1) & & & & 0\\ & \ddots & & & \\ & & c(w_v) & & \\ & & & \ddots & \\ 0 & & & & c(w_r)\end{bmatrix}$$

以上是单位工程 t 时刻工程进度计算的三种方式，当采用向量和矩阵计算时，t 时刻未开始作业的核心工作，u_t、x_t、$t_{t\,\mathrm{eff}}$ 均以 0 计入。

（3）工程项目 t 时刻工程进度计算　工程项目（工程子项目、单项工程）有 s 个单位工程 up_k，$k=1,2,\cdots,s$，工程项目（工程子项目、单项工程）t 时刻工程进度是：

$$S_t(EP/EC/sp)=\frac{UC_t(EP/EC/sp)}{UC(EP/EC/sp)}\times 100\%$$

式中 $S_t(EP/EC/sp)$——工程项目（工程子项目、单项工程）t 时刻工程进度；

$UC_t(EP/EC/sp)$——t 时刻$[0,t]$内工程项目（工程子项目、单项工程）已完核心工作预算成本；

$UC(EP/EC/sp)$——工程项目（工程子项目、单项工程）全部核心工作的全部预算成本。

$$UC_t(EP/EC/sp)=\sum_{k=1}^{s}UC_t(up_k)$$

$$UC(EP/EC/sp)=\sum_{k=1}^{s}UC(up_k)$$

11.1.5.2 控制期工程进度计算

（1）分部分项工程控制期工程进度计算 如图 11-3 所示，工程施工在整个工期内分为 n 个控制期（$i=1,2,\cdots,n$），其中第 i 期的起始时间为t_1，结束时间为t_4，分部分项工程在第 i 期的工程进度是：

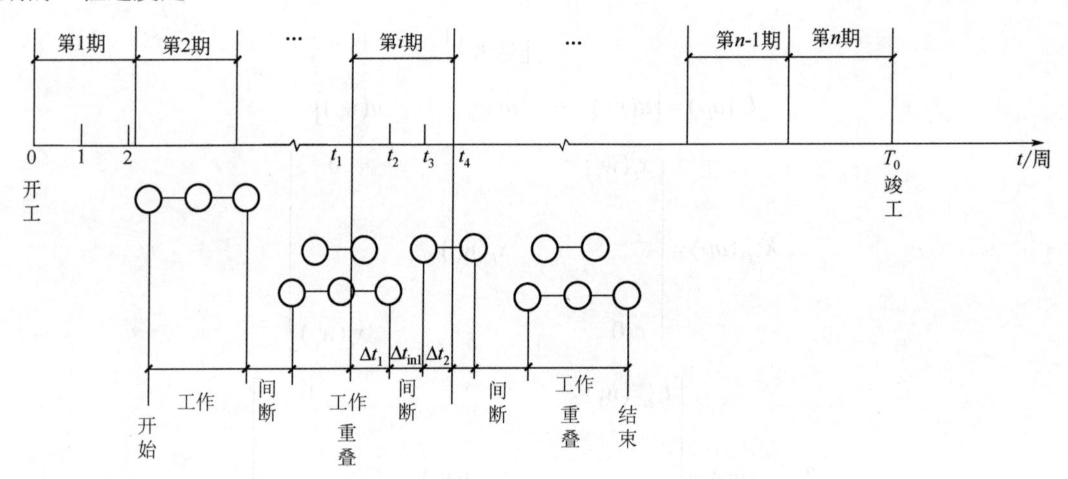

图 11-3 某分部分项工程在施工时间轴上示例

$$s(i)=\frac{uc(i)}{uc}\times100\%=\frac{u(i)}{u}\times100\%=\frac{x(i)t_{\text{eff}}(i)}{u}\times100\%$$

式中 $s(i)$——分部分项工程第 i 期工程进度；

$uc(i)$——在$[t_1,t_4]$内完成的分部分项工程预算成本；

uc——分部分项工程全部预算成本；

$u(i)$——在$[t_1,t_4]$内完成的分部分项工程工程量；

u——分部分项工程全部工程量（图纸预算工程量）；

$x(i)$——在$[t_1,t_4]$内分部分项工程施工生产能力；

$t_{\text{eff}}(i)$——在$[t_1,t_4]$内分部分项工程有效作业时间。

式中，$t_{\text{eff}}(i)=\Delta t_1+\Delta t_2$，$t_{\text{eff}}(i)=\frac{T_0}{n}-\sum\Delta t_{in}=\frac{T_0}{n}-\Delta t_{in1}$，$\Delta t_1=t_2-t_1$，$\Delta t_2=t_4-t_3$，$\Delta t_{in1}=t_3-t_2$。其他参数直接按统计结果计入，若为每天统计，则按平均值计入，方法同 t 时刻进度计算。

（2）单位工程控制期工程进度计算　单位工程 up 有 r 项核心工作 w_v（$v=1,2,\cdots,r$），单位工程第 i 期工程进度是：

$$S(up)(i)=\frac{UC(up)(i)}{UC(up)}\times 100\%=\frac{U(up)(i)C(up)}{U(up)C(up)}\times 100\%$$

$$=\frac{\mathrm{tr}[X_D(up)(i)T_{t\,\mathrm{eff}D}(up)(i)C_D(up)(i)]}{U(up)C(up)}\times 100\%$$

式中　$S(up)(i)$——单位工程第 i 期工程进度；

$UC(up)(i)$——单位工程第 i 期完成的核心工作预算成本；

$UC(up)$——单位工程全部核心工作全部预算成本；

$U(up)(i)$——单位工程第 i 期完成的核心工作工程量行向量；

$C(up)$——单位工程全部核心工作预算单位成本列向量；

$U(up)$——单位工程全部核心工作全部工程量行向量（图纸工程量）；

$X_D(up)(i)$——单位工程第 i 期施工生产能力对角矩阵；

$T_{t\,\mathrm{eff}\,D}(up)(i)$——单位工程第 i 期核心工作有效作业时间对角矩阵；

$C_D(up)$——单位工程核心工作预算单位成本对角矩阵。

$$UC(up)(i)=\sum_{v=1}^{r}uc(w_v)(i)$$

$$UC(up)=\sum_{v=1}^{r}uc(w_v)$$

$$U(up)(i)=\left[u(w_1)(i)\quad\cdots\quad u(w_v)(i)\quad\cdots\quad u(w_r)(i)\right]$$

$$C(up)=\begin{bmatrix}c(w_1)\\ \vdots\\ c(w_v)\\ \vdots\\ c(w_r)\end{bmatrix}$$

$$U(up)=\left[u(w_1)\quad\cdots\quad u(w_v)\quad\cdots\quad u(w_r)\right]$$

$$X_D(up)(i)=\begin{bmatrix}x(w_1)(i) & & & & 0\\ & \ddots & & & \\ & & x(w_v)(i) & & \\ & & & \ddots & \\ 0 & & & & x(w_r)(i)\end{bmatrix}$$

$$T_{\mathrm{eff}\,D}(up)(i)=\begin{bmatrix}t_{\mathrm{eff}}(w_1)(i) & & & & 0\\ & \ddots & & & \\ & & t_{\mathrm{eff}}(w_v)(i) & & \\ & & & \ddots & \\ 0 & & & & t_{\mathrm{eff}}(w_r)(i)\end{bmatrix}$$

$$C_D(up)=\begin{bmatrix} c(w_1) & & & & 0 \\ & \ddots & & & \\ & & c(w_v) & & \\ & & & \ddots & \\ 0 & & & & c(w_r) \end{bmatrix}$$

（3）工程项目控制期工程进度计算　工程项目（工程子项目、单项工程）有 s 个单位工程 up_k（$k=1,2,\cdots,s$），工程项目（工程子项目、单项工程）第 i 期工程进度是：

$$S(EP/EC/sp)(i)=\frac{UC(EP/EC/sp)(i)}{UC(EP/EC/sp)}\times 100\%$$

式中　$S(EP/EC/sp)(i)$——工程项目（工程子项目、单项工程）第 i 期工程进度；

$UC(EP/EC/sp)(i)$——第 i 期工程项目（工程子项目、单项工程）已完核心工作预算成本；

$UC(EP/EC/sp)$——工程项目（工程子项目、单项工程）全部核心工作的全部预算成本。

$$UC(EP/EC/sp)(i)=\sum_{k=1}^{s}UC(up_k)(i)$$

$$UC(EP/EC/sp)=\sum_{k=1}^{s}UC(up_k)$$

11.1.5.3　t时刻工程进度与控制期工程进度的关系

如图 11-4 所示，工程施工工期为 T_0，分 n 期实施控制，每期时间间隔为 $\frac{T_0}{n}$，第 i 期起始时间 $t=(i-1)\frac{T_0}{n}$，期末时间 $t=i\frac{T_0}{n}$，记 $t_i=i\frac{T_0}{n}$，$t_{(i-1)}=(i-1)\frac{T_0}{n}$，

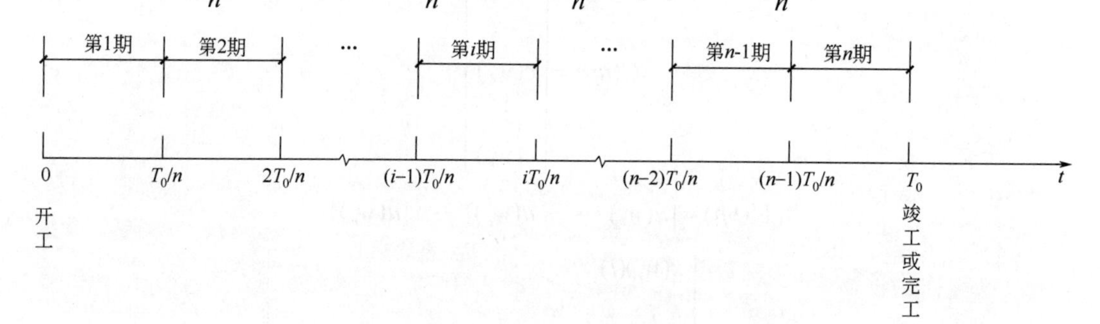

图 11-4　工程施工时间轴及控制期分期示意图

$$s_{t_i}=s(1)+s(2)+\cdots+s(i-1)+s(i)=\sum_{i=1}^{i}s(i)\quad (1\leqslant i\leqslant n)$$

$$s(i)=s_{t_i}-s_{t_{(i-1)}}\quad (s_{t_0}=0)$$

特别地，当 $i=1$ 时，$s(i)=s_{t_i}$，即 $s(1)=s_{t_1}$；当 $i=n$ 时，$s_{t_i}=s_{t_n}=1$。

11.2　工程进度控制原理

在本书第 9 章中，对工程进度控制的主要原理作过简要介绍，在此需对工程进度相关控

制原理作进一步阐述。

11.2.1 整体控制依赖局部控制

$$S_t(EP/EC/sp)=\frac{UC_t(EP/EC/sp)}{UC(EP/EC/sp)}\times 100\%$$

$$UC_t(EP/EC/sp)=\sum_{k=1}^{s}UC_t(up_k)$$

$$UC_t(up)=\sum_{v=1}^{r}uc_t(w_v)$$

若 $uc_t^a(w_v)\geqslant uc_t^p(w_v)$（$v=1,2,\cdots,r$），则，$UC_t^a(up)\geqslant UC_t^p(up)$

若 $UC_t^a(up_k)\geqslant UC_t^p(up_k)$（$k=1,2,\cdots,s$），则，

$UC_t^a(EP/EC/sp)\geqslant UC_t^p(EP/EC/sp)$，进而

$S_t^a(EP/EC/sp)\geqslant S_t^p(EP/EC/sp)$

通过这个推导，可以得到结论：分部分项工程（每项）已完工程预算成本实际值不小于计划值是工程项目（工程子项目、单项工程）实际进度不低于计划进度的充分条件。

若要 $S_t^a(EP/EC/sp)\geqslant S_t^p(EP/EC/sp)$，则必须 $UC_t^a(EP/EC/sp)\geqslant UC_t^p(EP/EC/sp)$。

若要 $UC_t^a(EP/EC/sp)\geqslant UC_t^p(EP/EC/sp)$，则必须 $\sum_{k=1}^{s}UC_t^a(up_k)\geqslant\sum_{k=1}^{s}UC_t^p(up_k)$。

若要 $UC_t^a(up)\geqslant UC_t^p(up)$，则必须 $\sum_{v=1}^{r}uc_t^a(w_v)\geqslant\sum_{v=1}^{r}uc_t^p(w_v)$

反之，充分性是显而易见的。

通过这个推导，可以得到结论：工程项目（工程子项目、单项工程）已完工程预算成本实际值不低于计划值是工程项目（工程子项目、单项工程）实际进度不低于计划进度的充分必要条件，工程项目（工程子项目、单项工程）所包含的单位工程已完工程预算成本实际值不小于计划值是工程项目（工程子项目、单项工程）已完工程预算成本实际值不低于计划值的充分必要条件，单位工程所包含的分部分项工程已完工程预算成本实际值不小于计划值是单位工程已完工程预算成本实际值不小于计划值的充分必要条件。

以上推导表明：整体控制依赖局部控制。

11.2.2 分期控制原理

$$s_{t_i}=s(1)+s(2)+\cdots+s(i-1)+s(i)=\sum_{i=1}^{i}s(i)$$

$$s_{t_n}=s(1)+s(2)+\cdots+s(n-1)+s(n)=\sum_{i=1}^{n}s(i)$$

若 $s^a(i)\geqslant s^p(i)$，$i=1,2,\cdots,i$，则 $s_{t_i}^a\geqslant s_{t_i}^p$，特别地，当 $i=n$ 时，$s_{t_n}^a\geqslant s_{t_n}^p$，进而 $T_0^a\leqslant T_0^p$。

这个推导的结论是：每期实际进度不小于计划进度是工期实现（提前）的充分条件。

若要$s_{t_i}^a \geqslant s_{t_i}^p$，则必须$\sum_{i=1}^{i} s^a(i) \geqslant \sum_{i=1}^{i} s^p(i)$，特别地，当$i=n$时，$\sum_{i=1}^{n} s^a(i) \geqslant \sum_{i=1}^{n} s^p(i)$。

反之，若$\sum_{i=1}^{i} s^a(i) \geqslant \sum_{i=1}^{i} s^p(i)$，则$s_{t_i}^a \geqslant s_{t_i}^p$，特别地，当$i=n$时，$s_{t_n}^a \geqslant s_{t_n}^p$进而$T_0^a \leqslant T_0^p$。

这个推导的结论是：t时刻各期累计实际进度不小于各期累计计划进度是t时刻工程进度不滞后的充分必要条件。整个工程施工各期累计实际进度不小于计划进度是工期实现（提前）的充分必要条件。

根据这一结论可以进一步推论：上一期工程进度滞后应当在下一期追赶弥补，在t时刻最后一期之内完全追赶弥补的，则不影响t时刻工程进度，在t时刻最后一期期末仍未能完全追赶弥补的，则t时刻工程进度必然滞后。当工程进度出现滞后时，应当及早追赶弥补，在整个工程最后一个控制期内完全赶上的，则不会影响工期，在整个工程最后一个控制期期末仍不能完全追赶弥补的，则必然导致工期目标不能实现。

11.2.3 工程施工生产能力决定性控制原理

从$s_t = \frac{\overline{x}_t t_{t\,\mathrm{eff}}}{u} \times 100\%$、$s(i) = \frac{x(i) t_{\mathrm{eff}}(i)}{u} \times 100\%$中可看出，工程进度取决于3个参数：$x$、$t_{\mathrm{eff}}$和$u$。

首先分析参数u，当工程施工图确定后，u是确定的，但在实际施工中可能会因建设方功能需求的改变、设计失误、过错、工程水文地质条件的复杂突异变化等非施工方原因以及施工方自身严重质量问题导致返工而使u发生变化。对于非施工方原因导致的u变化是一个完全有经验的施工承包人也难以预知的，按照惯例，u发生改变时，承包人可以依据合同进行索赔（工期和费用），对于承包人来说，这类u变化问题，应纳入变更管理和合同管理范畴，不是正常工程进度管理能够解决的问题。对于施工方自身严重质量问题返工导致的u变化应纳入质量管理范畴，也非进度管理能够解决的问题，因此，在解决工程进度控制问题上，u可视为常数。

再看参数t_{eff}，以$t_{\mathrm{eff}}(i)$为例［$t_{t\,\mathrm{eff}}$为$t_{\mathrm{eff}}(i)$之累计］，$t_{\mathrm{eff}}(i)$有两种可能的情况：①$t_{\mathrm{eff}}(i) = \frac{T_0}{n}$；②$t_{\mathrm{eff}}(i) < \frac{T_0}{n}$，情况①说明生产已处于理想状态，没有窝工，没有机械设备闲置，且$t_{\mathrm{eff}}(i)$为确定数。情况②说明，生产未达到理想状态，有窝工或机械设备闲置。什么原因会导致$t_{\mathrm{eff}}(i) < \frac{T_0}{n}$？主要有以下几个方面原因：

① 作业区域受限，没有施工作业面；
② 施工工艺要求停顿；
③ 资源配置不准、资源比例失调；
④ 设备损坏或运转不正常；
⑤ 工人主动窝工；
⑥ 材料供给不及时，停工待料；
⑦ 不可预见、不可抗力、突发事件引起的施工中断。

在资源配置确定后且不作改变时，①②③完全取决于客观，不存在人为如何计划与控制，④主要取决于资源管理及资源配置，在工人收入与产量挂钩的计件工资制度下⑤几乎不存在。因此，t_{eff}值问题的解决关键在于资源配置，一旦确定了资源配置，t_{eff}的取值和变化基本确定，在资源配置不变的情况下，想在施工中对 t_{eff} 进行人为调整是非常困难的，调整余地是极为有限的。在实际施工进度控制中，t_{eff} 可作为进度控制参数，通常，为简化控制，t_{eff} 可以不作为进度控制参数，因为控制 t_{eff} 意义不大，控制收效不会太明显，人为改变 t_{eff} 的措施途径比较局限，代价可能较高。

在 u、t_{eff} 被视为常数（准确地说是不考虑 u、t_{eff} 对工程进度的影响）的情况下，x 对工程进度有决定性影响，控制了 x 就控制了工程进度。分部分项工程实际施工生产能力不小于计划施工生产能力是分部分项工程进度满足工期要求的充分必要条件。单位工程（单项工程、工程子项目、工程项目）进度满足工期要求的充分必要条件是 $\sum_{v=1}^{r} t_v c_v (x_v^a - x_v^p) \geqslant 0$（$t$ 时刻进度），$\sum_{v=1}^{r} t_v(i) c_v(i)[x_v^a(i) - x_v^p(i)] \geqslant 0$（第 i 期进度）。

分部分项工程充分必要性显而易见，下面主要推导单位工程（单项工程、工程子项目、工程项目）的充分必要性。

单位工程 up 有 r 项核心工作 $w_1,\cdots,w_v,\cdots,w_r$ $(v=1,2,\cdots,r)$，这 r 项工作的计划作业时间是 $t_1,\cdots,t_v,\cdots,t_r$，预算单位成本是 $c_1,\cdots,c_v,\cdots,c_r$，$t$ 时刻（共 i 期）统计的施工生产能力实际值（均值）为 $x_1^a,\cdots,x_v^a,\cdots,x_r^a$，$t$ 时刻（共 i 期）施工生产能力计划值（均值）为 $x_1^p,\cdots,x_v^p,\cdots,x_r^p$。$t$ 时刻单位工程计划进度为 $S_t{}^p(up)$，t 时刻单位工程实际进度为 $S_t{}^a(up)$。

根据 t 时刻进度计算公式：

$$S_t(up) = \frac{\mathrm{tr}[X_{tD}(up) T_{t\,\mathrm{eff}\,D}(up) C_D(up)]}{U(up)C(up)} \times 100\%$$

（1）必要条件　若要 $S_t^a(up) \geqslant S_t^p(up)$，则必须

$$\mathrm{tr}[X_{tD}^a(up) T_{t\,\mathrm{eff}\,D}(up) C_D(up)] \geqslant \mathrm{tr}[X_{tD}^p(up) T_{t\,\mathrm{eff}\,D}(up) C_D(up)]$$

$$X_{tD}^a(up) = \begin{bmatrix} x_1^a & & & & 0 \\ & \ddots & & & \\ & & x_v^a & & \\ & & & \ddots & \\ 0 & & & & x_r^a \end{bmatrix}$$

$$X_{tD}^p(up) = \begin{bmatrix} x_1^p & & & & 0 \\ & \ddots & & & \\ & & x_v^p & & \\ & & & \ddots & \\ 0 & & & & x_r^p \end{bmatrix}$$

$$T_{t\,\mathrm{eff}\,D}(up) = \begin{bmatrix} t_1 & & & & 0 \\ & \ddots & & & \\ & & t_v & & \\ & & & \ddots & \\ 0 & & & & t_r \end{bmatrix}$$

$$C_D(up)=\begin{bmatrix} c_1 & & & & 0 \\ & \ddots & & & \\ & & c_v & & \\ & & & \ddots & \\ 0 & & & & c_r \end{bmatrix}$$

$$t_1c_1x_1^a+\cdots+t_vc_vx_v^a+\cdots+t_rc_rx_r^a \geqslant t_1c_1x_1^p+\cdots+t_vc_vx_v^p+\cdots+t_rc_rx_r^p$$

$$t_1c_1(x_1^a-x_1^p)+\cdots+t_vc_v(x_v^a-x_v^p)+\cdots+t_rc_r(x_r^a-x_r^p)\geqslant 0$$

即，$\sum\limits_{v=1}^{r}t_vc_v(x_v^a-x_v^p)\geqslant 0$

（2）充分条件　与必要条件反之，若$\sum\limits_{v=1}^{r}t_vc_v(x_v^a-x_v^p)\geqslant 0$，则可得到$S_t{}^a(up)\geqslant S_t{}^p(up)$。

因此，单位工程进度满足工期要求的充分必要条件是：

$$\sum_{v=1}^{r}t_vc_v(x_v^a-x_v^p)\geqslant 0$$

控制期工程进度以及单项工程（工程子项目、工程项目）工程进度的推导以此类推，此处不再一一列举。

从控制条件可看出单位工程（单项工程、工程子项目、工程项目）进度满足工期要求的另一充分条件是：$x_v^a\geqslant x_v^p(v=1,2,\cdots,r)$。单位工程每项核心工作的实际施工生产能力均不小于计划施工生产能力是单位工程进度满足工期要求的充分条件。这个条件的现实意义是，当已知$x_v^a\geqslant x_v^p(v=1,2,\cdots,r)$，则可直接断定单位工程进度满足要求而不必进行$\sum\limits_{v=1}^{r}t_vc_v(x_v^a-x_v^p)$计算。这个条件可称之为工程进度第一充分条件。

从控制条件还可看出，当某项（几项）核心工作的实际施工生产能力小于计划施工生产能力时，并不能断定单位工程（单项工程、工程子项目、工程项目）进度滞后，但可以肯定的是：当某项（几项）核心工作的实际施工生产能力明显偏低而又难以调整时，必须以增大其他项（几项）核心工作的实际施工生产能力作为弥补，否则进度必定滞后。

在采用x进行进度计划与控制时，应注意以下几点。

① 当t_{eff}不作为控制参数时，控制条件$\sum\limits_{v=1}^{r}t_vc_v(x_v^a-x_v^p)\geqslant 0$中的$t_1,\cdots,t_v,\cdots,t_r$用计划值即可，当$t_{\text{eff}}$作为控制参数时，$t_1,\cdots,t_v,\cdots,t_r$需区分计划值与实际值，此时$\sum\limits_{v=1}^{r}t_vc_v(x_v^a-x_v^p)$的计算要复杂一些。

② 虽然设定t_{eff}和u为常数，但现实中t_{eff}和u均可能是变化的，在仅用$x(X)$唯一控制参数的控制方式下，应加强以下几方面的工作：

a．进度管理与变更管理及合同管理之间的密切配合，处理好u的变化问题；

b．进度管理与资源管理之间，尤其是设备及周转材料管理之间的密切配合；

c．高度重视材料的供给问题；

d．进度管理与质量管理之间的协调配合；

e．重视风险管理，正视不可预见、不可抗力、突发事件引起的施工中断，能够有妥善应对方式（预案）和善后处理办法。

11.3 工程进度控制的基本方式

工程进度控制可采用三种基本方式：以$x(X)$代替$s(S)$的控制方式；以$x(X)$和$s(S)$为控制参数的控制方式；以$x(X)$、$t_{\text{eff}}(T_{\text{eff}})$、$s(S)$为控制参数的控制方式。

11.3.1 以$x(X)$代替$s(S)$的控制方式

以$x(X)$代替$s(S)$的控制方式指进度控制以$x(X)$为唯一控制参数，不再计算$s(S)$，直接以$x(X)$及其偏差判定工程进度及工程进度滞后（提前）程度的进度控制方式。

以工程施工生产能力$x(X)$反映工程进度快慢，以偏差$\Delta x = x^a - x^p$、偏差率$\Delta x\% = \dfrac{x^a - x^p}{x^p} \times 100\%$反映进度偏差及偏差程度。

① 当$x^a \geqslant x^p$时，工程进度满足要求；

② 当$x^a < x^p$时，工程进度滞后；

③ 当Δx、$\Delta x\%$较大，则进度偏差较大，偏差程度严重；

④ 当Δx、$\Delta x\%$较小，则进度偏差较小，偏差程度不严重。

该控制方式针对每项核心工作分别控制，分别判定和评价。依据是分部分项工程进度满足要求的充分必要条件和单位工程（单项工程、工程子项目、工程项目）进度满足工期要求的第一充分条件。

该控制方式的优点是：无需计算$s(S)$、简单、方便、控制更为严格。缺点是：未考虑单位工程（单项工程、工程子项目、工程项目）进度满足工期要求的必要条件（第二充分条件）、控制过于严格、灵活性差、缺乏整体控制评价。

11.3.2 以$x(X)$和$s(S)$为控制参数的控制方式

以$x(X)$和$s(S)$为控制参数的控制方式指以$x(X)$数据为基础（s只取决于x一个变量），以$s(S)$为最终控制参数的进度控制方式。

该控制方式不仅可针对每项核心工作实施局部控制，也可针对单位工程（单项工程、工程子项目、工程项目）实施整体控制。

（1）对于核心工作

① 当$s_t^a \geqslant s_t^p\,[s^a(i) \geqslant s^p(i)]$时，核心工作进度满足要求；

② 当$s_t^a < s_t^p\,[s^a(i) < s^p(i)]$时，核心工作进度滞后。

$$\Delta s_t = s_t^a - s_t^p\,,\quad \Delta s_t\% = \frac{s_t^a - s_t^p}{s_t^p} \times 100\%$$

$$\Delta s(i) = s^a(i) - s^p(i)\,,\quad \Delta s(i)\% = \frac{s^a(i) - s^p(i)}{s^p(i)} \times 100\%$$

（2）对于单位工程（单项工程、工程子项目、工程项目）

① 当$S_t^a(up) \geqslant S_t^p(up)\,[S^a(up)(i) \geqslant S^p(up)(i)]$时，单位工程进度满足要求；

② 当$S_t^a(up) < S_t^p(up)$ [$S^a(up)(i) < S^p(up)(i)$]时，单位工程进度滞后。

$$\Delta S_t(up) = S_t^a(up) - S_t^p(up)$$

$$\Delta S_t(up)\% = \frac{S_t^a(up) - S_t^p(up)}{S_t^p(up)} \times 100\%$$

$$\Delta S(up)(i) = S^a(up)(i) - S^p(up)(i)$$

$$\Delta S(up)(i)\% = \frac{S^a(up)(i) - S^p(up)(i)}{S^p(up)(i)} \times 100\%$$

该控制方式的优点是：整体控制与局部控制结合、有一定灵活性。缺点是：计算工作量增多、控制复杂。

11.3.3 以$x(X)$、$t_{eff}(T_{eff})$、$s(S)$为控制参数的控制方式

以$x(X)$、$t_{eff}(T_{eff})$、$s(S)$为控制参数的控制方式指以$x(X)$、$t_{eff}(T_{eff})$数据为基础（s取决于x和t_{eff}两个变量），以$s(S)$为最终控制参数的进度控制方式。

该控制方式与本书11.3.2所述方法基本相同，唯一不同的是，在计算$s(S)$时，参数t_{eff}为变量，而11.3.2节中的参数t_{eff}为常数。

该控制方式的优点是：控制较为全面。缺点是：计算工作量太多，控制过于复杂。

11.4 工程进度计划的主要内容

工程进度计划通常应包括控制期分期、进度控制目标、控制期进度计划和月进度计划等主要内容。

工程进度计划的对象由施工任务决定，可以是单位工程、单项工程、工程子项目、工程项目中任意之一。为便于阐述，下面仅以单位工程为例进行介绍。

工程进度控制采用的控制方式不同，进度计划的内容将会不同，本书11.3.1（第一种控制方式）和本书11.3.2（第二种控制方式）所讲述的是两种常用方式，本章将分别介绍，本书11.3.3所述的方法采用不多，本章省略该控制方式下的进度计划内容。

11.4.1 控制期分期

工程施工控制期指对工程施工实施分期计划与控制的周期。如图11-1所示，整个施工过程分为n个控制期，每期的时间间隔为$l = \frac{T_0}{n}$，n为控制期期数，l为控制期时间长度。每个控制期要完成一次PDCA循环，在施工时间轴上，在$t = (i-1)\frac{T_0}{n}$之前要完成第i期计划，在$t = i\frac{T_0}{n}$要完成第i期的数据分析和处理，在$t = i\frac{T_0}{n}$之前要完成第$i+1$期的计划。

工程施工计划与控制以进度计划为主线，分期控制不仅是进度计划与控制的需要，也是成本计划与控制、质量计划与控制的基本要求，因此，控制期分期将对整个施工管理产生很大影响。

计划的客观符合性、准确性、控制收效随控制期时间长度l的增大（减小）而降低（提高），管理工作量、管理成本随控制期时间长度l的增大（减小）而降低（增加）。因此，l不能太长，也不宜太短，通常7天$\leqslant l \leqslant$30天。在管理力量比较充足的情况下，$l=1$周或2周较为理想。

11.4.2　进度控制目标

11.4.2.1　第一种控制方式的进度控制目标

第一种控制方式进度控制目标的基本内容参见表 11-1，其中x目标值通常为二元影响分析中x计算结果x^*。不论何种目标主导类型，不论x_r如何取值，进度控制目标一律采用x^*。该表为单位工程施工进度总控表，需要在单位工程开工之前完成。非核心工作部分的内容可根据需要填写，也可全部省略。

表 11-1　单位工程进度控制目标（一）

单位工程名称：　　　　　　　　　　　　　　　　　　　编制时间：

<table>
<tr><td>工期 T_0</td><td>天</td><td colspan="4">自　年　月　日至　年　月　日</td></tr>
<tr><td>控制期数 n</td><td></td><td colspan="2">控制期时长</td><td colspan="2">天</td></tr>
<tr><td colspan="2">工作名称</td><td>工作编号</td><td>计量单位</td><td>x目标值</td><td>备注</td></tr>
<tr><td rowspan="5">核心工作</td><td>核心工作 1</td><td>w_1</td><td></td><td></td><td></td></tr>
<tr><td>⋮</td><td>⋮</td><td></td><td></td><td></td></tr>
<tr><td>核心工作 v</td><td>w_v</td><td></td><td></td><td></td></tr>
<tr><td>⋮</td><td>⋮</td><td></td><td></td><td></td></tr>
<tr><td>核心工作 r</td><td>w_r</td><td></td><td></td><td></td></tr>
<tr><td rowspan="3">非核心工作</td><td></td><td colspan="4" rowspan="3">常规方法控制</td></tr>
<tr><td></td></tr>
<tr><td></td></tr>
</table>

编制：

校对：

审批：

11.4.2.2　第二种控制方式的进度控制目标

第二种控制方式的进度控制目标的基本内容参见表 11-2，前半部分与表 11-1 完全相同，后半部分为分期进度目标值。在实际应用中可将该表分为两张表来完成。$s(i)$目标值计算按本书 11.1.5.2 所述方式完成。

表 11-2 单位工程进度控制目标（二）

单位工程名称：　　　　　　　　　　　　　　　　　　　　　　编制时间：

工期 T_0	天	自　年　月　日至　年　月　日			
控制期数 n		控制期时长		天	
工作名称		工作编号	计量单位	x 目标值	备注
核心工作	核心工作 1	w_1			
	⋮	⋮			
	核心工作 v	w_v			
	⋮	⋮			
	核心工作 r	w_r			
非核心工作		常规方法控制			

分期进度	$S(up)(i)$ 目标值					
	第 1 期	⋮	第 i 期	⋮	第 n 期	
单期						
累计						

编制：

校对：

审批：

11.4.3 控制期进度计划

若控制期为 1 周，控制期进度计划也可称为周进度计划，是施工现场控制工程进度的重要依据，其内容和深度应满足现场控制的需要。

11.4.3.1 第一种控制方式的周（控制期）进度计划

第一种控制方式的周进度计划的基本内容参见表 11-3。

表 11-3 周（控制期）进度计划（一）

单位工程名称：　　　　　　　　　　　　　　　　　　　　　　编制时间：

控制期	第　周（期）	年　月　日至　年　月　日											
任务名称		计量单位	x^*	x'_r	本期难度系数							x^p	备注
					ψ_1	ψ_2	ψ_3	ψ_4	ψ_5	ψ_6	ψ		
核心工作	核心工作 1												
	⋮												

续表

控制期	第 周（期）		年 月 日至 年 月 日										
任务名称		计量单位	x^*	x_r'	本期难度系数							x^p	备注
					ψ_1	ψ_2	ψ_3	ψ_4	ψ_5	ψ_6	ψ		
核心工作	核心工作 v												
	⋮												
	核心工作 r												
非核心工作	非核心工作 1		常规方法控制										
	⋮												
	非核心工作 j												
	⋮												
	非核心工作 m												

编制：

校对：

注：1. $x^p = \psi x^*$，$\psi = \psi_1\psi_2\psi_3\psi_4\psi_5\psi_6$

式中 x^p ——本期施工生产能力计划值，也表示为 $x^p(i)$；

ψ ——本期综合难度系数，也表示为 $\psi(i)$；

ψ_1 ——本期构件类型难度系数，也表示为 $\psi_1(i)$；

ψ_2 ——本期构件几何形状难度系数，也表示为 $\psi_2(i)$；

ψ_3 ——本期构件作业位置难度系数，也表示为 $\psi_3(i)$；

ψ_4 ——本期作业条件（环境）难度系数，也表示为 $\psi_4(i)$；

ψ_5 ——本期附属作业系数，也表示为 $\psi_5(i)$；

ψ_6 ——本期其他难度系数，也表示为 $\psi_6(i)$；

x^* ——施工生产能力目标值，取自表 11-1。

2. x_r' ——资源配置可实现的施工生产能力取自资源配置计划，与 x_r 的差别是 x_r' 是资源配置数量 n 为整数时的计算结果，而 x_r 中的资源配置数量 n 不一定为整数。

3. 本期未施工的核心工作 $x^p = 0$，也可只列出本期施工的核心工作。

4. 本期施工的非核心工作必须全部列出，不能省略。非核心工作采用常规方法控制，在表中不需做任何计算。

5. 计量单位指工程量计量单位。

6. x^p 是唯一控制参数。

11.4.3.2 第二种控制方式的周（控制期）进度计划

第二种控制方式的周（控制期）进度计划内容见表 11-4。

表 11-4 周（控制期）进度计划（二）

单位工程名称： 编制时间：

控制期	第 周（期）		年 月 日至 年 月 日					本期进度目标 $S(up)(i)$		本期进度计划 $S^p(up)(i)$	
任务名称		计量单位	x^*	x_r'	ψ	x^p	u	$t_{eff}(i)$	$u^p(i)$	$s^p(i)$	备注
核心工作	核心工作 1										
	⋮										
	核心工作 v										

续表

控制期	第 周（期）		年 月 日至 年 月 日					本期进度目标 $S(up)(i)$		本期进度计划 $S^p(up)(i)$	
任务名称		计量单位	x^*	x'_r	ψ	x^p	u	$t_{\mathrm{eff}}(i)$	$u^p(i)$	$s^p(i)$	备注
核心工作	⋮										
	核心工作 r										
非核心工作	非核心工作 1		常规方法控制								
	⋮										
	非核心工作 j										
	⋮										
	非核心工作 m										

编制：

校对：

注：1．x^*、x'_r、ψ、x^p 同表 11-3。

2．$S(up)(i)$ 为本期单位工程进度目标值，取自表 11-2。

3．$S^p(up)(i)$ 为本期单位工程进度计划值，$S^p(up)(i)=\dfrac{\mathrm{tr}[X^{P}{}_{D}(i)T_{\mathrm{eff}D}(i)C_D]}{UC}\times 100\%$。

4．u 为图纸预算全部工程量，取自 x 计算中的基础数据。

5．$t_{\mathrm{eff}}(i)$ 为本期有效作业时间，取自时标网络图。

6．$u^p(i)$ 为本期计划完成工程量，$u^p(i)=x^p t_{\mathrm{eff}}(i)$。

7．$s^p(i)$ 为本期核心工作计划进度，$s^p(i)=\dfrac{u^p(i)}{u}\times 100\%$。

8．关键控制参数是 $S^p(up)(i)$。

9．x^p 和 $s^p(i)$ 为辅助控制参数，其余为非控制参数。

10．其他说明同表 11-3。

11.4.4 月进度计划

月进度计划非本控制方法的必须内容，但月进度计划是月进度控制的依据，月实际进度是申请工程进度款、向企业上级部门报告工程进展情况、向工程施工其他管理主体（建设、监理等）通报工程进度的依据，因此，月进度计划在施工计划中发挥重要作用，具有特殊地位。月进度计划的内容和深度主要结合满足企业上级部门、其他管理主体的需要，而非施工过程控制的需要。月进度计划表的基本内容参见表 11-5。

表 11-5　月进度计划表

工程名称：
所属项目名称：　　　　　　　　　　　　　　　　　编制时间：

开工日期	年 月 日	计划竣工日期		年月 日	计划工期	天
时限	开工后 第　月	年　月　日至　年　月　日				
截至上月末形象进度						
本月计划完成的主要工作内容						
截至本月末形象进度						
本工程合同价 万元	截至上月末已完成		本月计划完成		截至本月末累计完成	
	累计工程造价 /万元	累计工程进度/%	工程造价 /万元	工程进度/%	工程造价 /万元	工程进度/%

编制：　　　　　　　　　　　　　　　　　　　　　校对：
审核：

11.5 工程进度控制的主要内容

工程进度控制的主要内容是周（控制期）进度检查、周（控制期）进度偏差分析计算、周（控制期）进度偏差原因分析及处理、月实际进度统计计算、工程进度控制完工总结与后评价。

11.5.1 周（控制期）进度检查

11.5.1.1 第一种控制方式周（控制期）进度检查

第一种控制方式周（控制期）进度检查表的基本内容参见表 11-6。

表 11-6　周（控制期）进度检查表（一）

单位工程明称：　　　　　　　　　　　　　　　　编制时间：

控制期	第　周（期）		年　月　日至　年　月　日				
工作名称		计量单位	x^*	x'_r	x^p	x^a	备注
核心工作	核心工作 1						
	⋮						
	核心工作 v						
	⋮						
	核心工作 r						
非核心工作	非核心工作 1	完成情况描述					
	⋮	完成情况描述					
	非核心工作 j	完成情况描述					
	⋮	完成情况描述					
	非核心工作 m	完成情况描述					

编制：
校对：

11.5.1.2 第二种控制方式周（控制期）进度检查

第二种控制方式周（控制期）进度检查表的基本内容参见表 11-7。

表 11-7 周（控制期）进度检查表（二）

单位工程名称：　　　　　　　　　　　　　　　　编制时间：

控制期	第 周（期）		年 月 日至 年 月 日				本期进度目标 $S(up)(i)$		本期进度计划值 $S^p(up)(i)$		本期进度实际值 $S^a(up)(i)$	
任务名称		计量单位	x^*	x'_r	x^p	x^a	$u^p(i)$	$u^a(i)$	$t_{eff}(i)$	$s^p(i)$	$s^a(i)$	备注
核心工作	核心工作 1											
	⋮											
	核心工作 v											
	⋮											
	核心工作 r											
非核心工作	非核心工作 1		实际完成情况描述									
	⋮		实际完成情况描述									
	非核心工作 j		实际完成情况描述									
	⋮		实际完成情况描述									
	非核心工作 m		实际完成情况描述									

编制：

校对：

11.5.2 周（控制期）进度偏差分析计算

11.5.2.1 第一种控制方式周（控制期）进度偏差分析计算

第一种控制方式周（控制期）进度偏差分析计算的基本内容参见表 11-8。

表 11-8 周（控制期）进度偏差分析计算（一）

单位工程名称：　　　　　　　　　　　　　　　　编制时间：

控制期	第 周（期）		年 月 日至 年 月 日				
工作名称		计量单位	x^p	x^a	Δx	$\Delta x\%$	备注
核心工作	核心工作 1						
	⋮						
	核心工作 v						

续表

控制期	第　周（期）		年　月　日至　年　月　日				
工作名称		计量单位	x^p	x^a	Δx	$\Delta x\%$	备注
核心工作	⋮						
	核心工作 r						

编制：

校对：

11.5.2.2 第二种控制方式周（控制期）进度偏差分析计算

第二种控制方式周（控制期）进度偏差分析计算的基本内容参见表 11-9。

表 11-9 周（控制期）进度偏差分析计算（二）

单位工程名称：　　　　　　　　　　　　　　编制时间：

控制期	第　周（期）		年　月　日至　年　月　日								
本期计划进度 $S^p(up)(i)$			本期实际进度 $S^a(up)(i)$			本期进度偏差 $\Delta S(up)(i)$			本期进度偏差率 $\Delta S(up)\%(i)$		
任务名称		计量单位	x^p	x^a	Δx	$\Delta x\%$	$s^p(i)$	$s^a(i)$	$\Delta s(i)$	$\Delta\%s(i)$	备注
核心工作	核心工作 1										
	⋮										
	核心工作 v										
	⋮										
	核心工作 r										

编制：

校对：

11.5.3 周（控制期）进度偏差原因分析及处理

周（控制期）进度偏差原因分析及处理的基本内容参见表 11-10。

表 11-10 周（控制期）进度偏差原因分析及处理

单位工程名称：　　　　　　　　　　　　　　编制时间：

控制期	第　周（期）	年　月　日至　年　月　日							
工作名称		偏差原因	整改对策措施	整改负责人	整改完成日期	检查人	整改结果	整改实际完成日期	备注
核心工作	核心工作 1								
	⋮								
	核心工作 v								

续表

控制期	第　周（期）	年　月　日至　　年　月　日							
工作名称		偏差原因	整改对策措施	整改负责人	整改完成日期	检查人	整改结果	整改实际完成日期	备注
核心工作	⋮								
	核心工作 r								
非核心工作	非核心工作 1								
	⋮								
	非核心工作 j								
	⋮								
	非核心工作 m								

编制：

校对：

11.5.4 月实际进度统计计算

月实际进度统计计算的基本内容参见表 11-11。

表 11-11　月实际进度统计计算

单位工程名称：

所属项目名称：　　　　　　　　　　　　　　　　编制时间：

开工日期	年　月　日		计划竣工日期		年　月　日		计划工期	天		
时限	开工后第　　月		年　月　日至　年　月　日							
截至上月末形象进度										
本月实际完成的主要工作内容										
截至本月末实际形象进度										
本工程合同价/万元	截至上月末已完成		本月实际完成		本月偏差		截至本月末实际累计完成		截至本月末累计偏差	
	累计工程造价/万元	累计工程进度/%	工程造价/万元	工程进度/%	工程造价/万元	工程进度/%	工程造价/万元	工程进度/%	工程造价/万元	工程进度/%
进度滞后的主要原因										
进度滞后采取的主要整改措施										

编制：　　　　　　　　　　　　　　　　　　校对：

审核：

11.5.5　工程进度控制完工总结与后评价

工程进度控制完工总结与后评价的基本内容参见表 11-12。

表 11-12　工程进度控制完工总结与后评价

单位工程名称：

所属项目名称：　　　　　　　　　　　　　　　编制时间：

<table>
<tr><td>计划开工日期</td><td>年 月 日</td><td>计划完工日期</td><td colspan="2">年 月 日</td><td>计划工期</td><td>天</td><td colspan="2">工期提前（滞后）</td><td>天</td></tr>
<tr><td>实际开工日期</td><td>年 月 日</td><td>实际完工日期</td><td colspan="2">年 月 日</td><td>实际工期</td><td>天</td><td colspan="2">工期提前率（滞后率）</td><td>%</td></tr>
<tr><td rowspan="2" colspan="2">核心工作名称</td><td rowspan="2">x^*</td><td rowspan="2">x'_r</td><td rowspan="2">x^a</td><td colspan="2">工程施工生产能力实际值与目标值偏差</td><td colspan="2">工程施工生产能力实际值与资源配置可实现值偏差</td><td rowspan="2">备注</td></tr>
<tr><td>偏差 Δx^*</td><td>偏差率 $\Delta x^*\%$</td><td>偏差 $\Delta x'_r$</td><td>偏差率 $\Delta x'_r\%$</td></tr>
<tr><td colspan="2">核心工作 1</td><td></td><td></td><td></td><td></td><td></td><td></td><td></td><td></td></tr>
<tr><td colspan="2">⋮</td><td></td><td></td><td></td><td></td><td></td><td></td><td></td><td></td></tr>
<tr><td colspan="2">核心工作 v</td><td></td><td></td><td></td><td></td><td></td><td></td><td></td><td></td></tr>
<tr><td colspan="2">⋮</td><td></td><td></td><td></td><td></td><td></td><td></td><td></td><td></td></tr>
<tr><td colspan="2">核心工作 r</td><td></td><td></td><td></td><td></td><td></td><td></td><td></td><td></td></tr>
<tr><td colspan="2">单位工程进度控制总结</td><td colspan="8"></td></tr>
</table>

编制：　　　　　　　　　　　　　　　　　　校对：

审核：

注：1. $x^a = \frac{1}{n}\sum_{i=1}^{n} x^a(i)$。

2. $\Delta x^* = x^a - x^*$，$\Delta x^*\% = \frac{x^a - x^*}{x^*}$。

3. $\Delta x'_r = x^a - x'_r$，$\Delta x'_r\% = \frac{x^a - x'_r}{x'_r}$。

11.6　工程进度控制图

11.6.1　工程进度曲线（S_t 曲线）

根据周（控制期）工程进度目标值、计划值、实际值可分别绘制形如图 11-5 所示的 S_t 曲线（图例只画出实际进度），以反映工程施工全过程在不同时刻的工程进展情况。

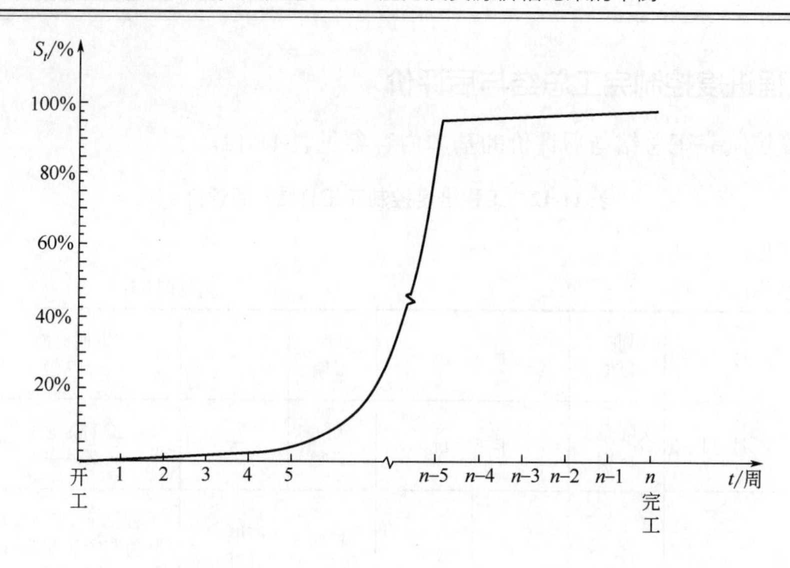

图 11-5　某工程实际进度曲线（S_t^a 曲线）

11.6.2　$S(i)$控制图

根据 $S(i)$ 数据可绘制形如图 11-6 所示的 $S(i)$ 控制图，以反映整个施工过程的工程进度控制情况。根据该图可作进一步分析判断，判断施工是否处于正常状况，查明进度异常原因，制定对策和改进措施等。

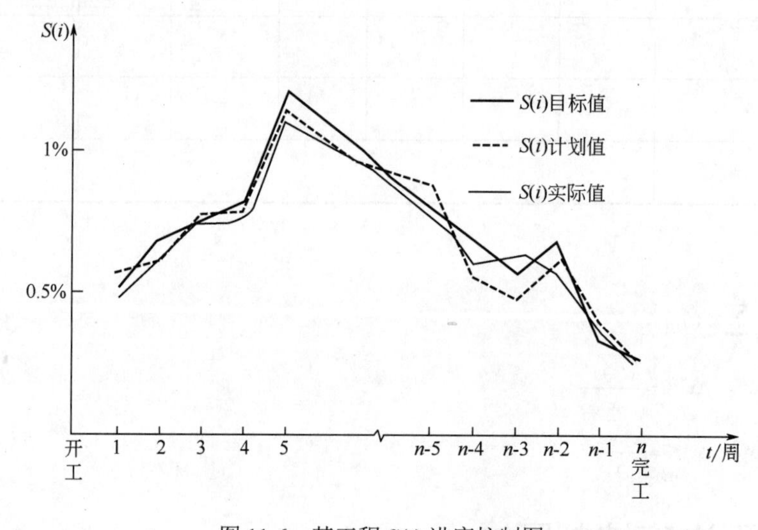

图 11-6　某工程 $S(i)$ 进度控制图

11.6.3　x控制图

根据周（控制期）进度控制数据，可绘制形如图 11-7 所示分部分项工程 x 控制图，以进一步分析施工生产情况、进度控制情况和资源利用情况。

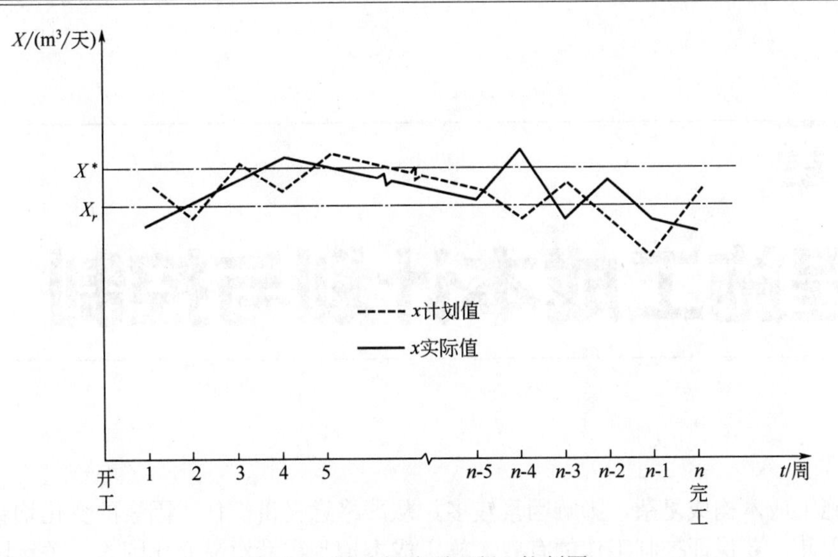

图 11-7　某分部分项工程 x 控制图

第12章

工程施工成本计划与控制

工程施工成本构成复杂，影响因素较多，从严格意义讲，任何因素的变化均会导致成本的改变，因此，要保证控制工作的有效，施工成本控制需针对易变化因素、关键因素实施重点控制。工程施工成本可以归纳为两大构成部分，一部分是资源成本，另一部分是非资源成本。资源成本是易变化部分也是施工成本构成的主要部分。本章讨论的成本计划与控制只针对资源成本，非资源成本不作分析，视为常数。

12.1 相关成本概念

在成本计算之前，需要对成本计划与控制涉及的相关概念做进一步说明，主要包括以下几个概念。

（1）核心工作（单位工程）目标成本　核心工作目标成本指核心工作在目标资源价格、目标资源消耗量、目标施工生产能力条件下形成的核心工作（单位工程）成本，记为$c^*(C^*)$。目标资源价格指二元影响分析中经p计算确定的资源价格，记为$p^*(P^*)$，目标资源消耗量记为$a^*(A^*)$，目标施工生产能力指二元影响分析中经x计算确定的施工生产能力优解，记为$x^*(X^*)$。

（2）分部分项工程合同（预算）成本　分部分项工程合同（预算）成本指施工合同签订的、施工图预算确定的分部分项工程合同价格扣除利润后的剩余部分，记为$c(w_{qd})$。

（3）核心工作合同（预算）成本　核心工作合同（预算）成本指核心工作所包含的全部分部分项工程的成本均完全按照预算成本（合同成本）计算形成的成本，记为c^0或$c^0(w_{hx})$，核心工作预算成本对应的资源价格记为$p^0(P^0)$，资源消耗量记为$a^0(A^0)$，施工生产能力记为x^0，设定$x^0 = x'_r$。

（4）单位工程合同成本（预算成本）　单位工程合同成本（预算成本）指施工合同签订的、施工图预算确定的单位工程合同价格扣除利润后剩余部分，记为C^0或$C^0(up)$。单位工程预算成本对应的资源价格记为P^0，资源消耗量记为A^0，施工生产能力记为X^0，设定$X^0 = X'_r$。

（5）核心工作（单位工程）控制期计划成本　核心工作（单位工程）控制期计划成本指核心工作（单位工程）在施工时间轴的某个时间区间$[t_i,t_j]$内，根据施工实际情况，动态制定资源计划价格、资源用量计划值（主要是材料用量）、工程施工生产能力计划值等控制指标条件下形成的核心工作（单位工程）成本，记为$c^p(C^p)$。相应地，资源计划价格记为$p^p(P^p)$，资源计划消耗量记为$a^p(A^p)$，计划施工生产能力记为$x^p(X^p)$。

（6）核心工作（单位工程）控制期实际成本　核心工作（单位工程）控制期实际成本指

在施工时间轴的某个计划控制区间$[t_i,t_j]$内，相对于计划指标、施工实际资源价格、实际资源消耗量、实际施工生产能力形成的成本，记为$c^a(C^a)$。相应地，资源实际价格记为$p^a(P^a)$，资源实际消耗量记为$a^a(A^a)$，实际施工生产能力记为$x^a(X^a)$。

定义上述成本概念的目的在于，施工成本控制可以采用多种控制方式：

① 目标—合同—计划—实际，$c^*(C^*)$ — $c^0(C^0)$ — $c^p(C^p)$ — $c^a(C^a)$；

② 目标—合同—实际$c^*(C^*)$ — $c^0(C^0)$ — $c^a(C^a)$；

③ 合同—计划—实际，$c^0(C^0)$ — $c^p(C^p)$ — $c^a(C^a)$；

④ 合同—实际，$c^0(C^0)$ — $c^a(C^a)$；

随着数据量的增多（减少）、提示的信息量增多（减少）、管理工作量增多（减少）、管理需要解决的问题增多（减少）、管理最终收效增多（减少），具体采用哪种控制方式，根据实际情况确定。

$c^0(C^0)$数据具有法律约束力，是最重要、最基本的控制依据，不论何种控制方式，它的存在都是必要的，$c^0(C^0)$是衡量最终控制结果的基本参照。

$c^*(C^*)$数据强调施工计划与控制的多目标特性，它的存在能提示更多施工中以及合同价格存在的问题，有利于成本管理与合同管理、质量管理能够更好地结合，有利于及早解决合同中存在的问题，避免日后扯皮和纠纷。

$c^p(C^p)$数据强调施工过程控制、动态控制，工程施工在不同时期面临不同的实际情况，需要不同的计划与控制。

如果只注重最终控制结果，则采用两类数据$c^0(C^0)$ — $c^a(C^a)$控制即可，此时，$c^0(C^0)=c^p(C^p)=c^*(C*)$。

如果注重施工过程，则采用三类数据$c^0(C^0)$ — $c^p(C^p)$ — $c^a(C^a)$控制，此时，$c^0(C^0)=c^*(C*)$。

如果注重施工多目标控制，则采用三类数据$c^*(C^*)$ — $c^0(C^0)$ — $c^a(C^a)$，此时，$c^0(C^0)=c^p(C^p)$。

如果重视全面控制，则采用四类数据控制。

12.2 工程施工成本计算

12.2.1 分部分项工程施工成本计算

（1）分部分项工程单位成本　分部分项工程（或单价措施项目）单位成本计算见附录 D 序号 1～6 中的计算公式。

（2）分部分项工程合计成本　分部分项工程合计成本计算见附录 D 序号 7～9 中的计算公式。

12.2.2 单位工程施工成本计算

（1）单位工程施工成本　单位工程施工成本计算见附录 D 序号 10～16 中的计算公式。

（2）单位工程单位施工成本

$$单位工程单位施工成本=\frac{单位工程施工成本}{单位工程建设规模}$$

12.2.3 工程项目施工成本计算

（1）工程项目（工程子项目、单项工程）成本　工程项目（工程子项目、单项工程）成本计算见附录D序号17～21中的计算公式。

（2）工程项目（工程子项目、单项工程）单位成本

$$工程项目单位施工成本=\frac{工程项目成本}{工程项目建设规模}$$

12.2.4 核心工作施工成本计算

（1）核心工作合同（预算）成本　通常，一项核心工作包含若干项具有一定重复性的分部分项工程（措施项目），由于这些分部分项工程可能在作业工艺、作业难度等方面存在差异，资源消耗量甚至资源价格也会存在一定差异，施工成本各不相同。核心工作合同（预算）成本是其所包含的全部分部分项工程成本的平均值。

核心工作合同（预算）成本计算见附录D序号22～26中的计算公式。

（2）核心工作目标成本　核心工作所包含的每项分部分项工程中的资源价格以目标价格计入、资源消耗量以目标消耗量计入计算得到的成本。核心工作目标成本计算见附录D序号27～32中的计算公式。

12.2.5 控制期施工成本计算

12.2.5.1 控制期核心工作施工成本计算

（1）控制期核心工作计划单位成本　控制期核心工作计划单位成本计算见附录D序号33～35中的计算公式。

（2）控制期核心工作实际单位成本　控制期核心工作实际单位成本计算见附录D序号36～39中的计算公式。

12.1.5.2 控制期单位工程施工成本计算

（1）控制期单位工程计划成本　控制期单位工程计划成本计算见附录D序号40～42中的计算公式。

（2）控制期单位工程实际成本　控制期单位工程实际成本计算见附录D序号43～51中的计算公式。

12.3 基于成本控制原理的进一步分析

12.3.1 成本控制的关键控制点

工程施工成本变化的原因分为两类，一类是资源价格变化ΔP，另一类是资源消耗量变化ΔA。

资源价格变化 ΔP 导致的成本变化记为 Δc_p，资源消耗量变化 ΔA 导致的成本变化记为 Δc_A。

资源价格变化 ΔP 可进一步细分为人工价格变化 ΔP_{rg}、机械台班价格变化 ΔP_{jx} 和材料价格变化 ΔP_{cl} 3 个方面，工程施工中人工价格由施工劳务合同约定，按合同惯例，施工期间人工价格一般不作调整，在现实中人工价格发生变化的概率很小，通常，$\Delta P_{\text{rg}}=0$。当机械设备使用过程中的燃油、用电等纳入材料后，机械台班价格可视为不变。因此，资源价格变化控制主要是材料价格控制，主要材料价格控制是资源价格变化控制的关键控制点，$\Delta P \cong \Delta P_{\text{cl}}$。

资源消耗量变化 ΔA 可进一步细分为人工消耗量变化 ΔA_{rg}、机械台班消耗量变化 ΔA_{jx} 和材料消耗量变化 ΔA_{cl}，ΔA_{rg} 和 ΔA_{jx} 完全取决于工程施工生产能力变化 Δx，材料消耗量变化 ΔA_{cl} 取决于材料损耗率（wr）变化 Δwr，$\Delta c_A=\Delta c_{wr}+\Delta c_x$。因此，工程施工成本控制的关键控制点是：

① 主要材料价格；

② 工程施工生产能力；

③ 主要材料的施工损耗率。

12.3.2 成本控制判定条件

在现实中，直接计算实际成本往往复杂而困难，而通过计算成本变化值再确定实际成本则相对简单。

工程施工成本变化：

$$\Delta c=\Delta c_p+\Delta c_{wr}+\Delta c_x$$

$$\Delta C(up)=\Delta C_p(up)+\Delta C_{wr}(up)+\Delta C_x(up)$$

根据成本变化值，成本控制可作如下判定：

当 $\Delta c<0$（$\Delta C<0$），成本节约；

当 $\Delta c=0$（$\Delta C=0$），成本满足控制要求；

当 $\Delta c>0$（$\Delta C>0$），成本超支。

值得注意的是，以上判定是基于一个前提，即合同（预算）成本是合理的正常可实现成本。不论采用何种成本控制方式，判定条件中 $\Delta c(\Delta C)$ 计算均以合同（预算）成本为基准，即

$$\Delta c=c^a-c^0$$

$$\Delta C=C^a-C^0$$

当采用三类或四类数据控制时，尽管可计算多种成本变化值，但只有 $\Delta c=c^a-c^0$、$\Delta C=C^a-C^0$ 是唯一判定值，其他成本变化值只作为解决其他管理问题的参考依据，不作为成本控制的判定标准。

工程施工成本控制应采用整体控制与局部控制相结合的方式，主要材料价格控制宜采用整体控制方式，即以单位工程（单项工程、工程子项目、工程项目）为控制对象，工程施工生产能力及主要材料施工损耗率控制以核心工作为对象实施局部控制。

12.3.3 主要材料价格变化导致的成本变化 ΔC_p 计算

主要材料价格控制采用以单位工程为控制对象的整体控制方式。单位工程 up 在第 i 控制期的主要材料是 $R_{\text{cl}_1},\cdots,R_{\text{cl}_j},\cdots,R_{\text{cl}_m}$（$j=1,2,\cdots,m$），这 m 种材料在第 i 控制期的计划用量为

$ua_1^p,\cdots,ua_j^p,\cdots,ua_m^p$，实际用量为$ua_1^a,\cdots,ua_j^a,\cdots,ua_m^a$，计划价格为$p_1^p,\cdots,p_j^p,\cdots,p_m^p$，实际价格为$p_1^a,\cdots,p_j^a,\cdots,p_m^a$，则单位工程 up 第 i 期主要材料价格变化导致的成本变化是：

$$\Delta C_p(up)(i)=\sum_{j=1}^{m}ua_j^a(i)\Delta p_j(i)$$

其中，$\Delta p_j(i)=p_j{}^a-p_j{}^p$。

12.3.4 主要材料施工损耗率变化导致的成本变化Δc_{wr}计算

在计算Δc_{wr}之前，先回顾一下施工损耗率概念：

$$施工损耗率=\frac{施工用量-图纸计算用量}{图纸计算用量}\times100\%$$

$$计划损耗率=\frac{施工计划用量-图纸计算用量}{图纸计算用量}\times100\%$$

$$实际损耗率=\frac{施工实际用量-图纸计算用量}{图纸计算用量}\times100\%$$

（1）主要材料施工损耗率变化导致的核心工作成本变化$\Delta c_{wr}(w_{hx})$计算　主要材料施工损耗率控制采用以核心工作为控制对象的局部控制方式。核心工作w_{hx}在第 i 控制期计划完成的工程量是$u^p(i)$，实际完成的工程量是$u^a(i)$，w_{hx}的主要材料是$R_{\mathrm{cl}_1},\cdots,R_{\mathrm{cl}_k},\cdots,R_{\mathrm{cl}_s}$ $(k=1,2,\cdots,s)$，s 种主要材料计划价格是$p_1,\cdots,p_k,\cdots,p_s$，计划消耗量是$a_1,\cdots,a_k,\cdots,a_s$，其中包含施工损耗，损耗率为$wr_1^p,\cdots,wr_k^p,\cdots,wr_s^p$，第 i 控制期主要材料计划用量为$u^p(i)a_1,\cdots,u^p(i)a_k,\cdots,u^p(i)a_s$，设实际损耗率为$wr_1^a,\cdots,wr_k^a,\cdots,wr_s^a$，则第 i 控制期主要材料实际用量为$u^a(i)a_1\dfrac{1+wr_1^a}{1+wr_1^p},\cdots,$ $u^a(i)a_k\dfrac{1+wr_k^a}{1+wr_k^p},\cdots,u^a(i)a_s\dfrac{1+wr_s^a}{1+wr_s^p}$（通常已知实际用量，用此计算实际损耗率），核心工作w_{hx}在第 i 控制期材料损耗率变化导致的单位成本变化是：

$$\Delta c_{wr}(w_{\mathrm{hx}})(i)=\sum_{k=1}^{s}\frac{wr_k^a-wr_k^p}{1+wr_k^p}p_k a_k$$

（2）主要材料施工损耗率变化导致的单位工程成本变化$\Delta c_{wr}(up)$计算　单位工程在第 i 控制期有$w_{hx_1},\cdots,w_{hx_v},\cdots,w_{hx_t}$ $(v=1,2,\cdots,t)$共 t 项核心工作，t 项核心工作在第 i 控制期实际完成的工程量是$u_1(i),\cdots,u_v(i),\cdots,u_t(i)$，第 v 项核心工作主要材料损耗率变化导致的该核心工作单位成本变化记为$\Delta c_{wr}(w_{\mathrm{hx}_v})(i)$，单位工程在第 i 控制期材料损耗率变化导致的单位工程成本变化是：

$$\Delta C_{wr}(up)(i)=\sum_{v=1}^{t}u_v(i)\Delta c_{wr}(w_{\mathrm{hx}_v})(i)$$

12.3.5 施工生产能力变化导致的成本变化Δc_x计算

12.3.5.1 核心工作Δc_x计算

核心工作施工生产能力变化导致的成本变化Δc_x应区分两种情况，两种工作类别计算。

两种情况是：①施工处于正常作业情况下 x 变化（没有窝工，没有机械闲置）；②施工处于非正常作业情况下 x 变化（窝工，机械闲置）。两种工作类别是：①核心工作属分部分项工程类别；②核心工作属单价措施项目类别。

已知核心工作合同（预算）成本（单位成本）数据是：成本 $c^0[c^0(w_{hx})]$、资源成本 c_r^0、人工成本 c_{rg}^0、机械成本 c_{jx}^0、材料成本 c_{cl}^0，资源配置可实现施工生产能力是 x_r' $(x^0=x_r')$，实际施工生产能力是 x^a，则实际成本相对合同（预算）成本的变化情况如下。

（1）正常作业情况（比如作业区域不受限）

① 核心工作属分部分项工程

$$\Delta c_x=-(x^a-x_r')\frac{c_r^0-c_{\mathrm{cl}}^0}{x^a}$$

② 核心工作属单价措施项目

$$\Delta c_x=-(x^a-x_r')\frac{c_r^0}{x^a}$$

（2）非正常作业情况（比如作业区域受限）

① 核心工作属分部分项工程

$$\Delta c_x=\begin{cases}-(x^a-x_r')\dfrac{(0.2\sim0.4)(c_{\mathrm{rg}}^0+c_{\mathrm{jx}}^0)}{x^a} & x^a<x_r'\\[2ex] -(x^a-x_r')\dfrac{c_r^0-c_{\mathrm{cl}}^0}{x^a} & x^a\geqslant x_r'\end{cases}$$

② 核心工作属单价措施项目

$$\Delta c_x=\begin{cases}-(x^a-x_r')\dfrac{(0.2\sim0.4)\,c_r^0}{x^a} & x^a<x_r'\\[2ex] -(x^a-x_r')\dfrac{c_r^0}{x^a} & x^a\geqslant x_r'\end{cases}$$

结合现实两方面的惯例：①人工价格实行计件工资制度；②非资源成本以人工成本和机械成本为基数计算，以上计算需做如下调整。

a. 正常作业情况

Ⅰ. 核心工作属分部分项工程

$$\Delta c_x=-(x^a-x_r')\frac{c^0-c_{\mathrm{rg}}^0-c_{\mathrm{cl}}^0}{x^a}$$

Ⅱ. 核心工作属单价措施项目

$$\Delta c_x=-(x^a-x_r')\frac{c^0-c_{\mathrm{rg}}^0}{x^a}$$

b. 非正常作业情况

Ⅰ. 核心工作属分部分项工程

$$\Delta c_x=\begin{cases}-(x^a-x_r')\dfrac{c^0-c_{\mathrm{cl}}^0-c_{\mathrm{rg}}^0-(0.6\sim0.8)\,c_{\mathrm{jx}}^0}{x^a} & x^a<x_r'\\[2ex] -(x^a-x_r')\dfrac{c^0-c_{\mathrm{cl}}^0-c_{\mathrm{rg}}^0}{x^a} & x^a\geqslant x_r'\end{cases}$$

Ⅱ. 核心工作属单价措施项目

$$\Delta c_x=\begin{cases}-(x^a-x_r')\dfrac{c^0-c_{\text{rg}}^0-(0.6\sim0.8)(c_{\text{jx}}^0+c_{\text{cl}}^0)}{x^a} & x^a<x_r'\\ -(x^a-x_r')\dfrac{c^0-c_{\text{rg}}^0}{x^a} & x^a\geqslant x_r'\end{cases}$$

12.3.5.2 单位工程$\Delta C_x(up)$计算

单位工程在第 i 控制期有 $w_{hx_1},\cdots,w_{hx_v},\cdots,w_{hx_t}$ ($v=1,2,\cdots,t$)共 t 项核心工作，t 项核心工作在第 i 控制期实际完成的工程量是 $u_1(i),\cdots,u_v(i),\cdots,u_t(i)$，第 v 项核心工作工程生产能力变化导致的该核心工作单位成本变化记为 $\Delta c_x(w_{hx_v})(i)$，单位工程在第 i 控制期工程生产能力变化导致的单位工程成本变化是：

$$\Delta C_x(up)(i)=\sum_{v=1}^{t}u_v(i)\Delta c_x(w_{hx_v})(i)$$

12.4 施工成本计划的主要内容

施工成本计划的主要内容包括成本控制目标和控制期成本计划。

12.4.1 成本控制目标

成本控制目标包括两部分内容，第一部分的主要内容见表 12-1，第二部分的主要内容见表 12-2。

表 12-1 成本控制目标（一）

单位工程名称：

所属项目名称： 编制时间：

目标成本值 $C^*(up)$				合同（预算）成本值 $C^0(up)$				备注
工期 T^0	天	年 月 日至 年 月 日				控制期数 n		
主要材料名称	规格型号	计量单位	用量 ua^0	平衡价格 p^*	合同价格 p^0	目标损耗率 wr^*	预算损耗率 wr^0	
材料 1								
⋮								
材料 y								
⋮								
材料 z								

编制：

校对：

审核：

表 12-2　成本控制目标（二）

单位工程名称：

所属项目名称：　　　　　　　　　　　　　　　　　　　　编制时间：

工期	天	年　月　日至　年　月　日				控制期数 n		备注
工作名称		工作编号	计量单位	c^*	x^*	c^0	x^0	
核心工作	核心工作 1	w_1						
	⋮	⋮						
	核心工作 v	w_v						
	⋮	⋮						
	核心工作 r	w_r						
非核心工作		常规方法控制						

编制：

校对：

审核：

12.4.2　控制期成本计划

控制期成本计划的主要内容包括 3 部分，第一部分的主要内容见表 12-3，第二部分的主要内容见表 12-4，第三部分的主要内容见表 12-5。表 12-3 和表 12-5 中有部分内容重复，主要材料价格控制通常以表 12-3 为基本方式，在特殊情况下以表 12-5 方式实施控制。当采用基本方式时，表 12-5 中重复内容可不予填写。

表 12-3　控制期成本计划（一）

单位工程名称：　　　　　　　　　　　　　　　　　　　　编制时间：

本期计划成本 $C^p(up)(i)$							
控制期	第　周（期）		年　月　日至　年　月　日				备注
主要材料名称	规格型号	计量单位	本期计划用量 $ua^p(i)$	本期计划价格 $p^p(i)$	本期计划损耗率 $wr^p(i)$	本期计划主要材料成本 $c_{cl}^p(i)$	
材料 1							
⋮							
材料 y							
⋮							
材料 z							

编制：

校对：

表 12-4　控制期成本计划（二）

单位工程名称：　　　　　　　　　　　　　　　　编制时间：

控制期		第　周（期）		年　月　日至　　年　月　日				
工作名称		计量单位	本期计划完成工程量 $u^p(i)$	本期计划成本 $c^p(i)$	工程生产生产能力			备注
					x^*	x^0	$x^p(i)$	
核心工作	核心工作 1							
	⋮							
	核心工作 v							
	⋮							
	核心工作 r							
非核心工作	核心工作 1	常规方法控制						
	⋮							
	核心工作 s							

编制：
校对：

表 12-5　控制期成本计划（三）

单位工程名称：　　　　　　　　　　　　　　　　编制时间：

控制期		第　周（期）		年　月　日至　　年　月　日								
工作名称		计量单位	本期计划完成工程量 $u^p(i)$	主要材料名称	规格型号	价格			损耗率			备注
						p^*	p^0	$p^p(i)$	预算消耗量 a^0	预算损耗率 wr^0	本期计划损耗率 $wr^p(i)$	
核心工作	核心工作 1			材料 1								
				⋮								
				材料 s_1								
	⋮			材料 1								
				⋮								
	核心工作 v			材料 1								
				⋮								
				材料 s_v								
	⋮			材料 1								
				⋮								
	核心工作 t			材料 1								
				⋮								
				材料 s_t								

编制：
校对：

12.5　施工成本控制的主要内容

施工成本控制的主要内容包括控制期成本变化值计算与统计，控制期成本偏差、原因分析及对策措施，月（季）成本计算与统计、成本控制总结与评价。

12.5.1　控制期成本变化值计算与统计

控制期成本变化值的计算与统计见表 12-6～表 12-9。

表 12-6　控制期成本变化值 ΔC_p 计算与统计（一）

单位工程名称：　　　　　　　　　　　　　　　　　　　编制时间：

控制期	第　周（期）		年　月　日至　　年　月　日								
主要材料名称	规格型号	计量单位	本期计划				本期实际		Δp	ΔC_p	备注
			用量 ua^p	价格			用量 ua^a	价格 p^a			
				p^*	p^0	p^p					
材料 1											
⋮											
材料 y											
⋮											
材料 z											
合计											

编制：
校对：

表 12-7　控制期成本变化值 Δc_x 计算与统计（二）

单位工程名称：　　　　　　　　　　　　　　　　　　　编制时间：

控制期		第　周（期）			年　月　日至　年　月　日										
任务名称		计量单位	预算成本				本期计划				本期实际		Δc_x	Δuc_x	备注
			c^0	c^0_{rg}	c^0_{jx}	c^0_{cl}	u^p	x^*	x'_r	x^p	u^a	x^a			
核心工作	核心工作 1														
	⋮														
	核心工作 v														
	⋮														
	核心工作 t														
合计															

编制：
校对：

表 12-8 控制期成本变化值 Δc_{wr} 计算与统计（三）

单位工程名称：　　　　　　　　　　　　编制时间：

控制期		第　周（期）			年　月　日至　年　月　日											
任务名称		工程量计量单位	主要材料名称	规格型号	材料计量单位	预算消耗		本期计划			本期实际			Δc_{wr}	Δuc_{wr}	备注
						a^0	wr^0	u^p	a^p	wr^p	u^a	a^a	wr^a			
核心工作	核心工作 1		材料 1													
			⋮													
	⋮		材料 1													
			⋮													
	核心工作 v		材料 1													
			⋮													
	⋮		材料 1													
			⋮													
	核心工作 t		材料 1													
			⋮													
合计																

编制：

校对：

表 12-9 控制期成本变化值 Δc_p 计算与统计（四）

单位工程名称：　　　　　　　　　　　　编制时间：

控制期		第　周（期）			年　月　日至　年　月　日									
任务名称		工程量计量单位	主要材料名称	规格型号	材料计量单位	本期计划				本期实际		Δc_p	Δuc_p	备注
						ua^p	p^*	p^0	p^p	ua^a	p^a			
核心工作	核心工作 1		材料 1											
			⋮											
	⋮		材料 1											
			⋮											
	核心工作 v		材料 1											
			⋮											
	⋮		材料 1											
			⋮											
	核心工作 t		材料 1											
			⋮											
合计														

编制：

校对：

12.5.2　控制期成本偏差、原因分析及对策措施

控制期成本偏差、原因分析及对策措施相关表格见表 12-10 和表 12-11。

表 12-10　控制期成本偏差

单位工程名称：　　　　　　　　　　　　　　编制时间：

控制期		第　周（期）		年　月　日至　　年　月　日									
任务名称		本期预算成本 c^0	本期计划成本 c^p	成本变化				本期实际成本 c^a	偏差率				备注
				Δc	Δc_p	Δc_x	Δc_{wr}		$\Delta c\%$	$\Delta c_p\%$	$\Delta c_x\%$	$\Delta c_{wr}\%$	
单位工程													
核心工作	核心工作 1												
	⋮												
	核心工作 v												
	⋮												
	核心工作 r												

编制：

校对：

表 12-11　控制期成本超支原因分析及对策措施

单位工程名称：　　　　　　　　　　　　　　编制时间：

控制期	第　周（期）	年　月　日至　　年　月　日							
工作名称		成本超支原因	整改对策措施	整改负责人	整改完成日期	检查人	整改结果	整改实际完成日期	备注
核心工作	核心工作 1								
	⋮								
	核心工作 v								
	⋮								
	核心工作 r								
非核心工作	非核心工作 1								
	⋮								
	非核心工作 j								
	⋮								
	非核心工作 m								

编制：

校对：

12.5.3 月(季)成本计算与统计

月（季）成本计算与统计见表 12-12。

表 12-12 月（季）成本计算与统计

单位工程名称： 编制时间：

成本统计期			第 月（季）					自 年 月 日至 年 月 日				
本期				截至本期初累计				截至本期末累计				备注
预算成本	计划成本	实际成本	成本 超支（节约）	预算成本	计划成本	实际成本	成本 超支（节约）	预算成本	计划成本	实际成本	成本 超支（节约）	

编制：

校对：

成本统计期时长为控制期时长的整数倍，表中“本期数据”为该期所包含的全部控制期数据的累计。

12.5.4 成本控制总结与评价

成本控制总结与评价表格见表 12-13 和表 12-14。

表 12-13 成本控制总结与评价（一）

单位工程名称： 编制时间：

任务名称	合同成本	计划成本	实际成本	实际与合同		实际与计划		备注
				偏差	偏差率	偏差	偏差率	
单位工程								
单位工程成本控制总结								

编制：

校对：

审核：

表 12-14 成本控制总结与评价（二）

单位工程名称： 编制时间：

任务名称		计量单位	工程量		单位成本							合计成本							备注
			合同	实际	合同	计划	实际	实际与合同		实际与计划		合同	计划	实际	实际与合同		实际与计划		
								偏差	偏差率	偏差	偏差率				偏差	偏差率	偏差	偏差率	
核心工作	核心工作 1																		
	⋮																		
	核心工作 v																		

续表

任务名称		计量单位	工程量		单位成本							合计成本							备注
			合同	实际	合同	计划	实际	实际与合同		实际与计划		合同	计划	实际	实际与合同		实际与计划		
								偏差	偏差率	偏差	偏差率				偏差	偏差率	偏差	偏差率	
核心工作	⋮																		
	核心工作 r																		
成本控制总结																			

编制：
校对：
审核：

12.6　施工成本控制图

根据成本计划与控制数据，可绘制系列成本控制图，主要包括：$C(up)(i)-t$ 控制图、$c(i)-t$ 控制图、$\Delta C(up)(i)-t$ 控制图、$\Delta c(i)-t$ 控制图、$\Delta c_p(i)-t$ 控制图、$\Delta c_x(i)-t$ 控制图、$\Delta c_{wr}(i)-t$ 控制图、$p-t$ 控制图、$wr-t$ 控制图等。

以下选取 $C(up)(i)-t$、$c(i)-t$、$\Delta c_x(i)-t$、$p-t$ 控制图作简要介绍。

12.6.1　$C(up)(i)-t$ 控制图

根据控制期成本计划与控制数据，可绘制形如图 12-1 所示的单位工程成本控制图。

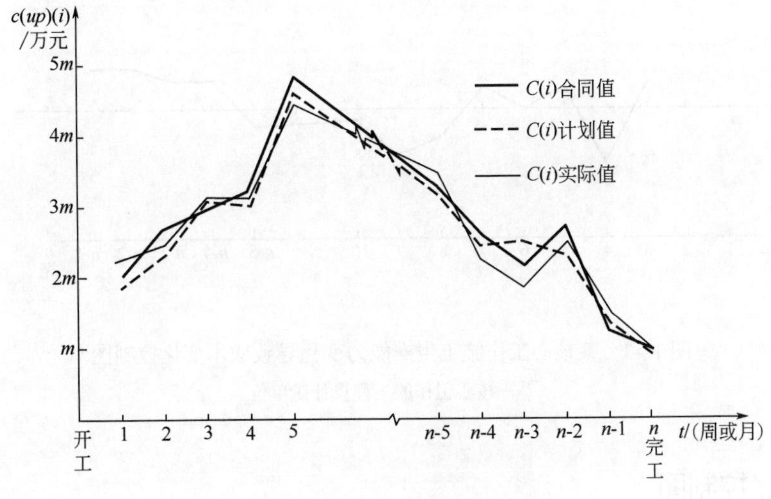

图 12-1　某单位工程成本控制图

12.6.2　$c(i)-t$ 控制图

根据控制期成本计划与控制数据，可绘制形如图 12-2 所示的核心工作单位成本控制图。

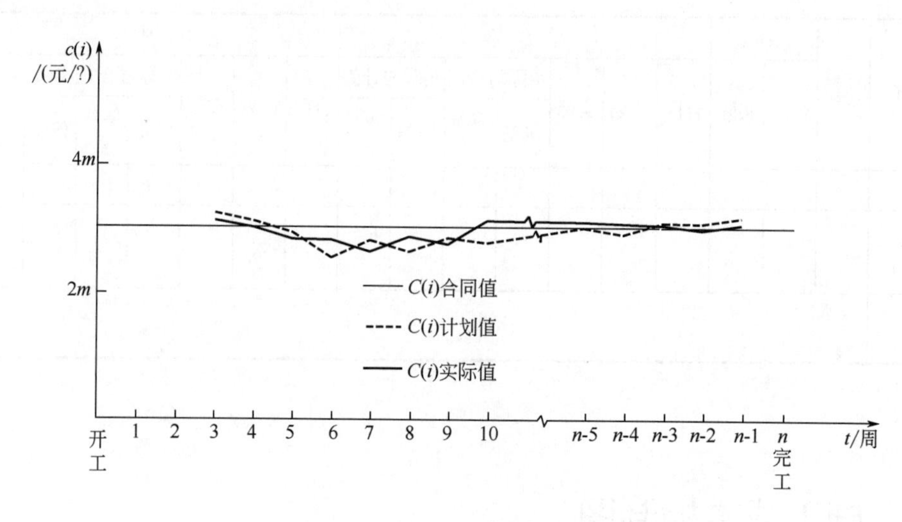

图 12-2　某核心工作成本控制图

？一核心工作的工程量计量单位

12.6.3　$\Delta c_x(i)-t$控制图

根据控制期成本计划与控制数据，可绘制形如图 12-3 所示的核心工作施工生产能力变化导致成本变化控制图。

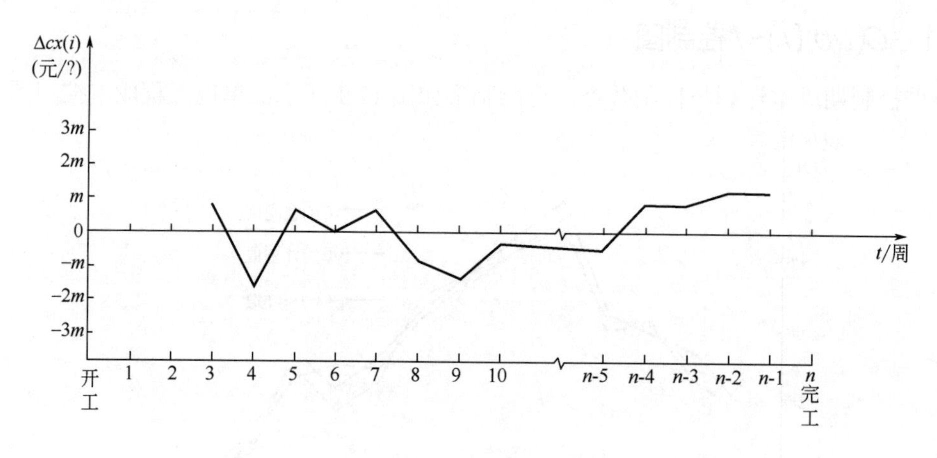

图 12-3　某核心工作施工生产能力变化导致成本变化控制图

？一核心工作的工程量计量单位

12.6.4　$p-t$控制图

根据控制期成本计划与控制数据，可绘制形如图 12-4 所示的主要材料价格控制图。

该图示例目标价格位于合同价格下方是基于合理的、正常的情况，在现实中有可能目标价格位于合同价格之上。当出现这种不合理、非正常情况时，管理需要解决的就不只是单纯的成本控制问题。

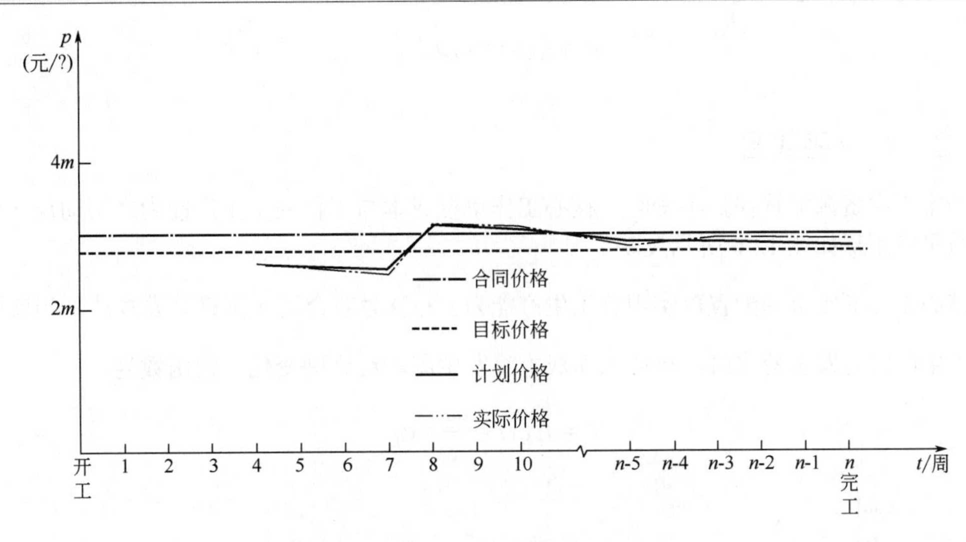

图 12-4　某主要材料价格控制图

?—核心工作的工程量计量单位

12.7　施工成本函数图

根据成本计划与控制数据，可得到$c-p$、$c-x$、$c-wr$的函数关系，进而绘出$c-p$、$c-x$和$c-wr$等系列函数图。

12.7.1　$c-p$函数图

主要材料价格与核心工作单位成本之间的线性关系用形如图 12-5 所示反映，p^0为某主要材料合同（预算）价格，对应的核心工作合同（预算）成本为c^0，当实际材料价格发生变化时，核心工作成本将发生图示线性变化。该函数可记为：

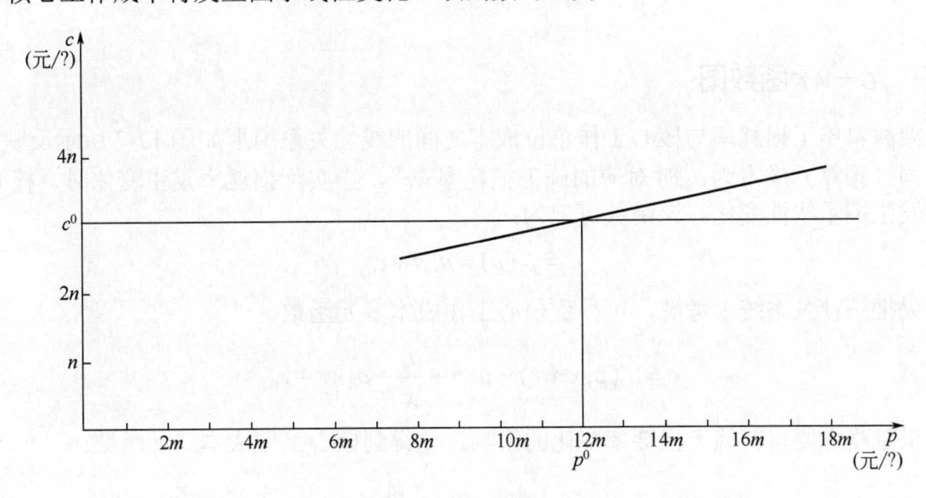

图 12-5　某种主要材料价格与核心工作成本的函数关系

?—核心工作的工程量计量单位

$$c = f_1(p) = a_1 p + c_{01}$$

12.7.2 $c-x$函数图

当施工中资源配置保持不变时，核心工作单位成本与工程施工生产能力之间的反比例函数关系可以用形如图 12-6 所示反映。

核心工作既定资源配置可实现施工生产能力 $x^0(x_r')$ 对应合同（预算）成本 c^0。当实际工程施工生产能力发生变化时，核心工作成本将发生图示反比例变化。记函数为：

$$c = f_2(x) = \frac{a_2}{x} + c_{02}$$

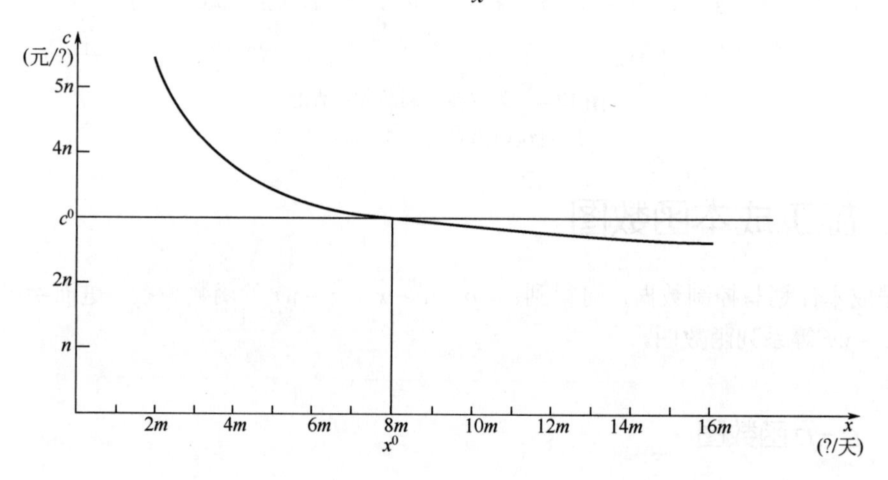

图 12-6　某核心工作工程施工生产能力与成本的函数关系图

？一核心工作的工程量计量单位

12.7.3 $c-wr$函数图

主要材料施工损耗率与核心工作单位成本之间的线性关系用形如图 12-7 所示反映，核心工作合同（预算）成本为c^0时对应的施工损耗率 wr^0，当实际损耗率发生变化时，核心工作成本将发生图示线性变化。该函数可记为：

$$c = f_3(p) = a_3 p + c_{03}$$

如果把三种关系统一考虑，可得到核心工作成本多元函数：

$$c = f(p, x, wr) = a_4 p + \frac{a_5}{x} + a_6 wr + c_{04}$$

如果忽略主要材料施工损耗率变化的影响，便得到核心工作成本二元函数：

$$c = f(p, x) = a_7 p + \frac{a_8}{x} + c_{05}$$

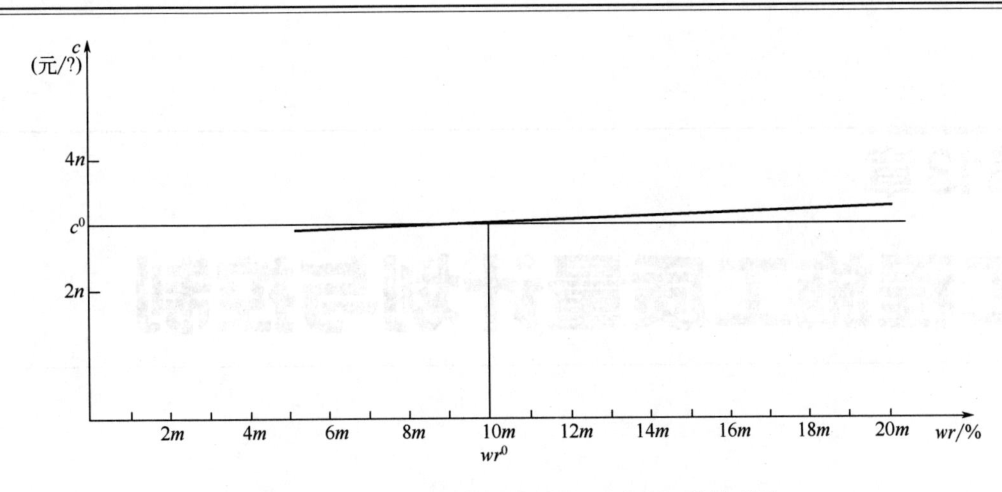

图 12-7　某主要材料施工损耗率与成本的函数关系图

？一核心工作的工程量计量单位

第13章

工程施工质量计划与控制

通过贯彻执行国家、行业制订的系统、全面、严密、细致完整的《施工质量验收统一标准》《专业工程施工质量验收规范》《质量管理体系》《施工规范》等系列标准规范，工程施工质量控制已形成长期的、有效的、多种控制主体（建设方、监理方、施工方、政府监督）共同发挥作用的质量管理机制。从长期的工程实践来看，在这种长效机制的约束下，施工企业或多或少、或完善或部分、或主动或被动地建立了与机制相适应的质量管理体系。

在上述质量管理机制背景下，基于以下几方面原因，本章所述内容仅作为施工企业内部质量管理的参考，不作为质量管理机制下实际实施的依据。

① 工程施工质量计划与控制首先必须满足约束机制（标准规范）的要求。

② 工程施工行业广、专业多，不同行业、不同专业标准规范不同。

③ 工程施工质量计划与控制内容需根据具体标准规范确定。本章所述内容仅作为施工企业内部质量管理的参考，不作为质量管理机制下实际实施的依据。

13.1 质量量化与计算

13.1.1 质量量化指标的选择

迄今为止，质量不是一个真正量化的概念，对于质量，人们往往只能以“合格”“不合格”“好”“中”“差”“优良”等给出定性评定。本书所述方法要求质量是一个变量，为此，采取两种途径实现这一需求：①以人们公认的质量合格率或优良率作为质量变量值；②定义质量绝对数

（1）质量绝对数　质量是产品满足人们某种需求的一种固有特性，是产品价值存在的重要方面。这种固有特性以产品内在的和外在的、可感知的和不可感知的、可检查的和不可检查的、可检测的和不可检测的等多种形式为表现。生产制造过程是资源消耗和转化过程，也是产品的这种固有特性的形成过程，在这个过程中生产资源的消耗和时间的消耗起着决定性影响，即固有特性取决于资源消耗和时间消耗。资源的消耗可以用生产成本来反映，时间的消耗可以用完成产品生产的劳动时间来反映。因此，对于生产制造过程，质量绝对数可定义为：质量（Q或q）是生产成本（C或c）和劳动时间（T或t）（正常作业情况下）的几何平均数。

$$Q=\sqrt{CT}$$

$$q=\sqrt{ct}$$

在该定义前提下，质量的计量单位是：$\sqrt{天\cdot元}$、$\sqrt{小时\cdot元}$、$\sqrt{天\cdot万元}$ 等。单位质量的计量单位是：$\sqrt{天\cdot元}/\mathrm{m}^2$、$\sqrt{天\cdot元}/\mathrm{m}^3$、$\sqrt{天\cdot元}/件$ 等。

相应地，工程项目施工质量是工程项目施工建造成本和工期（正常作业情况下）的几何平均数。单位工程施工质量是单位工程施工建造成本和工期（正常作业情况下）的几何平均数。分部分项工程施工质量是分部分项工程施工成本和工作持续时间（正常作业情况下）的几何平均数。

上述质量定义只是一种粗浅的尝试，其准确性目前不能得到证实。提出该定义的目的在于抛砖引玉，希望更多的人关注这一问题并能就这一问题展开更多的研究。人们若能给出质量绝对数的准确定义，将会使人们在面临质量问题时变得更加从容而主动。

（2）质量变量指标的选择约定　目前，在没有准确的质量绝对数定义的情况下，本书约定质量的量化指标是质量优良率。质量合格是产品的基本要求，若以质量合格率为量化指标，则质量变化范围太窄，不利于诸多质量问题的分析和讨论。

13.1.2　工程施工质量计算

（1）分项工程质量计算

$$q(w_v)=\frac{1}{r}\sum_{i=1}^{r}q(isp_i)$$

式中　$q(w_v)$——分项工程 w_v 质量优良率；

$q(isp_i)$——第 i 检验批质量优良率；

r——共有 r 个检验批。

（2）核心工作质量计算

$$q(w_{\mathrm{hx}})=\frac{1}{s}\sum_{v=1}^{s}q(w_v)$$

式中　$q(w_{\mathrm{hx}})$——核心工作质量优良率；

$q(w_v)$——第 v 项分项工程质量优良率；

s——共有 s 项分项工程。

（3）单位工程质量计算

$$q(up)=\frac{1}{m}\sum_{j=1}^{m}q(w_{\mathrm{hx}_j})$$

式中　$q(up)$——单位工程质量优良率；

$q(w_{\mathrm{hx}_j})$——第 j 项核心工作质量优良率；

m——共有 m 项核心工作。

（4）工程项目质量计算

$$q(EP)=\frac{1}{n}\sum_{k=1}^{n}q(up_k)$$

式中　$q(EP)$——工程项目质量优良率；

$q(up_k)$——第 k 个单位工程质量优良率；

n——共有 n 个单位工程。

单项工程、工程子项目的质量计算与工程项目质量计算完全类似，在此不在另行讨论。

13.2 质量计划的主要内容

质量计划的主要内容包括质量方针和目标、周（控制期）质量计划。

13.2.1 质量方针和目标

单位工程质量方针和目标的主要内容见表 13-1。

表 13-1 单位工程的质量方针和目标

单位工程名称： 编制时间：

<table>
<tr><td>工期</td><td>天</td><td colspan="2">年 月 日至 年 月 日</td><td>控制期数</td><td></td></tr>
<tr><td colspan="2">质量方针</td><td colspan="4"></td></tr>
<tr><td colspan="2">单位工程质量目标</td><td colspan="4"></td></tr>
<tr><td colspan="2">工作名称</td><td>工作编号</td><td colspan="2">质量目标</td><td>备注</td></tr>
<tr><td rowspan="5">核心工作</td><td>核心工作 1</td><td>w_1</td><td colspan="2"></td><td></td></tr>
<tr><td>⋮</td><td>⋮</td><td colspan="2"></td><td></td></tr>
<tr><td>核心工作 j</td><td>w_j</td><td colspan="2"></td><td></td></tr>
<tr><td>⋮</td><td>⋮</td><td colspan="2"></td><td></td></tr>
<tr><td>核心工作 m</td><td>w_m</td><td colspan="2"></td><td></td></tr>
<tr><td rowspan="3">非核心工作</td><td></td><td colspan="4" rowspan="3">常规方法控制</td></tr>
<tr><td></td></tr>
<tr><td></td></tr>
</table>

编制：
校对：

13.2.2 周（控制期）质量计划

周（控制期）质量计划的主要内容见表 13-2。

表 13-2 周（控制期）质量计划

单位工程名称： 编制时间：

<table>
<tr><td>控制期</td><td>第 周（期）</td><td colspan="3">年 月 日至 年 月 日</td></tr>
<tr><td colspan="2">本期单位工程质量计划值</td><td colspan="3"></td></tr>
<tr><td colspan="2">任务名称</td><td>目标值</td><td>本期质量计划值</td><td>备注</td></tr>
<tr><td rowspan="2">核心工作</td><td>核心工作 1</td><td></td><td></td><td></td></tr>
<tr><td>⋮</td><td></td><td></td><td></td></tr>
</table>

续表

控制期	第 周（期）	年 月 日至 年 月 日		
本期单位工程质量计划值				
任务名称		目标值	本期质量计划值	备注
核心工作	核心工作 v			
	⋮			
	核心工作 r			
非核心工作	非核心工作 1	常规方法控制		
	⋮			

编制：

校对：

13.3 质量控制的主要内容

质量控制的主要内容包括周（控制期）质量检查、周（控制期）质量偏差分析计算、周（控制期）质量偏差原因分析及处理、月（季）实际质量统计、工程质量控制完工总结与后评价。

13.3.1 周（控制期）质量检查

周（控制期）质量检查的主要内容见表 12-3。

表 13-3 周（控制期）质量检查

单位工程名称： 编制时间：

控制期	第 周（期）	年 月 日至 年 月 日			
本期质量检查参加人员					
本期质量检查时间					
本期单位工程质量实际值					
任务名称		本期质量检查的主要内容	检查情况说明	本期质量实际值	备注
核心工作	核心工作 1	1．保证项目：			
		2．一般项目：			
	⋮				
	核心工作 v	1．保证项目：			
		2．一般项目：			
	⋮				
	核心工作 r	1．保证项目：			
		2．一般项目：			
非核心工作	非核心工作 1	常规方法控制			
	⋮				

编制：

校对：

13.3.2 周（控制期）质量偏差分析计算

周（控制期）质量偏差分析计算的主要内容见表 13-4。

表 13-4 周（控制期）质量偏差分析计算

单位工程名称： 编制时间：

控制期	第 周（期）	年 月 日至 年 月 日				
任务名称		质量计划值	质量实际值	质量偏差	偏差率	备注
单位工程						
核心工作	核心工作 1					
	⋮					
	核心工作 j					
	⋮					
	核心工作 m					
非核心工作	非核心工作 1	常规方法控制				
	⋮					

编制：

校对：

13.3.3 周（控制期）质量偏差原因分析及处理

周（控制期）质量偏差原因分析及处理的主要内容见表 13-5。

表 13-5 周（控制期）质量偏差原因分析及处理

单位工程名称： 编制时间：

控制期	第 周（期）		年 月 日至 年 月 日						
工作名称		质量偏差原因	整改对策措施	整改负责人	整改完成日期	检查人	整改结果	整改实际完成日期	备注
核心工作	核心工作 1								
	⋮								
	核心工作 j								
	⋮								
	核心工作 m								
非核心工作	非核心工作 1								
	⋮								

编制：

校对：

13.3.4　月（季）实际质量统计

月（季）实际质量统计的主要内容见表 13-6。

表 13-6　月（季）实际质量统计

单位工程名称：　　　　　　　　　　　　　　　　编制时间：

质量统计期		第　月（季）			自　年　月　日至　年　月　日			
任务名称		本统计期内各控制期质量实际值					本统计期质量实际值	备注
		第 i 期	第 i+1 期	…	第 j−1 期	第 j 期		
单位工程								
核心工作	核心工作 1							
	⋮							
	核心工作 j							
	⋮							
	核心工作 m							
非核心工作	非核心工作 1	常规方法控制						
	⋮							

编制：
校对：

13.3.5　质量控制完工总结与后评价

工程质量控制完工总结与后评价的主要内容见表 13-7。

表 13-7　工程质量控制完工总结与后评价

单位工程名称：　　　　　　　　　　　　　　　　编制时间：

任务名称		质量目标值	质量实际值	质量偏差	质量偏差率	备注
单位工程						
核心工作	核心工作 1					
	⋮					
	核心工作 j					
	⋮					
	核心工作 m					
质量控制总结						

编制：
校对：

13.4　质量控制图

根据控制期质量计划与控制数据可绘制单位工程质量控制图和核心工作质量控制图。这部分内容同前，不再赘述。

13.5　质量与相关变量关系图

根据控制期质量数据及前述进度、成本控制数据，可绘制质量与工程施工生产能力、质量与成本关系图。这些数据资料的积累能为今后的施工管理提供借鉴帮助。

13.5.1　工程施工生产能力与质量关系图

根据控制期质量数据及进度控制数据，可得到统计表 13-8。

表 13-8　工程施工生产能力与质量数据统计表

核心工作名称：　　　　　　　　　　　　　　　　统计日期：

控制期	1	2	…	*i*	…	*n*-1	*n*
实际施工生产能力							
实际质量							

统计：
校对：

根据表 13-8 中的数据即可得到工程施工生产能力与质量关系图。

13.5.2　质量与成本关系图

（1）单位工程成本与质量关系图　根据控制期质量数据及成本控制数据，可得到单位工程数据统计表 13-9。

表 13-9　单位工程成本与质量数据统计表

单位工程名称：　　　　　　　　　　　　　　　　统计日期：

控制期	1	2	…	*i*	…	*n*-1	*n*
实际质量							
实际成本							

统计：
校对：

根据表 13-9 中的数据即可得到单位工程成本与质量关系图。

（2）核心工作成本与质量关系图　根据控制期质量数据及成本控制数据，可得到核心工作数据统计表 13-10。

表 13-10 核心工作成本与质量数据统计表

核心工作名称： 统计日期：

控制期	1	2	…	i	…	n-1	n
实际质量							
实际成本							

统计：
校对：

根据表 13-10 中的数据即可得到核心工作成本与质量关系图。

第14章 工程施工综合控制

由于进度、质量、成本目标之间存在相互影响、相互制约的关系，工程施工需要实行统筹考虑、综合平衡、综合控制的管理策略。把进度、质量、成本控制中的主要数据汇集在一起，有利于数据的观察、分析、判断，有利于全面掌握工程施工状况，有利于制定合理的、多目标之间平衡的对策和改进措施，进而到达综合控制效果。

在施工中，进度、质量、成本参数值的变化会导致目标结构的改变，不同时期的进度、质量、成本参数值决定了不同时期目标实现状况。在一定时期内，适时分析进度、质量、成本参数值，绘制目标参数结构图，不仅可掌握工程施工在这一时期的目标实现状况，而且可在一定程度上预估目标参数值未来的变化方向和趋势，判定变化方向和变化趋势的利弊，当变化方向和变化趋势不利于最终目标实现时，及时制定对策和措施，调整方向，改变不利局面。

14.1 工程施工综合控制概念

工程施工综合控制指在工程施工中的一定时期（综合控制期）内，利用矩阵和结构图等控制手段，对工程施工进度、质量、成本进行统筹的、全面的监测、分析、计算、比较，制定综合的对策和措施，实施持续的综合改进的一系列活动。

工程施工综合控制主要包括单位工程（单项工程、工程子项目、工程项目）SCQ 向量、XUTCQ 矩阵控制、核心工作 xutcq 向量控制和单位工程（单项工程、工程子项目、工程项目）目标结构图控制。为便于阐述，下面仅以单位工程为例作介绍。

SCQ 向量，即由进度值、成本值、质量值及相关值组成的单行多列数表。

XUTCQ 矩阵，即由工程施工生产能力值、工程量值、有效作业时间值、成本值、质量值及相关值组成的多行、多列数表。

Xutcq 向量，即由工程施工生产能力值、工程量值、有效作业时间值、成本值、质量值及相关值组成的单行多列数表。

14.2 工程施工综合控制期

工程施工综合控制期不同于前述进度、成本、质量控制期。通常，工程施工综合控制期比前述进度、成本、质量控制期要长，一般情况，时长以季或月为宜，且为进度、成本、质量控制期时长的整数倍。相对于前述控制期 $i(n)$，工程施工综合控制期期数以 $j(m)$ 表示，即第 j 期，共 m 期。

工程施工综合控制期，进度、成本、质量控制期，施工时间轴的关系如图 14-1 所示。图 14-1 表明，第 j 个工程施工综合控制期包含 i，$i+1$，…，$i+r$ 个进度、成本、质量控制期。

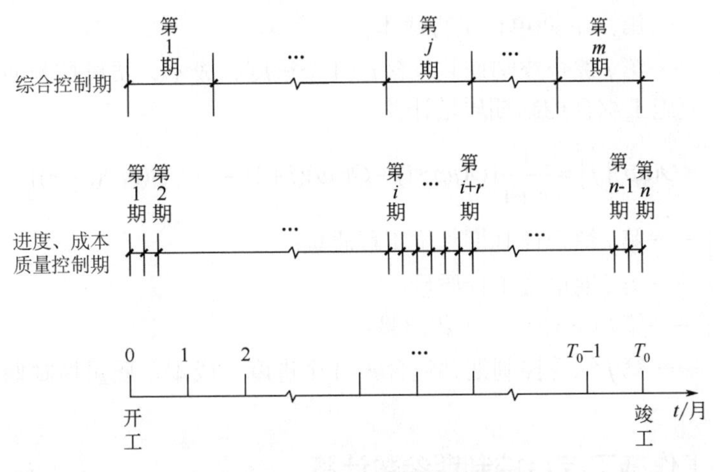

图 14-1 工程施工综合控制期示意

14.3 工程施工综合控制期参数计算

14.3.1 工程施工综合控制期参数表示

工程施工综合控制期参数的表示方法与进度、成本、质量控制期的表示方法类似，二者区别在于进度、成本、质量控制期以圆括号表示，综合控制期以方括号表示。例如，$S(up)[j]$ 表示第 j 综合控制期单位工程进度，$x(w_v)[j]$ 表示第 j 综合控制期第 v 项核心工作施工生产能力。

此外，变量计划值、实际值、偏差、偏差率的表示与前述方法一致，前述方法同样适用于工程施工综合控制期参数表示，代号及位置均不变。例如，$S^a(up)[j]$ 表示第 j 综合控制期单位工程实际进度，$x^p(w_v)[j]$ 表示第 j 综合控制期第 v 项核心工作计划施工生产能力。$\Delta C(up)[j]$ 表示第 j 综合控制期单位工程成本偏差，$\Delta q(w_v)\%[j]$ 表示第 j 综合控制期第 v 项核心工作质量偏差率。

14.3.2 单位工程施工综合控制期参数计算

（1）单位工程施工综合控制期进度计算　以图 14-1 为例。

$$S(up)[j] = S(up)(i) + S(up)(i+1) + \cdots + S(up)(i+r)$$

式中　$S(up)[j]$ ——第 j 综合控制期单位工程进度；

$S(up)(i)$ ——第 i 期单位工程进度；

$S(up)(i+r)$ ——第 $i+r$ 期单位工程进度；

r ——第 j 综合控制期共包含 $r+1$ 个进度、成本、质量控制期。

（2）单位工程施工综合控制期成本计算

$$C(up)[j] = C(up)(i) + C(up)(i+1) + \cdots + C(up)(i+r)$$

式中 $C(up)[j]$——第 j 综合控制期单位工程成本；

$C(up)(i)$——第 i 期单位工程成本；

$C(up)(i+r)$——第 $i+r$ 期单位工程成本；

r——第 j 综合控制期共包含 $r+1$ 个进度、成本、质量控制期。

（3）单位工程施工综合控制期质量计算

$$Q(up)[j]=\frac{1}{r+1}[Q(up)(i)+Q(up)(i+1)+\cdots+Q(up)(i+r)]$$

式中 $Q(up)[j]$——第 j 综合控制期单位工程质量；

$Q(up)(i)$——第 i 期单位工程质量；

$Q(up)(i+r)$——第 $i+r$ 期单位工程质量；

r——第 j 综合控制期共包含 $r+1$ 个进度、成本、质量控制期。

14.3.3 核心工作施工综合控制期参数计算

（1）核心工作综合控制期施工生产能力计算　仍以图 14-1 为例。

$$x(w_v)[j]=\frac{1}{r+1}[x(w_v)(i)+x(w_v)(i+1)+\cdots+x(w_v)(i+r)]$$

式中 $x(w_v)[j]$——第 j 综合控制期第 v 项核心工作施工生产能力；

$x(w_v)(i)$——第 i 期第 v 项核心工作施工生产能力；

$x(w_v)(i+r)$——第 $i+r$ 期第 v 项核心工作施工生产能力；

r——第 j 综合控制期共包含 $r+1$ 个进度、成本、质量控制期。

（2）核心工作综合控制期工程量计算

$$u(w_v)[j]=u(w_v)(i)+u(w_v)(i+1)+\cdots+u(w_v)(i+r)$$

式中 $u(w_v)[j]$——第 j 综合控制期第 v 项核心工作工程量；

$u(w_v)(i)$——第 i 期第 v 项核心工作工程量；

$u(w_v)(i+r)$——第 $i+r$ 期第 v 项核心工作工程量；

r——第 j 综合控制期共包含 $r+1$ 个进度、成本、质量控制期。

（3）核心工作综合控制期有效作业时间计算　核心工作综合控制期有效作业时间以 $t_{\mathrm{eff}}(w_v)[j]$ 表示，在不会产生混淆时简记为 $t(w_v)[j]$，相应地，进度、成本、质量控制期核心工作期有效作业时间在不会产生混淆时简记为 $t(w_v)(i)$。

$$t(w_v)[j]=t(w_v)(i)+t(w_v)(i+1)+\cdots+t(w_v)(i+r)$$

式中 $t(w_v)[j]$——第 j 综合控制期第 v 项核心工作有效作业时间；

$t(w_v)(i)$——第 i 期第 v 项核心工作有效作业时间；

$t(w_v)(i+r)$——第 $i+r$ 期第 v 项核心工作有效作业时间；

r——第 j 综合控制期共包含 $r+1$ 个进度、成本、质量控制期。

（4）核心工作综合控制期成本计算

$$c(w_v)[j]=\frac{1}{r+1}[c(w_v)(i)+c(w_v)(i+1)+\cdots+c(w_v)(i+r)]$$

式中 $c(w_v)[j]$ ——第 j 综合控制期第 v 项核心工作单位成本；

$c(w_v)(i)$ ——第 i 期第 v 项核心工作单位成本；

$c(w_v)(i+r)$ ——第 $i+r$ 期第 v 项核心工作单位成本；

r ——第 j 综合控制期共包含 $r+1$ 个进度、成本、质量控制期。

（5）核心工作综合控制期质量计算

$$q(w_v)[j]=\frac{1}{r+1}[q(w_v)(i)+q(w_v)(i+1)+\cdots+q(w_v)(i+r)]$$

式中 $q(w_v)[j]$ ——第 j 综合控制期第 v 项核心工作单位成本；

$q(w_v)(i)$ ——第 i 期第 v 项核心工作单位成本；

$q(w_v)(i+r)$ ——第 $i+r$ 期第 v 项核心工作单位成本；

r ——第 j 综合控制期共包含 $r+1$ 个进度、成本、质量控制期。

14.4 单位工程施工综合控制——SCQ、XUTCQ 矩阵控制的基本内容

单位工程施工综合控制——SCQ、XUTCQ 矩阵控制的主要内容包括单位工程 SCQ、XUTCQ 基础数据，SCQ、XUTCQ 偏差计算，工程施工存在的问题及处理，综合控制总结与评价。

14.4.1 单位工程 SCQ、XUTCQ 基础数据

单位工程 SCQ 基础数据见表 14-1，单位工程 XUTCQ 基础数据见表 14-2。

表 14-1　单位工程 SCQ 基础数据

单位工程名称：　　　　　　　　　　　　　　　　编制时间：

综合控制期	第　季（期）		年　月　日至　年　月　日			
包含的进度、成本、质量控制期						
本期计划值			本期实际值			备注
$S^p(up)[j]$	$C^p(up)[j]$	$Q^p(up)[j]$	$S^a(up)[j]$	$C^a(up)[j]$	$Q^a(up)[j]$	

编制：
校对：

表 14-2　单位工程 XUTCQ 基础数据

单位工程名称：　　　　　　　　　　　　　　　　编制时间：

综合控　制期	第　季（期）	年　月　日至　　年　月　日
包含的进度、成本、质量控制期		

续表

任务名称		计量单位	本期计划值					本期实际值					备注
			$x^p[j]$	$u^p[j]$	$t^p[j]$	$c^p[j]$	$q^p[j]$	$x^a[j]$	$u^a[j]$	$t^a[j]$	$c^a[j]$	$q^a[j]$	
核心工作	核心工作1												
	⋮												
	核心工作 v												
	⋮												
	核心工作 r												

编制：

校对：

14.4.2 单位工程 SCQ、 XUTCQ 偏差计算

单位工程 SCQ 偏差计算见表 14-3、 XUTCQ 偏差计算见表 14-4。

表 14-3　单位工程 SCQ 偏差计算

单位工程名称：　　　　　　　　　　　　　　编制时间：

综合控制期	第　季（期）		年　月　日至　　年　月　日			
本期偏差			本期偏差率			备注
$\Delta S(up)[j]$	$\Delta C(up)[j]$	$\Delta Q(up)[j]$	$\Delta S(up)\%[j]$	$\Delta C(up)\%[j]$	$\Delta Q(up)\%[j]$	

编制：

校对：

表 14-4　单位工程 XUTCQ 偏差计算

单位工程名称：　　　　　　　　　　　　　　编制时间：

综合控制期			第　季（期）		年　月　日至　　年　月　日								
任务名称		计量单位	本期偏差					本期偏差率					备注
			$\Delta x[j]$	$\Delta u[j]$	$\Delta t[j]$	$\Delta c[j]$	$\Delta q[j]$	$\Delta x\%[j]$	$\Delta u\%[j]$	$\Delta t\%[j]$	$\Delta c\%[j]$	$\Delta q\%[j]$	
核心工作	核心工作1												
	⋮												

续表

任务名称		计量单位	本期偏差					本期偏差率					备注
			$\Delta x[j]$	$\Delta u[j]$	$\Delta t[j]$	$\Delta c[j]$	$\Delta q[j]$	$\Delta x\%[j]$	$\Delta u\%[j]$	$\Delta t\%[j]$	$\Delta c\%[j]$	$\Delta q\%[j]$	
核心工作	核心工作 v												
	⋮												
	核心工作 r												

编制：

校对：

14.4.3 工程施工存在的问题及处理

单位工程施工存在的问题及处理的基本内容见表 14-5，核心工作施工存在的问题及处理的基本内容见表 14-6。

表 14-5　单位工程施工存在的问题及处理

单位工程名称：　　　　　　　　　　　　　　编制时间：

综合控制期	第　季（期）	年　月　日至　年　月　日
本期单位工程施工存在的主要问题		
原因分析		
主要解决办法和改进措施		

编制：

校对：

表 14-6　核心工作施工存在的问题及处理

单位工程名称：　　　　　　　　　　　　　　编制时间：

综合控制期	第　季（期）		年　月　日至　年　月　日							
工作名称		施工存在的主要问题	原因分析	整改对策措施	整改负责人	整改完成日期	检查人	整改结果	整改实际完成日期	备注
核心工作	核心工作 1									
	⋮									
	核心工作 v									
	⋮									
	核心工作 r									

编制：

校对：

14.4.4 工程施工综合控制总结与评价

单位工程施工综合控制总结与评价内容见表 14-7。核心工作施工综合控制总结与评价内容见表 14-8。

表 14-7 单位工程施工综合控制总结与评价

单位工程名称：　　　　　　　　　　　　　　编制时间：

任务名称	计划			实际			偏差			偏差率			备注
	工期	成本	质量	工期	成本	质量	工期	成本	质量	工期	成本	质量	
单位工程													
单位工程施工综合控制总结													

编制：
校对：

表 14-8 核心工作施工综合控制总结与评价

单位工程名称：　　　　　　　　　　　　　　编制时间：

任务名称		计划			实际			偏差			偏差率			备注
		工程施工生产能力	成本	质量	工程施工生产能力	成本	质量	工程施工生产能力	成本	质量	工程施工生产能力	成本	质量	
核心工作	核心工作 1													
	⋮													
	核心工作 v													
	⋮													
	核心工作 r													
施工综合控制总结														

编制：
校对：

14.5 单位工程目标结构图控制的基本内容

单位工程目标结构图控制的基本内容包括单位工程目标结构图绘制、单位工程综合控制期目标参数结构图绘制、综合控制期目标参数结构图与目标结构图的比较分析、单位工程完工（竣工）目标参数结构图绘制、单位工程完工（竣工）目标参数结构图与目标结构图的比较分析与总结。

14.5.1 单位工程目标结构图绘制

单位工程目标结构图绘制包含三大步骤：①确定目标圆半径；②确定圆心距；③绘图。

单位工程目标结构图是工程施工纲领性计划，应在开工前完成。

（1）确定目标圆半径 r_1、r_2、r_3　见表 14-9。

表 14-9　确定目标圆半径 r_1、r_2、r_3

单位工程名称：　　　　　　　　　　　　　　　　编制时间：

目标	合同值	计划值	基准值	基准值目标重要性权重	计划值目标重要性权重	r_1	r_2	r_3	备注
工期				33.33%					
质量				33.33%					
成本				33.33%					

编制：

校对：

（2）确定目标圆圆心距 b、c、d　在既定目标下，结合企业实际情况、项目实际情况，做工程施工 swot 分析。swot 分析的基本内容见图 14-2。

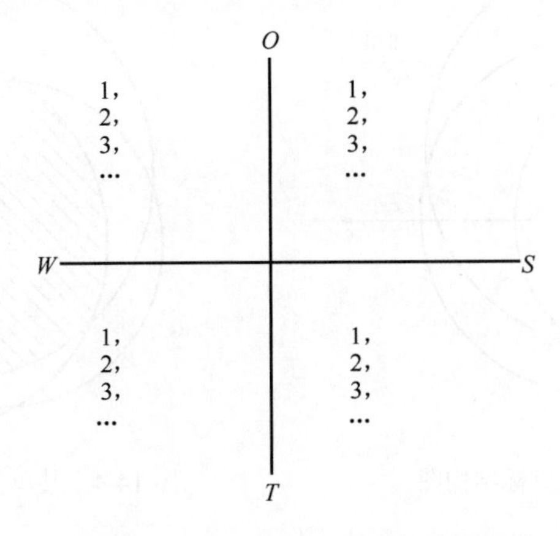

图 14-2　工程施工 swot 分析图

在 swot 分析的基础上，进一步分析各项目标实现的有利条件、不利条件以及目标之间的相容与对立情况，确定目标难度角取值，基本内容见表 14-10。

表 14-10　目标难度角取值 φ_1、φ_2、φ_3

单位工程名称：　　　　　　　　　　　　　　　　编制时间：

目标	目标实现的有利条件	目标实现面临的困难	困难程度	难度角取值			备注
				工期与质量 φ_1	工期与成本 φ_2	质量与成本 φ_3	
工期							
质量							
成本							

编制：

校对：

已知r_1、r_2、r_3、φ_1、φ_2、φ_3，即可计算b、c、d，见表 14-11。

表 14-11　确定目标圆圆心距 b、c、d

单位工程名称：　　　　　　　　　　　　　　　　　　编制时间：

目标圆半径			目标难度角			目标圆圆心距			备注
r_1	r_2	r_3	φ_1	φ_2	φ_3	b	c	d	

编制：
校对：

（3）绘图并计算指标　根据r_1、r_2、r_3、b、c、d绘制目标结构图，见图 14-3；根据目标结构图得到单位工程施工三重因素图见图 14-4；单位工程施工双重因素图见图 14-5；单位工程施工单一因素图见图 14-6。

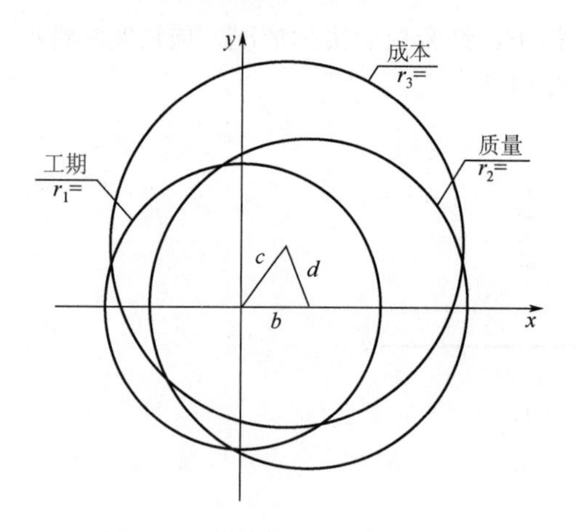

图 14-3　某单位工程目标结构图

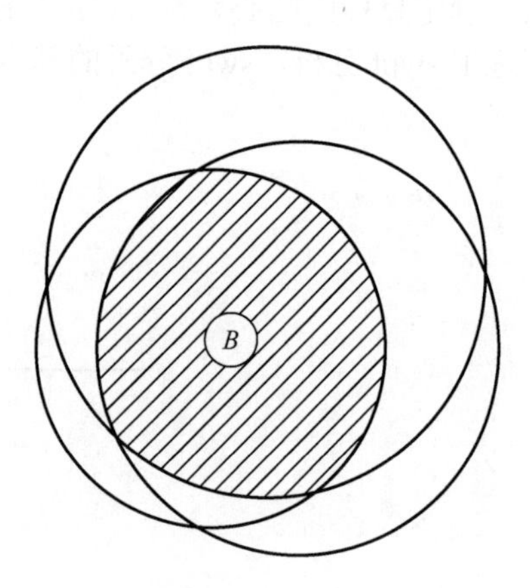

图 14-4　某单位工程施工三重因素图

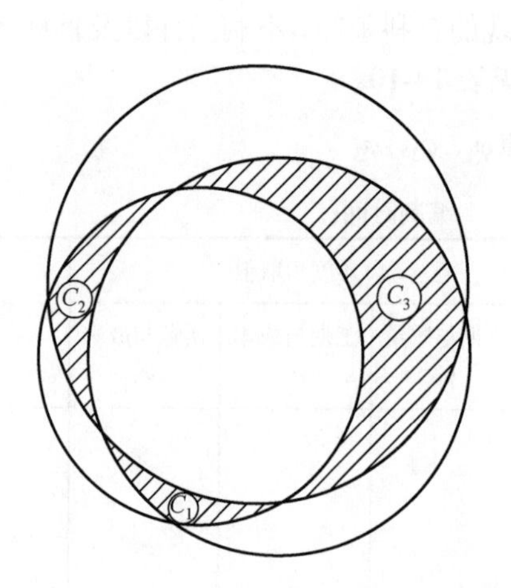

图 14-5　某单位工程施工双重因素图

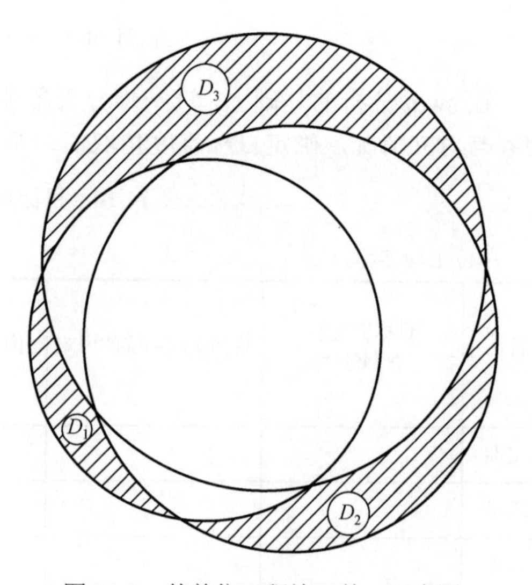

图 14-6　某单位工程施工单一因素图

目标分散度及目标结构图指标计算见表 14-12。

表 14-12　目标分散度及目标结构图指标计算

单位工程名称：　　　　　　　　　　　　　　　　　编制时间：

目标圆面积			三重因素面积 B	双重因素面积			单一因素面积			目标分散度 dp	备注
A_1	A_2	A_3		C_1	C_2	C_3	D_1	D_2	D_3		

编制：

校对：

14.5.2　单位工程综合控制期目标参数结构图绘制

单位工程综合控制期目标参数结构图指根据单位工程在施工中的一定时期（综合控制期）内的实际目标参数值绘制的结构图。该图反映目标参数的实际结构情况。

单位工程综合控制期目标参数结构图绘制也分三大步骤：①确定目标圆半径 r_1、r_2、r_3；②确定圆心距 b、c、d；③绘图。

（1）确定综合控制期目标参数结构图目标圆半径 $r_1[j]$、$r_2[j]$、$r_3[j]$　综合控制期目标参数结构图半径 $r_1[j]$、$r_2[j]$、$r_3[j]$ 的计算见表 14-13。

表 14-13　综合控制期目标参数结构图目标圆半径 $r_1[j]$、$r_2[j]$、$r_3[j]$ 计算

单位工程名称：　　　　　　　　　　　　　　　　　编制时间：

综合控制期	第　季（期）		年 月 日至　　年 月 日					
目标	实际值	基准值	基准值目标重要性权重	实际值目标重要性权重	$r_1[j]$	$r_2[j]$	$r_3[j]$	备注
工期			33.33%					
质量			33.33%					
成本			33.33%					

编制：

校对：

$$工期实际值=综合控制期时长=\frac{T^0}{m}$$

$$质量实际值=Q^a(up)[j]$$

$$成本实际值=C^a(up)[j]$$

$$工期基准值=\frac{T_0^0}{m}$$

$$质量基准值=Q_0^0$$

$$成本基准值=S^P(up)[j]\times C_0^0$$

（2）确定综合控制期目标参数结构图目标圆圆心距 $b[j]$、$c[j]$、$d[j]$　综合控制期目标参数结构图目标圆圆心距 b、c、d 的计算见表 14-14。

表 14-14　综合控制期目标参数结构图目标圆圆心距 *b*、*c*、*d* 计算

单位工程名称：　　　　　　　　　　　　　　　　　编制时间：

综合控制期			第　季（期）			年 月 日至　年 月 日			
目标圆半径			目标难度角			目标圆圆心距			备注
$r_1[j]$	$r_2[j]$	$r_3[j]$	$\varphi_1[j]$	$\varphi_2[j]$	$\varphi_3[j]$	$b[j]$	$c[j]$	$d[j]$	

编制：

校对：

表 14-14 中控制期难度角按以下公式计算：

$$\varphi_1[j]=\varphi_1-\frac{\Delta S\%[j]+\Delta Q\%[j]}{2}(\pi-\varphi_1)$$

$$\varphi_2[j]=\varphi_2-\frac{\Delta S\%[j]+\Delta C\%[j]}{2}(\pi-\varphi_2)$$

$$\varphi_3[j]=\varphi_3-\frac{\Delta Q\%[j]+\Delta C\%[j]}{2}(\pi-\varphi_3)$$

（3）绘图并计算指标　绘图方法与目标结构图完全相同，指标计算见表 14-15。

表 14-15　综合控制期结构图目标分散度及指标计算

单位工程名称：　　　　　　　　　　　　　　　　　编制时间：

综合控制期			第　季（期）				年 月 日至　年 月 日				
目标圆面积			三重因素面积 $B[j]$	双重因素面积			单因素面积			目标分散度 $dp[j]$	备注
$A_1[j]$	$A_2[j]$	$A_3[j]$		$C_1[j]$	$C_2[j]$	$C_3[j]$	$D_1[j]$	$D_2[j]$	$D_3[j]$		

编制：

校对：

14.5.3　单位工程综合控制期目标参数结构图与目标结构图的比较与分析

单位工程综合控制期目标参数结构图与目标结构图的比较与分析的主要内容见表 14-16。

表 14-16　综合控制期目标参数结构图与目标结构图的比较与分析

单位工程名称：　　　　　　　　　　　　　　　　　编制时间：

综合控制期	第　季（期）				年 月 日至　年 月 日							
项目名称	目标圆面积			三重因素面积 B	双重因素面积			单因素面积			目标分散度 dp	备注
	A_1	A_2	A_3		C_1	C_2	C_3	D_1	D_2	D_3		
目标结构图												
本期目标参数结构图												
指标变化												
目标重要性权重变化分析结论												

续表

综合控制期	第　季（期）				年 月 日至　年 月 日							
项目名称	目标圆面积			三重因素面积 B	双重因素面积			单因素面积			目标分散度 dp	备注
	A_1	A_2	A_3		C_1	C_2	C_3	D_1	D_2	D_3		
因素面积变化分析结论												
目标分散度变化分析结论												
本期存在的问题												
下期应解决的主要问题												
解决办法及措施												

编制：
校对：

14.5.4　单位工程完工（竣工）目标参数结构图绘制

（1）确定完工（竣工）目标参数结构图目标圆半径 $r_1[1\sim m]$、$r_2[1\sim m]$、$r_3[1\sim m]$　见表 14-17。

表 14-17　确定完工（竣工）目标参数结构图目标圆半径 $r_1[1\sim m]$、$r_2[1\sim m]$、$r_3[1\sim m]$

单位工程名称：　　　　　　　　　　　　　编制时间：

目标	完工实际值	基准值	基准值目标重要性权重	实际值目标重要性权重	$r_1[1\sim m]$	$r_2[1\sim m]$	$r_3[1\sim m]$	备注
工期			33.33%					
质量			33.33%					
成本			33.33%					

编制：
校对：

（2）确定完工（竣工）目标参数结构图目标圆圆心距 $b[1\sim m]$、$c[1\sim m]$、$d[1\sim m]$　见表 14-18。

表 14-18　完工（竣工）目标参数结构图目标圆圆心距 $b[1\sim m]$、$c[1\sim m]$、$d[1\sim m]$ 的计算

单位工程名称：　　　　　　　　　　　　　编制时间：

目标圆半径			目标难度角			目标圆圆心距			备注
$r_1[1\sim m]$	$r_2[1\sim m]$	$r_3[1\sim m]$	$\varphi_1[1\sim m]$	$\varphi_2[1\sim m]$	$\varphi_3[1\sim m]$	$b[1\sim m]$	$c[1\sim m]$	$d[1\sim m]$	

编制：
校对：

表 14-18 中控制期难度角按以下公式计算：

$$\varphi_1[1\sim m]=\varphi_1-\frac{\Delta S\%[1\sim m]+\Delta Q\%[1\sim m]}{2}(\pi-\varphi_1)$$

$$\varphi_2[1\sim m]=\varphi_2-\frac{\Delta S\%[1\sim m]+\Delta Q\%[1\sim m]}{2}(\pi-\varphi_2)$$

$$\varphi_3[1\text{~}m] = \varphi_3 - \frac{\Delta Q\%[1\text{~}m] + \Delta C\%[1\text{~}m]}{2}(\pi - \varphi_3)$$

（3）绘图并计算指标　绘图方法与目标结构图完全相同，指标计算见表 14-19。

表 14-19　完工（竣工）目标参数结构图目标分散度及指标计算

单位工程名称：　　　　　　　　　　　　　　　　　　编制时间：

目标圆面积			三重因素面积 B	双重因素面积			单因素面积			目标分散度 dp	备注
A_1	A_2	A_3		C_1	C_2	C_3	D_1	D_2	D_3		

编制：

校对：

14.5.5 单位工程完工（竣工）目标参数结构图与目标结构图的比较分析与总结

单位工程完工（竣工）目标参数结构图与目标结构图的比较分析与总结的基本内容见表 14-20。

表 14-20　完工（竣工）目标参数结构图与目标结构图的比较与分析

单位工程名称：　　　　　　　　　　　　　　　　　　编制时间：

项目名称	目标圆面积			三重因素面积 B	双重因素面积			单因素面积			目标分散度 dp	备注
	A_1	A_2	A_3		C_1	C_2	C_3	D_1	D_2	D_3		
目标结构图												
完工目标参数结构图												
指标变化												
目标重要性权重变化分析结论												
因素面积变化分析结论												
目标分散度变化分析结论												
目标结构图控制总结												

编制：

校对：

附录A

成本函数法则及表达

附表 A-1 成本函数法则及其表达式

序号	法则名称	法则代号	表达式	备注
1	规模经济法则	$y_1(f_1)$	$f_1(x)=a_1x^{-\frac{m_1}{n_1}}+b_1x^{-\frac{m_1}{n_1}}+c_{01}$	
2	规模不经济法则	$y_3(f_3)$	$f_3(x)=a_3x^{\frac{1}{n_3}}+b_3x^{\frac{1}{n_3}}+c_{03}$	
3	机利法则	$y_5(f_5)$	$f_5(x)=a_5x^{\frac{1}{n_5}}+b_5x^{-\lambda n_5}+c_{05}$	
4	超越 x 约束上限线性增长法则	$y_6(f_6)$	$f_6(x)=f(x_{ul})+v(x-x_{ul})$	
5	周转材料成本规模经济法则	$y_7(f_7)$	$f_7(x)=c_7x^{-\frac{m_7}{n_7}}$	
6	周转材料成本规模不经济法则	$y_8(f_8)$	$f_8(x)=c_8x^{\frac{1}{n_8}}$	
7	较大项目材料价格法则	$y_9(f_9)$	$f_9(x)=c_9x^{\frac{1}{n_9}}$	
8	资源配置确定不变的反比例递减法则（一）	$y_{10}(f_{10})$	$f_{10}(x)=\begin{cases}c(x_r)-(x-x_r)\dfrac{c(x_r)-c_{\mathrm{cl}}-c_{\mathrm{rg}}-(0.6\sim0.8)c_{\mathrm{jx}}}{x} & x<x_r\\ c(x_r)-(x-x_r)\dfrac{c(x_r)-c_{\mathrm{cl}}}{x} & x\geqslant x_r\end{cases}$	
9	资源配置确定不变的反比例递减法则（二）	$y_{11}(f_{11})$	$f_{11}(x)=\begin{cases}c(x_r)-(x-x_r)\dfrac{c(x_r)-c_{\mathrm{rg}}-(0.6\sim0.8)(c_{\mathrm{jx}}+c_{\mathrm{cl}})}{x} & x<x_r\\ c(x_r)-(x-x_r)\dfrac{c(x_r)}{x} & x\geqslant x_r\end{cases}$	
10	资源配置确定不变的反比例递减法则（三）	$y_{12}(f_{12})$	$f_{12}(x)=c(x_r)-(x-x_r)\dfrac{c(x_r)-c_{\mathrm{cl}}}{x}$	
11	资源配置确定不变的反比例递减法则（四）	$y_{13}(f_{13})$	$f_{13}(x)=c(x_r)-(x-x_r)\dfrac{c(x_r)}{x}$	

附表 A-2　成本函数法则条件

序号	法则名称	法则　代号	法则条件	备注
1	规模经济法则	$y_1(f_1)$	$x \geqslant 1$ $a_1>0$，$b_1>0$，$c_{01}>0$(a_1、b_1、c_{01}为常数) $n_1>1$，$m_1<n_1$ (n_1、$m_1 \in N$)	
2	规模不经济法则	$y_3(f_3)$	$x \geqslant 1$ $a_3>0$，$b_3>0$，$c_{03}>0$(a_3、b_3、c_{03}为常数) $n_3>1$ ($n_3 \in N$)	
3	机利法则	$y_5(f_5)$	$x \geqslant 1$ $a_5>0$，$b_5>0$，$\lambda>0$，$c_{05}>0$(a_5、b_5、λ、c_{05}为常数) $n_5>1$ ($n_5 \in N$) $\lambda n_5<1$	
4	超越 x 约束上限线性增长法则	$y_6(f_6)$	$x>x_{ul}$ $v>0$(v为常数)	
5	单价措施项目材料成本规模经济法则	$y_7(f_7)$	$x \geqslant 1$ $c_7>0$(c_7为常数) $n_7>1$，$m_7<n_7$ (n_7、$m_7 \in N$) 此法则不计常数项，常数项计入主法则	
6	单价措施项目材料成本规模不经济法则	$y_8(f_8)$	$x \geqslant 1$ $c_8>0$，(c_8为常数) $n_8>1$，($n_8 \in N$) 此法则不计常数项，常数项计入主法则。	
7	较大项目材料价格法则	$y_9(f_9)$	$x \geqslant 1$； $c_9>0$(c_9为常数) $n_9>1$ ($n_9 \in N$) 此法则不计常数项，常数项计入主法则	
8	资源配置确定不变的反比例递减法则（一）	$y_{10}(f_{10})$	资源配置确定且不变 施工作业区域受限 分部分项工程成本	
9	资源配置确定不变的反比例递减法则（二）	$y_{11}(f_{11})$	资源配置确定且不变 施工作业区域受限 单价措施项目成本	
10	资源配置确定不变的反比例递减法则（三）	$y_{12}(f_{12})$	资源配置确定且不变 非施工作业区域受限 分部分项工程成本	
11	资源配置确定不变的反比例递减法则（四）	$y_{13}(f_{13})$	资源配置确定且不变 非施工作业区域受限 单价措施项目成本	

附表 A-3　成本函数法则作用对象及作用区间

序号	法则名称	法则代号	法则作用对象	法则作用区间	备注
1	规模经济法则	$y_1(f_1)$	人工成本、机械成本	$[1, x_u]$	
2	规模不经济法则	$y_3(f_3)$	人工成本、机械成本	$(x_u, +\infty)$	
3	机利法则	$y_5(f_5)$	人工成本、机械成本	$[1, x_d]$	
4	超越 x 约束上限线性增长法则	$y_6(f_6)$	人工成本、机械成本、周转材料成本	$(x_{ul}, +\infty)$	
5	单价措施项目材料成本规模经济法则	$y_7(f_7)$	周转材料成本	$[1, x_u]$	
6	单价措施项目材料成本规模不经济法则	$y_8(f_8)$	周转材料成本	$(x_u, +\infty)$	

续表

序号	法则名称	法则代号	法则作用对象	法则作用区间	备注
7	较大项目材料价格法则	$y_9(f_9)$	地方材料成本	$[1, +\infty]$	
8	资源配置确定不变的反比例递减法则（一）	$y_{10}(f_{10})$	除材料、人工外的全部成本	$(x_r-\delta, x_r+\delta)$	
9	资源配置确定不变的反比例递减法则（二）	$y_{11}(f_{11})$	除人工外的全部成本	$(x_r-\delta, x_r+\delta)$	
10	资源配置确定不变的反比例递减法则（三）	$y_{12}(f_{12})$	除材料外的全部成本	$(x_r-\delta, x_r+\delta)$	
11	资源配置确定不变的反比例递减法则（四）	$y_{13}(f_{13})$	全部成本	$(x_r-\delta, x_r+\delta)$	

附表 A-4　人机组合施工的分部分项工程成本函数法则组合

序号	x 排序	区间	法则组合	备注
1	$x_d<x_u<x_{ul}$	$[1, x_d]$	f_5+f_1	
		$(x_d, x_u]$	f_1	
		$(x_u, x_{ul}]$	f_3	
		$(x_{ul}, +\infty)$	f_6	
2	$x_u<x_d<x_{ul}$	$[1, x_u]$	f_5+f_1	
		$(x_u, x_d]$	f_5+f_3	
		$(x_d, x_{ul}]$	f_3	
		$(x_{ul}, +\infty)$	f_6	
3	$x_u<x_{ul}<x_d$	$[1, x_u]$	f_5+f_1	
		$(x_u, x_{ul}]$	f_5+f_3	
		$(x_{ul}, +\infty)$	f_6	
4	$x_d<x_{ul}<x_u$	$[1, x_d]$	f_5+f_1	
		$(x_d, x_{ul}]$	f_1	
		$(x_{ul}, +\infty)$	f_6	
5	$x_{ul}<x_d<x_u$	$[1, x_{ul}]$	f_5+f_1	
		$(x_{ul}, +\infty)$	f_6	
6	$x_{ul}<x_u<x_d$	$[1, x_{ul}]$	f_5+f_1	
		$(x_{ul}, +\infty)$	f_6	

附表 A-5　人机组合施工的单价措施项目成本函数法则组合

序号	x 排序	区间	法则组合	备注
1	$x_d<x_u<x_{ul}$	$[1, x_d]$	$f_5+f_1+f_7$	
		$(x_d, x_u]$	f_1+f_7	
		$(x_u, x_{ul}]$	f_3+f_8	
		$(x_{ul}, +\infty)$	f_6	

续表

序号	x 排序	区间	法则组合	备注
2	$x_u<x_d<x_{ul}$	$[1, x_u]$	$f_5+f_1+f_7$	
		$(x_u, x_d]$	$f_5+f_3+f_8$	
		$(x_d, x_{ul}]$	f_3+f_8	
		$(x_{ul}, +\infty)$	f_6	
3	$x_u<x_{ul}<x_d$	$[1, x_u]$	$f_5+f_1+f_7$	
		$(x_u, x_{ul}]$	$f_5+f_3+f_8$	
		$(x_{ul}, +\infty)$	f_6	
4	$x_d<x_{ul}<x_u$	$[1, x_d]$	$f_5+f_1+f_7$	
		$(x_d, x_{ul}]$	f_1+f_7	
		$(x_{ul}, +\infty)$	f_6	
5	$x_{ul}<x_d<x_u$	$[1, x_{ul}]$	$f_5+f_1+f_7$	
		$(x_{ul}, +\infty)$	f_6	
6	$x_{ul}<x_u<x_d$	$[1, x_{ul}]$	$f_5+f_1+f_7$	
		$(x_{ul}, +\infty)$	f_6	

附表 A-6　全人工或全机械施工的分部分项工程成本函数法则组合

序号	x 排序	区间	法则组合	备注
1	$x_u<x_{ul}$	$[1, x_u]$	f_1	
		$(x_u, x_{ul}]$	f_3	
		$(x_{ul}, +\infty)$	f_6	
2	$x_{ul}<x_u$	$[1, x_{ul}]$	f_1	
		$(x_{ul}, +\infty)$	f_6	

附表 A-7　全人工或全机械施工的单价措施项目成本函数法则组合

序号	x 排序	区间	法则组合	备注
1	$x_u<x_{ul}$	$[1, x_u]$	f_1+f_7	
		$(x_u, x_{ul}]$	f_3+f_8	
		$(x_{ul}, +\infty)$	f_6	
2	$x_{ul}<x_u$	$[1, x_{ul}]$	f_1+f_7	
		$(x_{ul}, +\infty)$	f_6	

附表 A-8　全机械施工的分部分项工程成本函数法则组合

序号	x 排序	区间	法则组合	备注
1	$x_u<x_{ul}$	$[1, x_u]$	f_1	
		$(x_u, x_{ul}]$	f_3	
		$(x_{ul}, +\infty)$	f_6	
2	$x_{ul}<x_u$	$[1, x_{ul}]$	f_1	
		$(x_{ul}, +\infty)$	f_6	

附表 A-9 全人工施工的单价措施项目成本函数法则组合

序号	x 排序	区间	法则组合	备注
1	$x_u < x_{ul}$	$[1, x_u]$	$f_1 + f_7$	
		$(x_u, x_{ul}]$	$f_3 + f_8$	
		$(x_{ul}, +\infty)$	f_6	
2	$x_{ul} < x_u$	$[1, x_{ul}]$	$f_1 + f_7$	
		$(x_{ul}, +\infty)$	f_6	

附录 A-10 人机组合施工的分部分项工程成本函数表达

序号	x 排序	函数表达式	备注
1	$x_d < x_u < x_{ul}$	$c = f(x) = \begin{cases} a_1 x^{\frac{1}{n}} + b_1 x^{-\lambda n} + c_0 & x \in [1, x_d] \\ a_2 x^{-\frac{m_1}{n_1}} + c_{01} & x \in (x_d, x_u] \\ a_3 x^{\frac{1}{n_3}} + c_{01} & x \in (x_u, x_{ul}] \\ f(x_{ul}) + v(x - x_{ul}) & x \in (x_{ul}, +\infty) \end{cases}$	
2	$x_u < x_d < x_{ul}$	$c = f(x) = \begin{cases} a_1 x^{\frac{1}{n}} + b_1 x^{-\lambda n} + c_0 & x \in [1, x_u] \\ a_2 x^{\frac{1}{m}} + b_2 x^{-\lambda_1 m} + c_0 & x \in (x_u, x_d] \\ a_3 x^{\frac{1}{n_3}} + c_{01} & x \in (x_d, x_{ul}] \\ f(x_{ul}) + v(x - x_{ul}) & x \in (x_{ul}, +\infty) \end{cases}$	
3	$x_u < x_{ul} < x_d$	$c = f(x) = \begin{cases} a_1 x^{\frac{1}{n}} + b_1 x^{-\lambda n} + c_0 & x \in [1, x_u] \\ a_2 x^{\frac{1}{m}} + b_2 x^{-\lambda_1 m} + c_0 & x \in (x_u, x_{ul}] \\ f(x_{ul}) + v(x - x_{ul}) & x \in (x_{ul}, +\infty) \end{cases}$	
4	$x_d < x_{ul} < x_u$	$c = f(x) = \begin{cases} a_1 x^{\frac{1}{n}} + b_1 x^{-\lambda n} + c_0 & x \in [1, x_d] \\ a_2 x^{-\frac{m_1}{n_1}} + c_{01} & x \in (x_d, x_{ul}] \\ f(x_{ul}) + v(x - x_{ul}) & x \in (x_{ul}, +\infty) \end{cases}$	
5	$x_{ul} < x_d < x_u$	$c = f(x) = \begin{cases} a x^{\frac{1}{n}} + b x^{-\lambda n} + c_0 & x \in [1, x_{ul}] \\ f(x_{ul}) + v(x - x_{ul}) & x \in (x_{ul}, +\infty) \end{cases}$	
6	$x_{ul} < x_u < x_d$	$c = f(x) = \begin{cases} a x^{\frac{1}{n}} + b x^{-\lambda n} + c_0 & x \in [1, x_{ul}] \\ f(x_{ul}) + v(x - x_{ul}) & x \in (x_{ul}, +\infty) \end{cases}$	

附表 A-11 人机组合施工的单价措施项目成本函数表达

序号	x 排序	函数表达式	备注
1	$x_d < x_u < x_{ul}$	$c=f(x)=\begin{cases} a_1x^{\frac{1}{n}}+b_1x^{-\lambda n}+c_7x^{-\frac{m_7}{n_7}}+c_0 & x\in[1,\ x_d] \\ a_2x^{-\frac{m_1}{n_1}}+c_7x^{-\frac{m_7}{n_7}}+c_{01} & x\in(x_d,\ x_u] \\ a_3x^{\frac{1}{n_3}}+c_8x^{\frac{1}{n_8}}+c_{01} & x\in(x_u,\ x_{ul}] \\ f(x_{ul})+v(x-x_{ul}) & x\in(x_{ul},\ +\infty) \end{cases}$	
2	$x_u < x_d < x_{ul}$	$c=f(x)=\begin{cases} a_1x^{\frac{1}{n}}+b_1x^{-\lambda n}+c_7x^{-\frac{m_7}{n_7}}+c_0 & x\in[1,\ x_u] \\ a_2x^{\frac{1}{m}}+b_2x^{-\lambda_1 m}+c_8x^{\frac{1}{n_8}}+c_0 & x\in(x_u,\ x_d] \\ a_3x^{\frac{1}{n_3}}+c_8x^{\frac{1}{n_8}}+c_{01} & x\in(x_d,\ x_{ul}] \\ f(x_{ul})+v(x-x_{ul}) & x\in(x_{ul},\ +\infty) \end{cases}$	
3	$x_u < x_{ul} < x_d$	$c=f(x)=\begin{cases} a_1x^{\frac{1}{n}}+b_1x^{-\lambda n}+c_7x^{-\frac{m_7}{m_7}}+c_0 & x\in[1,\ x_u] \\ a_2x^{\frac{1}{m}}+b_2x^{-\lambda_1 m}+c_8x^{\frac{1}{n_8}}+c_0 & x\in(x_u,\ x_{ul}] \\ f(x_{ul})+v(x-x_{ul}) & x\in(x_{ul},\ +\infty) \end{cases}$	
4	$x_d < x_{ul} < x_u$	$c=f(x)=\begin{cases} a_1x^{\frac{1}{n}}+b_1x^{-\lambda n}+c_7x^{-\frac{m_7}{n_7}}+c_0 & x\in[1,\ x_d] \\ a_2x^{-\frac{m_1}{n_1}}+c_7x^{-\frac{m_7}{n_7}}+c_{01} & x\in(x_d,\ x_{ul}] \\ f(x_{ul})+v(x-x_{ul}) & x\in(x_{ul},\ +\infty) \end{cases}$	

附表 A-12 全人工施工的分部分项工程成本函数表达

序号	x 排序	函数表达式	备注
1	$x_u < x_{ul}$	$c=f(x)=\begin{cases} b_1x^{-\frac{m_1}{n_1}}+c_0 & x\in[1,\ x_u] \\ b_2x^{\frac{1}{n_2}}+c_0 & x\in(x_u,\ x_{ul}] \\ f(x_{ul})+v(x-x_{ul}) & x\in(x_{ul},\ +\infty) \end{cases}$	
2	$x_{ul} < x_u$	$c=f(x)=\begin{cases} bx^{-\frac{m}{n}}+c_0 & x\in[1,\ x_{ul}] \\ f(x_{ul})+v(x-x_{ul}) & x\in(x_{ul},\ +\infty) \end{cases}$	

附表 A-13 全人工施工的单价措施项目成本函数表达

序号	x 排序	函数表达式	备注
1	$x_u < x_{ul}$	$c=f(x)=\begin{cases} b_1x^{-\frac{m_1}{n_1}}+c_7x^{-\frac{m_7}{n_7}}+c_{01} & x\in[1,\ x_u] \\ b_2x^{\frac{1}{n_2}}+c_8x^{\frac{1}{n_8}}+c_{01} & x\in(x_u,\ x_{ul}] \\ f(x_{ul})+v(x-x_{ul}) & x\in(x_{ul},\ +\infty) \end{cases}$	
2	$x_{ul} < x_u$	$c=f(x)=\begin{cases} bx^{-\frac{m}{n}}+c_7x^{-\frac{m_7}{n_7}}+c_{01} & x\in[1,\ x_{ul}] \\ f(x_{ul})+v(x-x_{ul}) & x\in(x_{ul},\ +\infty) \end{cases}$	

附表 A-14 全机械施工的分部分项工程成本函数表达

序号	x 排序	函数表达式	备注
1	$x_u < x_{ul}$	$c = f(x) = \begin{cases} a_1 x^{-\frac{m_1}{n_1}} + c_0 & x \in [1,\ x_u] \\ a_2 x^{\frac{1}{n_2}} + c_0 & x \in (x_u,\ x_{ul}] \\ f(x_{ul}) + v(x - x_{ul}) & x \in (x_{ul},\ +\infty) \end{cases}$	
2	$x_{ul} < x_u$	$c = f(x) = \begin{cases} a x^{-\frac{m}{n}} + c_0 & x \in [1,\ x_{ul}] \\ f(x_{ul}) + v(x - x_{ul}) & x \in (x_{ul},\ +\infty) \end{cases}$	

附表 A-15 全机械施工的单价措施项目成本函数表达

序号	x 排序	函数表达式	备注
1	$x_u < x_{ul}$	$c = f(x) = \begin{cases} a_1 x^{-\frac{m_1}{n_1}} + c_7 x^{-\frac{m_7}{n_7}} + c_{01} & x \in [1,\ x_u] \\ a_2 x^{\frac{1}{n_2}} + c_8 x^{\frac{1}{n_8}} + c_{01} & x \in (x_u,\ x_{ul}] \\ f(x_{ul}) + v(x - x_{ul}) & x \in (x_{ul},\ +\infty) \end{cases}$	
2	$x_{ul} < x_u$	$c = f(x) = \begin{cases} a x^{-\frac{m}{n}} + c_7 x^{-\frac{m_7}{n_7}} + c_{01} & x \in [1,\ x_{ul}] \\ f(x_{ul}) + v(x - x_{ul}) & x \in (x_{ul},\ +\infty) \end{cases}$	

附录B

单代号及部分复合代号说明

序号	代号	代号名称	代号属性				备注
			①	②	③	④	
1	EP	工程项目	单	概念			
2	EC	工程子项目	单	概念			
3	sp	单项工程	单	概念			
4	up	单位工程	单	概念			
5	w	工作	单	概念			
6	w_{hx}	核心工作	复	概念			
7	w_{wl}	网络图工作	复	概念			
8	w_{qd}	工程量清单工作	复	概念			
9	r	资源	单	概念	个		
10	R	资源(集)	单	概念	群		
11	nr	非资源	单	概念			
12	rg	人工（劳动力）	单	概念			
13	jx	机械	单	概念			
14	cl	材料	单	概念			
15	a	资源消耗量	单	参数	个	数值	
16	A	资源消耗量(集)	单	参数	群	向量矩阵	
17	b	台班(工日)产量	单	参数	个	数值	
18	B	台班(工日)产量(集)	单	参数	群	向量矩阵	
19	n	资源配置数量	单	参数	个	数值	
20	N	资源配置数量	单	参数	群	向量矩阵	
21	T	工期	单	参数		数值	
22	$T(up)$	单位工程工期	复	参数		数值	

续表

序号	代号	代号名称	代号属性				备注
			①	②	③	④	
23	T^0	合同工期	复	参数		数值	
24	T^*	目标工期	复	参数		数值	
25	T^p	计划工期	复	参数		数值	
26	T^a	实际工期	复	参数		数值	
27	T_0	基准工期	复	参数		数值	
28	ΔT	工期偏差	复	参数		数值	
29	$\Delta T(up)$	单位工程工期偏差	复	参数		数值	
30	$\Delta T\%$	工期偏差率	复	参数		数值	
31	$\Delta T\%(up)$	单位工程工期偏差率	复	参数		数值	
32	t	网络图工作持续时间	单	参数	个	数值	
33	t_{eff}	核心工作有效作业时间	复	参数		数值	
34	S	进度	单	参数		数值	
35	$S(up)$	单位工程进度	复	参数		数值	
36	S_t	t 时刻进度	复	参数		数值	
37	$S(i)$	第 i 期进度	复	参数		数值	
38	$S[j]$	第 j 综合控制期进度	复	参数		数值	
39	S^p	计划进度	复	参数		数值	
40	S^a	实际进度	复	参数		数值	
41	ΔS	进度偏差	复	参数		数值	
42	$\Delta S\%$	进度偏差率	复	参数		数值	
43	$\Delta S(up)(i)$	单工程第 i 期进度偏差	复	参数		数值	
44	$\Delta S\%(up)(i)$	单位工程第 i 期进度偏差率	复	参数		数值	
45	c	（工作）单位成本	单	参数	个	数值	
46	uc	（工作）合计成本	单	参数		数值	
47	C	成本	单	参数		数值	
48	$C(up)$	单位工程成本	复	参数		数值	
49	c_r	（工作）单位资源成本	复	参数	个	数值	
50	c_{nr}	（工作）单位非资源成本	复	参数	个	数值	

续表

序号	代号	代号名称	代号属性				备注
			①	②	③	④	
51	c_{rg}	（工作）单位人工成本	复	参数	个	数值	
52	c_{jx}	（工作）单位机械成本	复	参数	个	数值	
53	c_{cl}	（工作）单位材料成本	复	参数	个	数值	
54	c^0	（工作）合同（预算）成本	复	参数	个	数值	
55	c^*	（工作）目标成本	复	参数	个	数值	
56	c^p	（工作）计划成本	复	参数	个	数值	
57	c^a	（工作）实际成本	复	参数	个	数值	
58	Δc	（工作）成本变化值	复	参数	个	数值	
59	Δc	（工作）成本偏差	复	参数	个	数值	
60	Δc_p	主要材料价格变化导致的成本变化值	复	参数	个	数值	
61	Δc_x	工程施工生产能力变化导致的成本变化值	复	参数	个	数值	
62	Δc_{wr}	主要材料施工损耗率变化导致的成本变化值	复	参数	个	数值	
63	wr	主要材料施工损耗率	单	参数	个	数值	
64	$\Delta c\%$	（工作）成本偏差率	复	参数	个	数值	
65	$C^0(up)$	单位工程合同（预算）成本	复	参数		数值	
66	$C^*(up)$	单位工程目标成本	复	参数		数值	
67	$C^p(up)$	单位工程计划成本	复	参数		数值	
68	$C^a(up)$	单位工程实际成本	复	参数		数值	
69	$\Delta C(up)$	单位工程成本偏差	复	参数		数值	
70	$\Delta C\%(up)$	单位工程成本偏差率	复	参数		数值	
71	$\Delta C(up)(i)$	单位工程第 i 期成本偏差	复	参数		数值	
72	$\Delta C\%(up)(i)$	单位工程第 i 期成本偏差率	复	参数		数值	
73	$\Delta C(up)[j]$	单位工程第 j 综合控制期成本偏差	复	参数		数值	
74	$\Delta C\%(up)[j]$	单位工程第 j 综合控制期成本偏差率	复	参数		数值	
75	q	质量	单	参数	个	数值	优良率
76	Q	质量	单	参数	群	数值	

续表

序号	代号	代号名称	代号属性				备注
			①	②	③	④	
77	$q(isp)$	检验批质量	复	参数		数值	
78	$q(w)$	分项工程质量	复	参数		数值	
79	$q(w_{hx})$	核心工作质量	复	参数		数值	
80	$Q(up)$	单位工程质量	复	参数		数值	
81	$q^p(w_{hx})$	核心工作计划质量	复	参数		数值	
82	$q^a(w_{hx})$	核心工作实际质量	复	参数		数值	
83	$Q^0(up)$	单位工程合同约定质量	复	参数		数值	
84	$Q^*(up)$	单位工程目标质量	复	参数		数值	
85	$Q^p(up)$	单位工程计划质量	复	参数		数值	
86	$Q^a(up)$	单位工程实际质量	复	参数		数值	
87	$\Delta q(w_{hx})$	核心工作质量偏差	复	参数		数值	
88	$\Delta q\%(w_{hx})$	核心工作质量偏差率	复	参数		数值	
89	$\Delta q(w_{hx})(i)$	核心工作第 i 期质量偏差	复	参数		数值	
90	$\Delta q\%(w_{hx})(i)$	核心工作第 i 期质量偏差率	复	参数		数值	
91	$\Delta Q(up)$	单位工程质量偏差	复	参数		数值	
92	$\Delta Q\%(up)$	单位工程质量偏差率	复	参数		数值	
93	$\Delta Q(up)(i)$	单位工程第 i 期质量偏差	复	参数		数值	
94	$\Delta Q\%(up)(i)$	单位工程第 i 期质量偏差率	复	参数		数值	
95	$\Delta Q(up)[j]$	单位工程第 j 综合控制期质量偏差	复	参数		数值	
96	$\Delta Q\%(up)[j]$	单位工程第 j 综合控制期质量偏差率	复	参数		数值	
97	x	核心工作施工生产能力	单	参数	个	数值	
98	X	工程施工生产能力	单	参数	群	向量矩阵	
99	$X(up)$	单位工程施工生产能力	复	参数	群	向量	
100	$\overline{x}_p$	核心工作施工生产能力均（初）值	复	参数		数值	
101	x_u	规模经济与不经济工程施工生产能力分界点	复	参数		数值	
102	x_d	人机组合施工的核心工作机利法则失效点	复	参数		数值	
103	x_{ul}	工程施工生产能力约束上限	复	参数		数值	

续表

序号	代号	代号名称	代号属性				备注
			①	②	③	④	
104	x_r	用于资源配置的施工生产能力	复	参数		数值	
105	x'_r	资源配置可实现的施工生产能力	复	参数		数值	
106	x_0	基准组合模式施工生产能力	复	参数		数值	
107	x^*	施工生产能力优解、施工生产能力目标值	复	参数		数值	
108	x^p	施工生产能力计划值	复	参数		数值	
109	x^a	施工生产能力实际值	复	参数		数值	
110	Δx	工程施工生产能力偏差	复	参数		数值	
111	$\Delta x\%$	工程施工生产能力偏差率	复	参数		数值	
112	X_D	工程施工生产能力对角矩阵	复	参数	群	矩阵	
113	$x(i)$	第 i 期施工生产能力	复	参数	个	数值	
114	$X(i)$	第 i 期施工生产能力	复	参数	群	向量矩阵	
115	p	资源价格	单	参数	个	数值	
116	P	资源价格（集）	单	参数	群	向量矩阵	
117	$P(w_{hx})$	核心工作资源价格	复	参数	群	向量	
118	$P(up)$	单位工程资源价格	复	参数	群	向量矩阵	
119	p_{rg}	人工价格	复	参数	个	数值	
120	P_{rg}	人工价格	复	参数	群	向量矩阵	
121	p_{jx}	机械台班价格	复	参数	个	数值	
122	P_{jx}	机械台班价格	复	参数	群	向量矩阵	
123	p_{cl}	材料价格	复	参数	个	数值	
124	P_{cl}	材料价格	复	参数	群	向量矩阵	
125	p^*	资源价格目标值（平衡解）	复	参数	个	数值	
126	P^*	资源价格目标值（平衡解）	复	参数	群	向量矩阵	
127	P_{cl}^*	材料价格目标值（平衡解）	复	参数	群	向量矩阵	
128	p_{cl}^0	主要材料合同价格	复	参数	个	数值	
129	P_{cl}^0	主要材料合同价格	复	参数	群	向量矩阵	
130	p_{cl}^p	主要材料计划价格	复	参数	个	数值	

续表

序号	代号	代号名称	代号属性				备注
			①	②	③	④	
131	P_{cl}^{p}	主要材料计划价格	复	参数	群	向量矩阵	
132	p_{cl}^{a}	主要材料实际价格	复	参数	个	数值	
133	P_{cl}^{a}	主要材料实际价格	复	参数	群	向量矩阵	
134	Δp_{cl}	主要材料价格偏差	复	参数	个	数值	
135	$\Delta p_{cl}\%$	主要材料价格偏差率	复	参数	个	数值	
136	$p_{cl}(i)$	第 i 期主要材料价格	复	参数	个	数值	
137	$P_{cl}(i)$	第 i 期主要材料价格	复	参数	群	向量矩阵	
138	u	（工作）工程量	单	参数	个	数值	
139	U	工程量	单	参数	群	向量矩阵	
140	$U(up)$	单位工程工程量	复	参数	群	向量	
141	u^0	合同（预算）工程量	复	参数		数值	
142	u^p	计划工程量	复	参数		数值	
143	u^a	实际工程量	复	参数		数值	
144	Δu	工程量偏差	复	参数		数值	
145	$\Delta u\%$	工程量偏差率	复	参数		数值	
146	U_D	工程量对角矩阵	复	参数		矩阵	
147	$u(i)$	第 i 期工程量	复	参数	个	数值	
148	$U(i)$	第 i 期工程量	复	参数	群	向量矩阵	
149	$c = f(x)$	成本函数	—	—	—	—	
150	$q = g(x)$	质量函数	—	—	—	—	
151	$t = h(x)$	工期函数	—	—	—	—	
152	$C = F(x, p)$	成本二元函数	—	—	—	—	
153	$Q = G(x, p)$	质量二元函数	—	—	—	—	
154	$T = H(x, p)$	工期二元函数	—	—	—	—	
155	α	机械成本系数	单	系数	个	数值	非变量
156	β	人工成本系数	单	系数	个	数值	非变量
157	γ	材料成本系数	单	系数	个	数值	非变量
158	λ	机利法则中人工成本幂级系数	单	系数	个	数值	非变量

续表

序号	代号	代号名称	代号属性				备注
			①	②	③	④	
159	c_Δ	人、机费之外的成本（成本常数项之一）	复	常数项	个	数值	非变量
160	η	质量系数	单	系数	个	数值	非变量
161	ξ	质量函数中工程施工生产能力幂级系数	单	系数	个	数值	非变量
162	ε	质量函数中资源价格幂级系数	单	系数	个	数值	非变量
163	q_Δ	质量常数项	复	常数项	个	数值	非变量
164	δ	工期系数	单	系数	个	数值	非变量
165	ξ	工期函数中资源价格幂级系数	单	系数	个	数值	非变量
166	γ	工程施工生产能力综合修正系数	单	系数	个	数值	非变量
167	γ_c	工程施工生产能力成本修正系数	复	系数	个	数值	非变量
168	γ_q	工程施工生产能力质量修正系数	复	系数	个	数值	非变量
169	ψ	工程施工生产能力综合难度系数	单	系数	个	数值	非变量
170	ψ_1	工程施工生产能力构件类型难度系数	复	系数	个	数值	非变量
171	ψ_2	工程施工生产能力构件几何形状难度系数	复	系数	个	数值	
172	ψ_3	工程施工生产能力作业位置难度系数	复	系数	个	数值	
173	ψ_4	工程施工生产能力作业条件（环境）难度系数	复	系数	个	数值	
174	ψ_5	工程施工生产能力附属作业难度系数	复	系数	个	数值	
175	ψ_6	工程施工生产能力其他难度系数	复	系数	个	数值	
176	a_1	工期目标权重	复	参数		数值	
177	a_2	质量目标权重	复	参数		数值	
178	a_3	成本目标权重	复	参数		数值	
179	A_1	工期圆面积	复	参数		数值	
180	A_2	质量圆面积	复	参数		数值	
181	A_3	成本圆面积	复	参数		数值	
182	r_1	工期圆半径	复	参数		数值	
183	r_2	质量圆半径	复	参数		数值	
184	r_3	成本圆半径	复	参数		数值	
185	φ_1	工期质量难度角	复	参数		数值	
186	φ_2	工期成本难度角	复	参数		数值	

续表

序号	代号	代号名称	代号属性				备注
			①	②	③	④	
187	φ_3	质量成本难度角	复	参数		数值	
188	b	工期质量圆心距	单	参数		数值	
189	c	工期成本圆心距	单	参数		数值	
190	d	质量成本圆心距	单	参数		数值	
191	B	三重因素面积	单	参数		数值	
192	C	双重因素面积	单	参数		数值	
193	D	单因素面积	单	参数		数值	
194	C_1	工期质量双重因素面积	复	参数		数值	
195	C_2	工期成本双重因素面积	复	参数		数值	
196	C_3	质量成本双重因素面积	复	参数		数值	
197	D_1	工期单因素面积	复	参数		数值	
198	D_2	质量单因素面积	复	参数		数值	
199	D_3	成本单因素面积	复	参数		数值	
200	dp	目标分散度	单	参数		数值	
201	dc	目标集中度	单	参数		数值	

附录C

目标难度角取值参考

情况	难度角	实施难度						
		容易	一般	低难	中难	高难	超难	极限
（1）$r_1<r_2<r_3$	φ_1	30° 以下	30° ～90°	90° ～140°	140° ～155°	155° ～165°	165° ～175°	175° 以上
	φ_2	60° 以下	60° ～110°	110° ～145°	145° ～160°	160° ～170°	170° ～175°	175° 以上
	φ_3	30° 以下	30° ～90°	90° ～140°	140° ～155°	155° ～165°	165° ～175°	175° 以上
（2）$r_1<r_3<r_2$	φ_1	60° 以下	60° ～110°	110° ～145°	145° ～160°	160° ～170°	170° ～175°	175° 以上
	φ_2	30° 以下	30° ～90°	90° ～140°	140° ～155°	155° ～165°	165° ～175°	175° 以上
	φ_3	按照 $\arcsin\frac{r_3}{r_2}$ 值逐渐增加					170° ～175°	175° 以上
（3）$r_2<r_1<r_3$	φ_1	按照 $\arcsin\frac{r_2}{r_1}$ 值逐渐增加					170° ～175°	175° 以上
	φ_2	30° 以下	30° ～90°	90° ～140°	140° ～155°	155° ～165°	165° ～175°	175° 以上
	φ_3	60° 以下	60° ～110°	110° ～145°	145° ～160°	160° ～170°	170° ～175°	175° 以上
（4）$r_2<r_3<r_1$	φ_1	按照 $\arcsin\frac{r_2}{r_1}$ 值逐渐增加					170° ～175°	175° 以上
	φ_2	按照 $\arcsin\frac{r_3}{r_1}$ 值逐渐增加					170° ～175°	175° 以上
	φ_3	30° 以下	30° ～90°	90° ～140°	140° ～155°	155° ～165°	165° ～175°	175° 以上
（5）$r_3<r_1<r_2$	φ_1	30° 以下	30° ～90°	90° ～140°	140° ～155°	155° ～165°	165° ～175°	175° 以上
	φ_2	按照 $\arcsin\frac{r_3}{r_1}$ 值逐渐增加					170° ～175°	175° 以上
	φ_3	按照 $\arcsin\frac{r_3}{r_2}$ 值逐渐增加					170° ～175°	175° 以上
（6）$r_3<r_2<r_1$	φ_1	按照 $\arcsin\frac{r_2}{r_1}$ 值逐渐增加					170° ～175°	175° 以上
	φ_2	按照 $\arcsin\frac{r_3}{r_1}$ 值逐渐增加					170° ～175°	175° 以上
	φ_3	按照 $\arcsin\frac{r_3}{r_2}$ 值逐渐增加					170° ～175°	175° 以上

续表

情况	难度角	实施难度						
		容易	一般	低难	中难	高难	超难	极限
（7） $r_1=r_2=r_3$	φ_1	90°～120°	120°～140°	140°～155°	155°～165°	165°～170°	170°～175°	175°以上
	φ_2	90°～120°	120°～140°	140°～155°	155°～165°	165°～170°	170°～175°	175°以上
	φ_3	90°～120°	120°～140°	140°～155°	155°～165°	165°～170°	170°～175°	175°以上
（8） $r_1=r_2<r_3$	φ_1	90°～120°	120°～140°	140°～155°	155°～165°	165°～170°	170°～175°	175°以上
	φ_2	45°以下	45°～100°	100°～130°	130°～150°	150°～165°	165°～175°	175°以上
	φ_3	45°以下	45°～100°	100°～130°	130°～150°	150°～165°	165°～175°	175°以上
（9） $r_1=r_2>r_3$	φ_1	90°～120°	120°～140°	140°～155°	155°～165°	165°～170°	170°～175°	175°以上
	φ_2	按照 $\arcsin\frac{r_3}{r_1}$ 值逐渐增加					170°～175°	175°以上
	φ_3	按照 $\arcsin\frac{r_3}{r_2}$ 值逐渐增加					170°～175°	175°以上
（10） $r_1=r_3<r_2$	φ_1	45°以下	45°～100°	100°～130°	130°～150°	150°～165°	165°～175°	175°以上
	φ_2	90°～120°	120°～140°	140°～155°	155°～165°	165°～170°	170°～175°	175°以上
	φ_3	按照 $\arcsin\frac{r_3}{r_2}$ 值逐渐增加					170°～175°	175°以上
（11） $r_1=r_3>r_2$	φ_1	按照 $\arcsin\frac{r_2}{r_1}$ 值逐渐增加					170°～175°	175°以上
	φ_2	90°～120°	120°～140°	140°～155°	155°～165°	165°～170°	170°～175°	175°以上
	φ_3	45°以下	45°～100°	100°～130°	130°～150°	150°～165°	165°～175°	175°以上
（12） $r_2=r_3<r_1$	φ_1	按照 $\arcsin\frac{r_2}{r_1}$ 值逐渐增加					170°～175°	175°以上
	φ_2	按照 $\arcsin\frac{r_3}{r_1}$ 值逐渐增加					170°～175°	175°以上
	φ_3	90°～120°	120°～140°	140°～155°	155°～165°	165°～170°	170°～175°	175°以上
（13） $r_2=r_3>r_1$	φ_1	45°以下	45°～100°	100°～130°	130°～150°	150°～165°	165°～175°	175°以上
	φ_2	45°以下	45°～100°	100°～130°	130°～150°	150°～165°	165°～175°	175°以上
	φ_3	90°～120°	120°～140°	140°～155°	155°～165°	165°～170°	170°～175°	175°以上

附录D 工程施工计划与控制中的成本计算公式

序号	成本名称	代号	计算公式	备注
1	分部分项工程单位成本	c	$c=c_r+c_{nr}$	
2	分部分项工程单位资源成本	c_r	$c_r=PA$	
3	分部分项工程单位资源成本	c_r	$c_r=c_{rg}+c_{jx}+c_{cl}$	
4	分部分项工程单位人工成本	c_{rg}	$c_{rg}=P_{rg}A_{rg}$	
5	分部分项工程单位机械成本	c_{jx}	$c_{jx}=P_{jx}A_{jx}$	
6	分部分项工程单位材料成本	c_{cl}	$c_{cl}=P_{cl}A_{cl}$	
7	分部分项工程合计成本	uc	$uc=uc_r+uc_{nr}$	
8	分部分项工程合计资源成本	uc_r	$uc_r=uc_{rg}+uc_{jx}+uc_{cl}$	
9	分部分项工程合计资源成本	uc_r	$uc_r=u(c_{rg}+c_{jx}+c_{cl})$	
10	单位工程成本	$C(up)$	$C(up)=C_r(up)+C_{nr}(up)$	
11	单位工程资源成本	$C_r(up)$	$C_r(up)=\sum_{v=1}^{t}uc_r(w_v)$	
12	单位工程资源成本	$C_r(up)$	$C_r(up)=\mathrm{tr}[P(up)A^{\mathrm{T}}(up)U_D(up)]$	
13	单位工程资源成本	$C_r(up)$	$C_r(up)=C_{rg}(up)+C_{jx}(up)+C_{cl}(up)$	
14	单位工程人工成本	$C_{rg}(up)$	$C_{rg}(up)=\mathrm{tr}[P_{rg}(up)A_{rg}^{\mathrm{T}}(up)U_D(up)]$	
15	单位工程机械成本	$C_{jx}(up)$	$C_{rg}(up)=\mathrm{tr}[P_{rg}(up)A_{rg}^{\mathrm{T}}(up)U_D(up)]$	

续表

序号	成本名称	代号	计算公式	备注
16	单位工程材料成本	$C_{\mathrm{cl}}(up)$	$C_{\mathrm{cl}}(up)=\mathrm{tr}[P_{\mathrm{cl}}(up)A_{\mathrm{cl}}^{\mathrm{T}}(up)U_D(up)]$	
17	工程项目（工程子项目、单项工程）成本	$C(EP/EC/sp)$	$C(EP/EC/sp)=\sum_{k=1}^{s}C(up_k)$	
18	工程项目（工程子项目、单项工程）成本	$C(EP/EC/sp)$	$C(EP/EC/sp)=C_r(EP/EC/sp)+C_{\mathrm{nr}}(EP/EC/sp)$	
19	工程项目（工程子项目、单项工程）资源成本	$C_r(EP/EC/sp)$	$C_r(EP/EC/sp)=\sum_{k=1}^{s}C_r(up_k)$	
20	工程项目（工程子项目、单项工程）非资源成本	$C_{nr}(EP/EC/sp)$	$C_{nr}(EP/EC/sp)=\sum_{k=1}^{s}C_{nr}(up_k)$	
21	工程项目（工程子项目、单项工程）资源成本	$C_r(EP/EC/sp)$	$C_r(EP/EC/sp)=\sum_{k=1}^{s}C_{\mathrm{rg}}(up_k)+\sum_{k=1}^{s}C_{\mathrm{jx}}(up_k)+\sum_{k=1}^{s}C_{\mathrm{cl}}(up_k)$	
22	核心工作的合同（预算）成本	$c^0(w_{\mathrm{hx}})$	$c^0(w_{\mathrm{hx}})=c_r^0(w_{\mathrm{hx}})+c_{\mathrm{nr}}^0(w_{\mathrm{hx}})$	
23	核心工作的合同（预算）成本	$c^0(w_{\mathrm{hx}})$	$c^0(w_{\mathrm{hx}})=\dfrac{\sum_{v=1}^{t}uc^0(w_v)}{\sum_{v=1}^{t}u_v^0}$	
24	核心工作的合同（预算）资源成本	$c_r{}^0(w_{\mathrm{hx}})$	$c_r^0(w_{\mathrm{hx}})=\dfrac{\sum_{v=1}^{t}uc_r^0(w_v)}{\sum_{v=1}^{t}u_v^0}$	
25	核心工作的合计合同（预算）成本	$uc^0(w_{\mathrm{hx}})$	$uc^0(w_{\mathrm{hx}})=\sum_{v=1}^{t}uc^0(w_v)$	
26	核心工作的合计合同（预算）资源成本	$uc_r{}^0(w_{\mathrm{hx}})$	$uc_r^0(w_{\mathrm{hx}})=\sum_{v=1}^{t}uc_r^0(w_v)$	
27	核心工作的目标成本	$c^*(w_{\mathrm{hx}})$	$c^*(w_{\mathrm{hx}})=c_r^*(w_{\mathrm{hx}})+c_{\mathrm{nr}}^*(w_{\mathrm{hx}})$	
28	核心工作的目标成本	$c^*(w_{\mathrm{hx}})$	$c^*(w_{\mathrm{hx}})=\dfrac{\sum_{v=1}^{t}uc^*(w_v)}{\sum_{v=1}^{t}u_v^0}$	
29	核心工作的目标资源成本	$c_r^*(w_{\mathrm{hx}})$	$c_r^*(w_{\mathrm{hx}})=\dfrac{\sum_{v=1}^{t}uc_r^*(w_v)}{\sum_{v=1}^{t}u_v^0}$	

续表

序号	成本名称	代号	计算公式	备注
30	第 v 项分部分项工程合计目标资源成本	$uc_r^*(w_v)$	$uc_r^*(w_v)=u_v^0 P^*(w_v)A^*(w_v)$	
31	核心工作的合计目标成本	$uc^*(w_{hx})$	$uc^*(w_{hx})=\sum_{v=1}^{t} uc^*(w_v)$	
32	核心工作的合计目标资源成本	$uc_r^*(w_{hx})$	$uc_r^*(w_{hx})=\sum_{v=1}^{t} uc_r^*(w_v)$	
33	第 i 期某项核心工作计划资源成本	$c^p(w_{hx})(i)$	$c^p(w_{hx})(i)=c_r^p(w_{hx})(i)+c_{nr}(w_{hx})$	
34	第 i 期某项核心工作计划资源成本	$c^p(w_{hx})(i)$	$c^p(w_{hx})(i)=\phi(i)c(w_{hx})$	
35	第 i 期某项核心工作计划资源成本	$c_r^p(w_{hx})(i)$	$c_r^p(w_{hx})(i)=\varphi(i)c_r(w_{hx})$	
36	第 i 期某项核心工作实际成本	$c^a(w_{hx})(i)$	$c^a(w_{hx})(i)=c_r^a(w_{hx})(i)+c_{nr}(w_{hx})$	
37	第 i 期某项核心工作实际资源成本	$c_r^a(w_{hx})(i)$	$c_r^a(w_{hx})(i)=P^a(w_{hx})(i)A^a(w_{hx})(i)$	
38	第 i 期某项核心工作实际资源成本	$c_r^a(w_{hx})(i)$	$c_r^a(w_{hx})(i)=c_r^p(w_{hx})(i)+\Delta c(w_{hx})(i)$	
39	第 i 期某项核心工作单位成本变化值	$\Delta c(w_{hx})(i)$	$\Delta c(w_{hx})(i)=\Delta c_p(i)+\Delta c_x(i)+\Delta c_{wr}(i)$	
40	单位工程第 i 期计划成本	$C^p(up)(i)$	$C^p(up)(i)=C_r^p(up)(i)+C_{nr}^p(up)(i)$	
41	单位工程第 i 期计划成本	$C^p(up)(i)$	$C^p(up)(i)=\sum_{j=1}^{t} uc^p(w_{hx\,j})(i)+\sum_{k=1}^{s} uc^p(w_{nhxk})(i)$	
42	单位工程第 i 期计划资源成本	$C_r{}^p(up)(i)$	$C_r^p(up)(i)=\sum_{j=1}^{t} uc_r^p(w_{hx\,j})(i)+\sum_{k=1}^{s} uc_r{}^p(w_{nhxk})(i)$	
43	单位工程第 i 期实际成本	$C^a(up)(i)$	$C^a(up)(i)=C_r^a(up)(i)+C_{nr}^a(up)(i)$	
44	单位工程第 i 期实际成本	$C^a(up)(i)$	$C^a(up)(i)=\sum_{j=1}^{t} uc^a(w_{hx\,j})(i)+\sum_{k=1}^{s} uc^a(w_{nhxk})(i)$	
45	单位工程第 i 期实际资源成本	$C_r^a(up)(i)$	$C_r^a(up)(i)=\sum_{j=1}^{t} uc_r^a(w_{hx\,j})(i)+\sum_{k=1}^{s} uc_r^a(w_{nhxk})(i)$	
46	单位工程第 i 期实际成本	$C^a(up)(i)$	$C^a(up)(i)=C^p(up)(i)+\Delta C(up)(i)$	
47	单位工程第 i 期实际资源成本	$C_r^a(up)(i)$	$C_r^a(up)(i)=C_r^p(up)(i)+\Delta C_r(up)(i)$	

续表

序号	成本名称	代号	计算公式	备注
48	单位工程第 i 期资源成本变化值	$\Delta C_r(up)(i)$	$\Delta C_r(up)(i)=\Delta C_P(up)(i)+\Delta C_x(up)(i)+\Delta C_{wr}(up)(i)$	
49	单位工程第 i 期由于资源价格变化引起的资源成本变化值	$\Delta C_P(up)(i)$	$\Delta C_P(up)(i)=\sum_{j=1}^{t}\Delta uc_p(w_{\mathrm{hx}\,j})(i)=\sum_{y=1}^{z}a_y(i)\Delta p_y(i)$	
50	单位工程第 i 期由于工程施工生产能力变化引起的资源成本变化值	$\Delta C_x(up)(i)$	$\Delta C_x(up)(i)=\sum_{j=1}^{t}\Delta uc_x(w_{\mathrm{hx}\,j})(i)$	
51	单位工程第 i 期由于材料损耗率变化引起的资源成本变化值	$\Delta C_{wr}(up)(i)$	$\Delta C_{wr}(up)(i)=\sum_{j=1}^{t}\Delta uc_{wr}(w_{\mathrm{hx}\,j})(i)$	

参考文献

[1] 汪小金．理想的实现：项目管理方法与理念［M］．北京：人民出版社，2003．

[2] 詹姆斯·刘易斯．项目计划、进度与控制［M］．第3版．赤向东译．北京：清华大学出版社，2002．

[3] 王祖和等．现代工程项目管理［M］．北京：电子工业出版社，2007．

[4] 梁世连．工程项目管理［M］．北京：清华大学出版社，2006．

[5] GB/T 50326—2006．

[6] 吴涛，丛培径．建设工程项目管理规范实施手册［M］．北京：中国建筑工业出版社，2006．

[7] 项目管理协会．工作分解结构(WBS)实施标准［M］．第2版．强茂山，陈平译．北京：电子工业出版社，2008．

[8] 尤孩明等．工期控制［M］．北京：煤炭工业出版社，1994．

[9] 李金海．项目质量管理［M］．天津：南开大学出版社，2006．

[10] 徐国华等．管理学［M］．北京：清华大学出版社，1998．

[11] 李宏林．管理学简明教程［M］．北京：经济科学出版社，2006．

[12] 运筹学教材编写组．运筹学［M］．第3版．北京：清华大学出版社，2005．

[13] 郭耀煌．运筹学与工程系统分析［M］．北京：中国建筑工业出版社，1996．

[14] 史蒂夫·纽恩多夫．项目计量管理［M］．北京广联达慧中软件技术有限公司译．北京：机械工业出版社，2005．

[15] 卢有杰．建设系统工程［M］．北京：清华大学出版社，1997．

[16] 洪军．工程经济学［M］．北京：高等教育出版社，2004．

[17] 曹旭东等．数学建模原理与方法［M］．北京：高等教育出版社，2014．

[18] 孙文瑜等．最优化方法［M］．第2版．北京：高等教育出版社，2013．

[19] 翟彦彦等．基于APH的工程项目施工质量影响因素即管理对策研究［J］．重庆理工大学学报：自然科学版，2015（4）：139-142．

[20] 李庆华．建筑施工项目三要素成本分析［D］．天津：南开大学，2007．PMT．